预应力张弦结构抗连续倒塌性能研究

蔡建国　冯　健　朱奕锋　著

国家自然科学基金项目(51278116，51308106，51578133)
江苏省自然科学基金项目(BK20130614)
教育部高等学校博士学科点专项科研基金(20130092120018)

U0389158

科学出版社

内 容 简 介

本书对预应力张弦结构的抗连续倒塌分析方法、抗连续倒塌性能、提高抗连续倒塌能力的措施等进行了系统研究。具体内容包括:根据大跨空间结构的受力特性和荷载特点,提出基于频率灵敏度的对称分组方法来判断大跨空间结构的关键构件;在 ANSYS 上二次开发出空间结构静力仿真分析程序,为空间结构抗连续倒塌设计提供依据;提出采用预应力等效荷载法模拟张弦结构的拉索失效;给出防止张弦结构发生上弦局部破坏和撑杆连锁破坏的充分条件;提出采用应力比值法研究张弦结构的动力放大系数。结合新广州火车站和天津梅江会展中心张弦结构的抗连续倒塌设计,探讨大跨空间结构抗连续倒塌的设计方法,提出多种张弦结构抗连续倒塌的措施。

本书可作为结构工程、防灾减灾工程及防护工程等专业本科生、研究生教材,也可供相关专业的教师、科研人员、工程设计人员参考。

图书在版编目(CIP)数据

预应力张弦结构抗连续倒塌性能研究/蔡建国,冯健,朱奕锋等著. —北京:科学出版社,2016.10
　ISBN 978-7-03-050101-1

　Ⅰ.①预… 　Ⅱ.①蔡… 　②冯… 　③朱… 　Ⅲ.①预应力结构-坍塌-防治-研究 　Ⅳ.①TU378

中国版本图书馆 CIP 数据核字(2016)第 233403 号

责任编辑:周　炜　乔丽维 / 责任校对:郭瑞芝
责任印制:张　伟 / 封面设计:陈　敬

科 学 出 版 社 出版
北京东黄城根北街 16 号
邮政编码:100717
http://www.sciencep.com

北京建宏印刷有限公司 印刷
科学出版社发行　各地新华书店经销
*
2016 年 10 月第　一　版　开本:720×1000 1/16
2021 年 1 月第三次印刷　印张:16 1/4
字数:328 000
定价:118.00 元
(如有印装质量问题,我社负责调换)

前　　言

预应力张弦结构是一种新型的大跨空间结构,本书通过对张弦结构抗连续倒塌的研究,以达到认识和提高预应力空间结构的抗连续倒塌能力,为大跨空间结构的抗连续倒塌设计提供理论和技术支持。

抗连续倒塌的设计方法通常采用变换荷载路径法,其首要内容是确定结构的移除构件类型和它的几何位置。现有的抗连续倒塌设计规范中仅规定了框架结构的移除构件选择方法。大跨空间结构形式多样,体系复杂,杆件众多,有多种荷载传递路径和失效模式,不易判断关键构件,如果采用变换荷载路径法对每根杆件移除进行残余结构的承载力计算会导致工作量非常大。因此,找寻一种简便、快捷、可靠的结构移除构件判断方法是非常必要的。本书根据大跨空间结构的受力特性和荷载特点,提出基于频率灵敏度的对称分组方法来判断大跨空间结构的关键构件,不仅概念清晰,而且简单易行。

空间结构连续倒塌分析不仅要考虑构件的强度和稳定,还要考虑结构整体失稳的影响。当采用有限元软件进行连续倒塌分析时,能考虑构件的局部稳定和结构的整体失稳,但不能考虑构件或结构的初始缺陷。杆件的初始缺陷包括杆件初始挠曲、初始偏心和残余应力等,可按照《钢结构设计规范》(GB 50017—2003)相关规定考虑;结构的整体初始缺陷可采用一致缺陷模态法考虑整体节点偏差。根据杆件单元、杆件荷载-位移曲线、倒塌失效模式、空间结构失效破坏准则等一系列假定,在通用有限元软件 ANSYS 上二次开发,模拟空间结构连续倒塌的全过程,为空间结构抗连续倒塌设计提供依据。

张弦结构的下弦拉索与刚性构件不同,具有高应力、只能受拉不能受压等特点,而且撑杆与上弦和索的连接均为铰接。当拉索的任一截面失效时,拉索将迅速释放应变能,整个拉索完全失效,而拉索失效又将导致所有撑杆跟着转动而失效。因此,拉索失效的模拟方法是研究张弦结构连续倒塌的重点。本书提出采用预应力等效荷载法模拟张弦结构的拉索失效,即同时移除索和撑杆,把索和撑杆的反力作用于上弦,对上弦进行该等效荷载在很短时间内变为零的瞬态动力时程分析。

通过撑杆失效对张弦结构各部分力学性能影响的分析,得出撑杆失效会导致索松弛,从而引起预应力损失,但由于预应力大小对张弦结构的极限承载力影响较小,且撑杆破坏引起的索力变化很小,所以撑杆破坏导致索松弛对连续倒塌的不利影响可以忽略不计;撑杆破坏会导致矢高降低,是影响整体刚度降低的主要因素。根据张弦结构的受力特点,假定张弦结构为两端受集中力的弹性连续梁进行分析,得到防止张弦结构发生上弦局部破坏和撑杆连锁破坏的充分条件。

空间结构整体刚度较低,杆件失效后剩余结构容易出现塑性。结构进入塑性的程度对动力放大系数影响较大,使得动力放大系数具有不确定性。一方面由于剩余结构屈服后的塑性化程度与需求能力比有关;另一方面由于空间结构常以杆件的应力比值作为设计的控制指标,且杆件平均应力的大小能直观反映需求能力比的大小。故提出采用应力比值法研究张弦结构的动力放大系数。

结合新广州火车站和天津梅江会展中心张弦结构的抗连续倒塌设计,探讨大跨空间结构抗连续倒塌的设计方法,提出以下张弦结构抗连续倒塌的措施:①纵向联系构件把张弦结构组装成一整体,可以明显增加张弦结构的抗倒塌能力;②充分利用山墙方向的抗风柱,使其不仅承担水平风荷载,还承担竖向荷载,可大幅度提高排架结构的抗连续倒塌能力;③采用双索布置能大大加强张弦结构的抗连续倒塌能力,并提出竖向平面内布置双索,可较好地解决平行布置双索中某根索破坏后引起偏心扭转的不利影响;④要保证张弦结构连续倒塌的延性破坏,不仅要保证完整结构为延性结构,而且要保证某处截面削弱或破坏后结构的局部刚度仍然大于整体刚度;⑤在抗连续倒塌方面,索的锚固宜优先采用穿心螺杆式锚具,并根据该张弦结构的特点提出集桁架支座、张拉端(锚固端)和桁架下弦管于一体的铸钢节点构造;⑥提出在施工过程中防止结构连续倒塌的关键是施工模拟计算应与施工实际情况相符合。最后通过对天津梅江会展中心施工过程的监测和数据分析,验证了有限元分析的准确性,证明本书采用 ANSYS 进行抗连续倒塌分析能真实地反映结构的实际受力情况。

作者所在课题组的研究生王蜂岚、王方、王学斌、庄丽萍等对本书的内容或空间结构连续倒塌相关内容的研究进行了大量工作。硕士研究生贾文文在本书成稿、排版等方面付出了巨大的心血。在本书付梓之际,作者对他们表示衷心的感谢。

感谢东南大学土木工程学院和国家预应力工程技术研究中心的领导和同事,在本书的撰写过程中他们给予了很大的帮助,他们是作者完成本书的坚强后盾。

本书的工作是在国家自然科学基金项目、江苏省自然科学基金项目、教育部高等学校博士学科点专项科研基金、江苏省江苏高校优势学科建设工程资助项目、江苏高校品牌专业建设工程资助项目、中央高校基本科研业务费专项资金等资助下完成的,特此致谢!

限于作者水平,书中难免存在疏漏和不妥之处,敬请读者批评指正。

目　　录

第1章 绪 论

1.1 张弦结构概述

张弦结构主要由柔性的索和刚性的上弦(梁、拱、桁架或网壳)组成,对下弦的索施加预应力并锚固在上弦的两端,上下弦之间通过竖向撑杆相连接。

1.1.1 张弦结构的分类

张弦结构根据其空间形态的构成通常分为平面张弦结构和空间张弦结构。

1. 平面张弦结构

平面张弦结构是指构成张弦特征的结构构件(上弦梁、下弦拉索以及竖向撑杆)位于同一平面内,且以平面受力为主要受力特征的张弦结构(图1.1)。当同一屋盖体系中包含多榀平面张弦梁结构时,各榀张弦梁结构一般平行布置或既不平行也不相交。

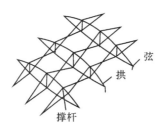

图1.1 单向张弦结构

平面张弦结构在平面内撑杆受压,下弦受拉,上弦为压弯构件;平面外必须通过平面支撑、水平支撑来保证张弦结构的平面外稳定。平面张弦结构受力明确、节点构造简单。

2. 空间张弦结构[1,2]

空间张弦结构是由数榀平面张弦结构双向或多向交叉布置而成的。由于空间协同工作性能,空间张弦结构相对于平面张弦结构,在受力性能和经济性方面更为优越。同时,交叉布置使得空间张弦梁结构中的各榀平面结构在平面外相互约束,结构的整体稳定性得到增强,弥补了平面结构的不足。

空间张弦结构根据其平面布置情况还可分为双向张弦结构、多向张弦结构和辐射式张弦结构。

双向张弦结构是由平面张弦结构沿两个方向交叉布置形成的空间受力体系,大多数情况下,两个方向的张弦结构正交布置(图 1.2)。由于两个方向均有下弦拉索的弹性支撑作用,两个方向均提供了预应力等效荷载,其内力和变形控制效果更为显著。双向张弦结构可用于矩形、圆形、椭圆形等多种平面形状的屋盖结构。

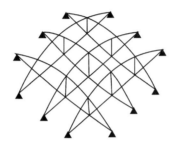

图 1.2   双向张弦结构

多向张弦结构是将平面张弦结构沿多个方向交叉布置而成的空间受力体系,在受力性能上,其与双向张弦结构没有本质的区别,可应用于圆形、多边形以及其他不规则平面形状的屋盖结构。图 1.3 为平面不规则的多向张弦结构。

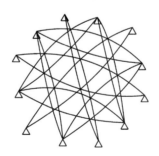

图 1.3   多向张弦结构

辐射式张弦结构是将平面张弦结构由中央按辐射式布置,辐射式结构比较适合圆形建筑形式(图 1.4)。

图 1.5 所示的张弦网壳是由上弦为圆形的球面网壳和索通过撑杆相连而成的,特别是撑杆的下端沿环向采用索或杆连接成封闭圆环,通常也称为弦支结构[3]。它一方面改善了上部单层网壳结构的整体稳定性,使结构能跨越更大的空间;另一方面,弦支结构具有一定初始刚度,其设计、施工成形以及节点构造与索

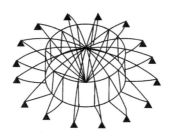

图 1.4　辐射式张弦结构

穹顶等与完全柔性结构相比得到了较大的简化。另外,两种结构体系对支座的作用相互抵消,使结构成为自平衡体系,在充分发挥单层网壳结构受力优势的同时能充分利用索材的高强抗拉性,调整体系的内力分布,降低内力幅值,从而提高结构的承载能力。弦支结构的传力、受力特点空间性更强、更复杂。

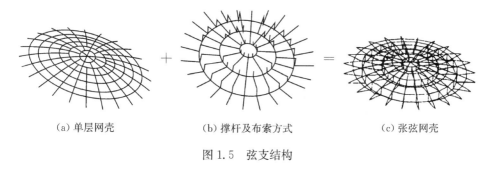

(a) 单层网壳　　　　　　　　(b) 撑杆及布索方式　　　　　　　(c) 张弦网壳

图 1.5　弦支结构

1.1.2　张弦结构的受力原理

从受力性能上看,由于张弦结构的下弦索成为上弦的弹性支撑,在相同的竖向荷载作用下,相比同跨度的刚性梁或拱,上弦梁的内力将显著降低,可以减小梁的截面尺寸,降低结构自重,减少用钢量。对水平跨越结构来讲,其跨中弯矩与跨度呈平方关系增长,所以在给定荷载的情况下,张弦结构的跨越能力将十分强大。同时,由于上弦梁内力的改善,在给定跨度及截面尺寸的情况下,结构的承载力将得到显著提高。通过对下弦索施加预应力,使上弦梁产生反拱,同时在荷载作用下,预应力索的内力将会增大,这样也会抵消结构的部分变形,有效地降低了结构的挠度,使结构的刚度得到提高。

1.1.3　张弦结构的工程应用

1. 国外张弦结构的工程应用[1]

在日本和欧洲等国家,从中小跨度到 150m 的大跨度结构,以及下雪量大的地区,张弦结构都有所应用。张弦结构在前南斯拉夫应用较早,典型的工程包括贝尔格莱德机场飞机库和贝尔格莱德新体育馆。

　　1986 年建成的前南斯拉夫贝尔格莱德国际机场大型预应力混凝土飞机库,平面尺寸为 135.8m×70.05m(局部进深 92.45m),可以同时停放两架波音 747 客机,在长跨方向平行布置三榀跨度 135.8m 的平面预应力张弦梁结构(图 1.6)。

图 1.6　贝尔格莱德新体育馆施工照片

　　1994 年兴建的贝尔格莱德新体育馆可容纳 20000 人,其屋盖结构采用了双向预应力张弦梁结构,平面尺寸为 132.7m×102.7m。该屋盖体系是由 7 榀平面张弦梁结构组成的双向正交结构体系,其中 3 榀沿体育馆的纵向,跨度 132.7m,4 榀沿横向,跨度 102.7m。张弦梁上弦拱高 8.0m,下弦垂度 4.0m,因此上弦、下弦间的总矢高为 12.0m。上弦为钢筋混凝土大梁,由矩形截面双梁构成,矩形截面梁的截面高 1400mm,宽 400mm,两根梁的间隔为 800mm,因此,上弦梁的总宽度为 1600mm。下弦由 8 束预应力钢索组成,每束预应力钢索包含 11 根 ϕ15.80mm 的钢绞线。在屋架主梁的 12 个交叉节点上设置了倒金字塔形的撑杆,每组撑杆由 4 根 350mm×350mm 方形截面钢筋混凝土柱构成。

　　张弦结构在日本的应用相当广泛,著名的包括前桥绿色会馆、北九州穴生屋顶、浦安市体育馆等。

　　前桥绿色会馆建于 1990 年,平面为 167m×122m 的椭圆形,屋盖由并排 12 榀、放射 22 榀,共 34 榀平面张弦梁构成。34 榀张弦梁中各自的拉索成对使用,控制拉索的直径不至于太大。

　　建于 1994 年的日本北九州穴生穹顶位于皿仓山附近,该地是日本著名的滑翔运动发源地。该建筑造型设计表现为"滑翔伞降落于绿色丛林"(图 1.7)。其屋盖中部采用张弦梁结构,两端与柱顶的悬臂桁架相连,屋盖跨度达 61.8m(图 1.8)。屋面覆盖薄膜材料。

　　浦安市体育馆建于 1995 年。建筑平面为 108m×52m 的矩形,屋盖沿长方向平行布置了 7 榀两跨连续张弦桁架,跨度分别为 66m 和 42m,支承在 6 根直径 6m 的圆柱上。每跨张弦桁架只有 1 根竖向撑杆,下弦拉索呈双折线形。

图 1.7 日本北九州穴生穹顶外观

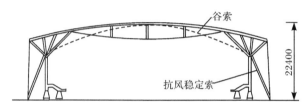

图 1.8 日本北九州穴生穹顶屋盖剖面

2. 国内张弦结构的工程应用

我国最早系统介绍张弦结构的文献是刘锡良、白正仙于 1998 年、2001 年发表的两篇文章,讨论了张弦结构的受力性能和分析方法[4,5],并展望了张弦结构可能的发展形式。

1999 年 9 月 16 日上海浦东国际机场(一期工程)航站楼竣工投入运营,进厅、售票厅、商场和登机廊四个大空间屋盖均采用张弦梁结构,其支点水平投影跨度依次为 49.3m、82.6m、44.4m 和 54.3m。这是首次将该体系用于大跨度屋盖结构。1998 年以来国内学者对该体系进行了大量的理论与试验研究,它的成功引起了人们的广泛关注,推动了张弦结构的发展。十多年来,张弦结构的应用日益广泛,上弦形式从梁发展到拱、桁架、立体桁架,从单层发展到双层,从单向发展到双向,以至用于刚架、空间结构。张毅刚[6,7]对近十多年来的工程进行了归类和统计,本书在此基础上进行了进一步总结,见表 1.1。

表 1.1 近十多年来张弦结构在我国的工程应用

序号	工程名称	跨度/m	特点	年份
1	上海浦东国际机场(一期)航站楼[8]	49.3、82.6 44.4、54.3	3 根平行方钢管拱上弦(其间短管相连)、圆钢管腹杆、曲线索下弦	1999
2	北京金融街大厦活力中心商场中庭[9]	4.22~ 4.57	2 根圆钢管梁上弦、2 根折线索下弦和一组倒三角形撑杆组成空间体系	2006

续表

序号	工程名称	跨度/m	特点	年份
3	广州国际会议展览中心展览大厅[10]	126.6	圆钢管立体桁架拱上弦、曲线索下弦	2002
4	黑龙江省国际会议展览体育中心主馆[11]	128	圆钢管立体桁架拱上弦、曲线索下弦	2002
5	华南农业大学风雨操场[12]	48.6	圆钢管梁上弦、曲线索下弦两端分别悬挑 3.8m 和 4m	2003
6	济南遥墙国际机场航站楼玻璃顶[13]	最大 15	H 型钢梁上弦、折线圆钢下弦	2004
7	北京大兴体育休闲公园水世界[14]	32	带孔型钢拱上弦、曲线索下弦	2004
8	深圳会展中心[15]	126×2	双箱型截面半刚架、双曲线索下弦	2004
9	郑州国际会展中心展厅[16]	70	H 型钢桁架拱上弦、曲线索下弦与两端斜拉结构组合跨越 102m	2005
10	杭州黄龙体育中心网球馆[17]	最大 24	圆钢管拱上弦、曲线索下弦	2005
11	上海太平洋大酒店顶层游泳池[18]	18	箱型截面拱上弦、曲线索下弦	2005
12	一机展览馆[19]	48	圆钢管倒三角形桁架拱上弦、曲线索下弦	2005
13	宝钢游泳馆改造工程[20]	25.2	X 形交叉矩形管拱上弦、X 形交叉钢棒下弦、跨中矩形管撑杆	2006
14	中国建研院风洞试验室屋顶[21]	36	矩形管拱上弦、曲线索下弦	2006
15	烟台世贸中心[22]	65	圆钢管立体桁架拱上弦、曲线索下弦	2006
16	常州工学院体育馆[23]	42	H 型钢拱上弦、曲线索下弦	2006
17	上海源深体育馆[24]	63	矩形管拱上弦、曲线索下弦	2006
18	北京移动通信综合楼中厅采光顶[25]	21.6	圆钢管梁上弦、折线钢拉杆下弦	2006
19	上海浦东某大厦中庭采光顶[26]	最大 40	矩形管拱上弦、折线钢拉杆下弦,跨中间位置用一组 V 形撑杆	2006
20	天津市南京路国际商场人行天桥[27]	32	圆钢管桁架拱上弦、曲线索下弦	2006
21	某大学学院街玻璃顶棚[28]	27~33	矩形管梁上弦、曲线索下弦,上弦梁下用钢索悬挂人行吊桥	2006
22	北京全国农业展览馆中西广场展厅[29]	77	圆钢管立体桁架拱上弦、曲线索下弦	2006
23	大连周水子国际机场航站楼[30]	53.1	门式刚架弧形变截面 H 型钢上弦,跨中 V 形撑杆、折线圆钢拉杆下弦	2006
24	泉州市体育馆比赛馆、训练馆[31]	94、66	圆钢管立体桁架拱上弦、曲线索下弦	2006
25	北京凯晨广场中庭[32]	27	圆钢管拱上弦、曲线索下弦	2006

续表

序号	工程名称	跨度/m	特点	年份
26	萧山中国纺织采购博览城国际会展中心中厅[33]	47.4	变截面 H 型钢拱上弦、曲线索下弦与一端斜拉结构组合跨越 54m	2007
27	国家奥林匹克体育中心综合训练馆[34]	43、36	H 型钢折线拱上弦、折线索下弦	2007
28	青岛国际帆船中心媒体中心[35]	最大 13.88	圆钢管拱上弦、折线索下弦	2007
29	涿州凌云机械厂职工活动中心[36]	40	圆钢管立体桁架拱上弦、曲线索下弦	2007
30	某体育馆[37]	63	矩形管拱上弦、曲线索下弦	2007
31	东北师范大学体育馆入口雨棚[38]	最大 35.06	圆钢管梁上弦、曲线索下弦	2007
32	南京新会议展览中心 3 号展馆[39]	74	双工字型截面梁上弦、曲线索下弦	2007
33	长春现代农业博览园展馆[40]	72	圆钢管立体桁架上弦、曲线索下弦	2007
34	东营黄河口模型厅[41]	最大 148	圆钢管立体桁架拱上弦、曲线索下弦	2007
35	中国国际展览中心新馆南登录大厅[42]	33.6	H 型钢梁上弦、折线钢拉杆下弦	2008
36	上海浦东国际机场二期主楼[43]	64.289、89、64.289	变截面箱型双拱上弦、曲线钢拉杆下弦和倒三角形撑杆组成空间体系	2008
37	某多功能厅[44]	40	矩形钢管拱上弦、曲线索下弦	2008
38	北京火车北站雨棚[45]	最大 108	圆钢管立体桁架上弦、曲线索下弦	2008
39	迁安文化会展中心[46]	48	H 型钢梁上弦、曲线索下弦	2008
40	山东某体育馆[47]	70	圆钢管立体桁架上弦、曲线索下弦	2008
41	渑池县希望铝业有限公司原料库[48]	62	门式刚架弧形上弦、跨中间一组 V 字形撑杆、折线索下弦	2008
42	某市物流中心仓库[49]	72	门式刚架钢弧形上弦、曲线索下弦	2008
43	上海世博会主体馆西展厅[50]	144	圆钢管正三角形立体桁架上弦、V 字形撑杆、曲线索下弦	2008
44	延安站站台雨篷[51]	54.6、21.5	矩形管双拱上弦(管内灌水泥砂浆)H 型钢横梁、单撑杆、曲线索下弦	2008
45	厦门会展中心二期[52]	4 个 81、45	箱型截面拱上弦、曲线索下弦	2008
46	第十一届全运会训练馆配套田径馆[53]	73	圆钢管立体桁架拱上弦、曲线索下弦	2008
47	天津梅江会展中心[54]	89	圆钢管倒三角形桁架拱上弦、曲线索下弦	2009

续表

序号	工程名称	跨度/m	特点	年份
48	昆明柏联广场中厅采光顶[55,56]	15	矢高 0.588m,矢跨比仅 1.25 的超扁张弦网壳,上弦为单层肋环型球面网壳	2000
49	天津港保税区商务中心大堂屋盖[57]	35.4	采用张弦网壳,上弦为 35.4m 跨,矢高 4.6m 的凯威特-联方型单层球面网壳	2001
50	天津博物馆贵宾厅屋盖[58]	18.5	采用张弦网壳结构,跨度 18.5m,矢高 1.284m	2004
51	安徽大学体育馆[59]	87.8	正六边形张弦网壳屋盖,边长 47.44m,最大挑檐长度 6m,屋盖总高度 11.55m,矢跨比为 1.816,屋面坡度 12°,设四道环索	2005
52	武汉体育馆屋盖[60]	双层网壳	采用扁平椭圆形张弦双层网壳,长轴方向 135m,短轴方向 115m,矢高 9m;下部为 Levy 型索撑体系,共布置 3 圈	2006
53	北京工业大学体育馆比赛馆屋盖[61,62]	直径93、矢高11	采用张弦网壳,上弦网壳采用焊接球及铸钢节点,下部共布置 5 圈索撑体系,环向用高强钢丝束,径向用钢拉杆	2007
54	常州体育馆屋盖[63]	长轴120、短轴80	采用椭球形张弦网壳,矢高 21.45m;上弦网壳中心部位的网格形式为 Kiewitt 型 K8,外围部位的网格形式为联方型;下部为 Levy 型索撑体系,共布设 6 环	2008
55	济南奥林匹克体育中心体育馆[64,65]	直径122、矢高12.2	是目前世界上跨度最大的张弦网壳,上弦单层网壳网格为 Kiewitt 型和 Levy 型内外混合布置形式;下部索撑体系为肋环型布置,设 3 道,局部布置构造钢棒	2008

1.1.4　张弦结构的研究现状

目前,国内对张弦结构的研究比较广泛,涉及张弦结构的结构找形、静力性能、动力特性、风振效应、可靠度分析、优化设计、节点设计和施工技术等各个方面,但在抗连续倒塌方面的研究较少。

1.2 连续倒塌的概述

1.2.1 连续倒塌的概念

美国土木工程协会在 ASCE7-05 中,把连续倒塌的定义描述为:初始的局部破坏在构件之间发生连锁反应,最终导致整体结构的倒塌或发生与初始局部破坏不成比例的结构大范围倒塌[66]。

英国规范的定义是:在意外事件中,五层及五层以上的建筑不应发生整体倒塌或发生与初始破坏原因不成比例的局部倒塌[67]。

从上述定义可知,连续倒塌有以下两个明显的特征。

(1)意外事件中整体结构发生初始局部破坏,这种破坏在杆件之间发生连锁反应,进一步扩大杆件的破坏范围。

(2)意外事件作用下,结构最终发生整体倒塌或发生与初始局部破坏不成比例的大范围倒塌。

关于第二点,英美两国规范在措辞上存在一定的分歧。美国规范认为倒塌的不成比例性是指最终破坏的大小与初始破坏的大小不成比例;而英国规范则认为倒塌的不成比例性是指最终破坏的大小与造成最终破坏的原因不成比例。文献[67]结合现有的结构倒塌实例,研究两种定义方法的异同点,认为采用美国规范的措辞更为严谨。事实上,美国规范的定义弱化了意外事件在结构连续倒塌过程中的作用,将意外事件直接转化为初始局部破坏,这同现有分析方法的思路是一致的。

德国学者 Starossek 采用分类总结的方法对结构的连续倒塌进行研究,其目的在于找到有效的阻止方法,将结构的连续倒塌控制在局部破坏的范围内,从而减少经济损失,也为人们的逃生创造机会。根据整体结构在连续倒塌过程中力学性能的不同,即上述第一点中杆件之间连锁反应的不同,Starossek[68]将连续倒塌分为五个类型,具体如下所述。

烤薄饼型(pancake-type collapse)。该类型的主要特征是局部竖向承重构件发生初始破坏,上部结构失去有效支承而坍塌坠落,重力势能转化为动能,给下部结构造成一定的冲击,导致下部竖向承重构件继续破坏,整个连续倒塌沿着结构的竖向进行。由于倒塌过程中以楼层为单位逐层向下倒塌,所以命名为烤薄饼型,如 9·11 事件中世贸大楼的倒塌。

拉链型(zipper-type collapse)。该类型的主要特征是初始局部破坏发生后,剩余结构在内力重分布和构件突然失效所产生的动力冲击作用下不断产生新的失效构件,形成新的内力重分布,直至结构整体倒塌或剩余结构达到某一平衡状态。由于整个倒塌过程在内力重分布的作用下,如同拉拉链一般环环相扣,以此命名,如多跨连续梁桥在一跨失效后发生连续垮塌。

多米诺骨牌型(domino-type collapse)。顾名思义,该类型多发生在含有离散单元的结构体系中,其连续倒塌过程如同推倒多米诺骨牌一样,如输电线路上一列铁塔的连续倒塌。

失稳型(instability-type collapse)。该类型的主要特征是作为支承的受压构件因突然事件而失稳并丧失承载能力,剩余构件由于内力重分布或其他原因相继失效破坏。该类型主要突出受压构件的失稳破坏对整体结构抗倒塌性能的影响。

混合型(mixed-type collapse)。即在连续倒塌过程中构件的力学性能表现不能完全归结为上述 4 类中的任何一种。

综上所述,结构连续倒塌的本质可归结为:意外事件作用下,结构原有支承模式或边界条件发生变化,部分构件因丧失承载能力而退出工作,并在结构中产生一定的动力效应。剩余结构在静力及动力的双重作用下进行内力重分布,找寻新的平衡状态,这一过程中不断有新的构件因强度或变形的原因而失效。当剩余结构找到新的平衡状态或结构发生整体倒塌时,该过程就终止了。

1.2.2　抗连续倒塌理论的发展

结构的连续倒塌研究并不是一个新兴课题,自 1968 年英国的 Ronan Point 公寓楼因煤气爆炸发生连续倒塌事故后,各国的研究人员和相关机构已经对其进行了 40 多年的研究,并以三次重大的连续倒塌事故为标志掀起三次研究高潮,取得了不少研究成果,并制定了相关的设计规程。

(1) 第一次研究高潮——1968 年英国 Ronan Point 公寓楼连续倒塌事故(图 1.9)。

图 1.9　英国 Ronan Point 公寓楼事故现场

该事故首次引发了研究人员对结构连续倒塌的关注。调查结果表明,当时的预制装配式大板结构房屋中板与板之间缺乏足够的连接强度,这是导致连续倒塌的根本原因。英国是第一个将结构的抗连续倒塌设计写入建筑规程的国家。

陈俊岭[69]总结了该阶段的研究成果，认为其代表性文章是 1974 年 McGuire 的会议论文和 1975 年 Breen 对一个学术会议的总结报告文献。McGuire 的论文讨论了连续倒塌的问题及预防措施，强调了加强结构整体性对防止连续倒塌的重要性。Breen 的文章同样强调了结构整体性的重要性，并提出了相应的改进措施。显然受 Ronan Point 公寓楼连续倒塌事故的影响，该阶段的研究成果主要集中在构件之间的有效连接及结构的整体性上。Breen 的文章还指出，位于高烈度地震区域的结构体系通常具备较高的抗连续倒塌能力。这一发现为结构连续倒塌设计与现有规范的结合提供了新的思路。

（2）第二次研究高潮——1995 年美国 Alfred P. Murrah 联邦大楼连续倒塌事故（图 1.10）。

图 1.10　美国 Alfred P. Murrah 联邦大楼事故现场

该事故掀起了连续倒塌研究的第二次高潮。调查结果表明，近距离的汽车炸弹爆炸，直接导致大楼底层三根柱子的严重破坏。这些柱子的失效导致上部转换梁和其所支承的柱子的连续失效，最终造成大楼一侧立面完全倒塌。

陈俊岭[69]总结了该阶段的研究成果，认为其代表性文章是 Longinow 和 Mniszewski 的文章以及 Corley 等的文章。前者主要描述了爆炸作用下结构表现出来的破坏机理，并提出一些建筑物遭遇汽车炸弹袭击时减轻结构损害和人员伤亡的建议。文章通过对两次汽车炸弹袭击事件进行对比研究，指出结构体系的不同是造成不同程度连续倒塌的主要原因。该文章最后指出，像钢结构或现浇混凝土框架这样的超静定结构体系，在炸弹袭击下通常可以有效地进行荷载重分配，从而阻止建筑物发生连续倒塌。后者主要研究了 Alfred P. Murrah 联邦大楼发生倒塌的机理以及减轻这种连续倒塌应当采取的措施，并总结出可供参考的结构设计过程。

（3）第三次研究高潮——2001 年美国纽约世贸大楼连续倒塌事故（图 1.11）。

该事故掀起了连续倒塌研究的第三次高潮。美国政府的调查结果表明[70]，受

图 1.11　美国纽约世贸大楼连续倒塌事故

影响楼层中的家具、器皿、文档和其他物品长时间燃烧所生产的大火和热量是导致世贸中心倒塌的直接原因。值得注意的是,南北两幢大楼在遭受飞机撞击和特大火灾的破坏下,依然持续站立了一个多小时。

这一事实说明,世贸大楼在其结构设计上具有一定的优越性,在意外事件中具备一定的冗余度以维持结构的整体性。对结构设计进行研究可知,两幢大楼上部均有刚度很大的巨型伸臂桁架,该桁架有 6 层楼高,沿内筒平面共计 34 榀,从而大大增强了核心框架与外围结构的整体性。由于采用了外围密柱抗弯框架和巨型伸臂桁架结构,使得结构由局部坍塌到整体逐步倒塌的时间大大延长。

9·11 事件发生后,结构的连续倒塌研究也达到最高点,最明显的特征是美国总务管理局和国防部分别颁布的专门用于防止结构发生连续倒塌的设计规程。日本钢结构协会也在 2003 年出版了《结构倒塌控制设计指南》一书,该书的中文译本为《高冗余度钢结构倒塌控制设计指南》。

这一阶段国外的主要研究成果有:软件方面,美国贝克工程与风险顾问有限公司为美国国防部开发了名为"建筑损伤计算及其数据库(BICADS)"的程序。该程序主要用于不同爆炸荷载作用下建筑物中结构或非结构组成部分的损伤评估[71]。Kaewkulchai 等[72]编写了用于模拟框架结构连续倒塌过程的有限元程序。该程序同时考虑了结构的几何非线性和材料非线性特征,并可根据结构强度及刚度的退化程度给出结构的损伤指标。试验方面,美国总务管理局对钢结构框架进行了爆炸荷载作用下节点连接性能的试验研究,并将其成果作为美国国防威胁降低局(DTRA)出版的《爆炸试验》系列丛书的主要内容[73]。

Woodson 等[74]对一两层带填充墙的钢筋混凝土框架结构进行爆炸试验,结果表明填充墙能有效降低爆炸对楼板的冲击作用。Astaneh-Asl[75]对 10 个单层钢结构框架进行了足尺试验,试验的主要目的是研究楼板中的拉索系统对结构抗连续倒塌性能的作用,结果表明拉索系统能有效地阻止楼板在意外事件下的连续倒塌。理论方面,Marjanishvili 等[76,77]详细研究了变换荷载路径方法中四种计算方法的优缺点,认为线性静力、线性动力和非线性动力计算是三种最为有效的分析方法。Stevens[78]、Gould[79]对 GSA 和 UFC 规范进行了详细的研究,指出了两个规范在统一过程中需要解决的问题。Starossek 对连续梁桥及斜拉桥的连续倒塌进行了一系列研究。

我国在结构连续倒塌方面的研究起步较晚,9·11 事件发生之后国内学者才对其进行了广泛的研究。以刘西拉为首的一批学者对结构在意外事件中的易损性及构件重要性的评估方法进行了一系列研究[80~84]。清华大学的胡晓斌等[85,86]对钢结构框架在连续倒塌过程中的动力效应进行了相关研究,总结了荷载动力放大系数的影响因素。叶列平等[87,88]结合清华大学土木工程系开发的适用于钢筋混凝土杆系结构的纤维模型 THUFIBER 软件对混凝土结构的连续倒塌进行了相关研究。湖南大学的易伟建等[89]对钢筋混凝土框架结构进行了连续倒塌试验,并通过有限元数值模拟验证了试验的准确性。目前,我国的建筑结构设计规范中,并没有明确的关于结构抗连续倒塌的相关条文,仅在概念上提出"结构应具有整体稳定性,结构的局部破坏不应导致大范围倒塌"。

1.2.3 抗连续倒塌的主要设计方法

1977 年,Leyendechker 等[90]将结构抵抗连续倒塌的设计方法归为三类,即事件控制、概念设计和直接设计。

1. 事件控制

事件控制要求设计者通过一定的建筑或结构措施降低意外事件发生的概率、控制意外事件发生的范围以及降低意外事件对整体结构的影响,是结构设计以外的一类措施。采取一定的措施,预防结构发生局部破坏。例如,在建筑方案中,尽可能多地设计安全区域、疏散通道、防火隔离带等,为意外事件下人们的安全提供更多的保障;设计一定的绿化隔离带、防撞桩,预防汽车撞击爆炸事件的发生等。这种设计方法已超出结构分析范畴,不是本书讨论的范畴。

2. 概念设计

概念设计是指提高结构的鲁棒性,即设计者通过一定的构造措施,保证结构具备良好的连续性、延性和冗余度,从而提高整体结构抵抗连续破坏的能力。例如,合理布置结构,避免薄弱层的产生;在框架结构中采用拉结强度法。该方法最早由英国规范提出,目前其他国家的规范均沿用英国规范中的设定。拉结强度法通过对现有的构件和连接进行拉结,提供结构的整体牢固性以及荷载的多重传递路径。按照拉结的不同位置和作用可分为内部拉结、周边拉结、对墙和柱子的拉结以及竖向拉结四种类型(图 1.12),美国 UFC 规范中增加了角柱拉结。对于各种拉结,规范要求其传力路径连续、直接,并满足一定的强度要求。

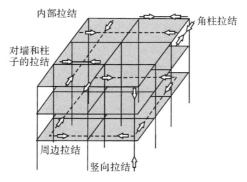

图 1.12　拉结示意图

　　概念设计法的关键是提高结构的鲁棒性(robustness),结构的鲁棒性主要是指结构构件分布拓扑关系的稳健性,它的反义就是结构的易损性(vulnerability)。鲁棒性和易损性这些概念在自动控制、电力系统、生命线工程,甚至造船工业方面已经不是新的概念。1994 年英国的结构安全标准委员会(SCOSS)把结构的鲁棒性、易损性看成与增加结构的安全储备、加强对设计和施工过程的安全监督检查同等重要,是确保结构安全不可忽视的三个重要措施之一。应该说明,鲁棒性强调的是结构中构件分布的拓扑关系要合理,不能翻译成坚固性,否则难以区别它与强调结构的安全储备的差别;也不能翻译成完整性,因为鲁棒性不是指结构是否完整,而是指结构是否存在容易被袭击的致命缺陷,即由于局部破坏而引起的结构整体性质的改变[83]。

　　结构的鲁棒性问题在历史上往往是设计决策人需要根据经验定性考虑的问题,但近年来,特别是自 9·11 事件以来,已迅速引起土木工程界的强烈关注。目前这方面的研究正从定性和定量两方面开展,前者主要通过安排替代荷载路径、加强关键构件和增设能量吸收装置等加以改善[81],其普遍特点都是基于经验的定性措施。如果要上升到理性的高度,就需要对结构鲁棒性做出定量的分析。

　　3. 直接设计

　　直接设计是指设计者通过特定的计算方法,评估结构抗连续倒塌的性能,并根据评估结果修正原有结构设计,使之具备一定的抗连续倒塌能力。主要采用变换荷载路径法(alternate path method,AP)和局部抵抗特殊偶然作用方法。

　　1) 变换荷载路径法

　　变换荷载路径法通过假定结构中某主要承重构件失效,并在计算过程中将其从结构中移除,分析剩余结构是否会形成搭桥能力,即是否能够形成新的荷载传递路径,从而判断结构是否会发生连续倒塌。该方法主要依靠结构体系的连续性和延性来保证原有荷载在剩余结构上能够重新分配,并维持结构在短时间内的整体稳定性,从而抵抗结构的连续倒塌。该方法主要有两个重要内容:一是初始失效构件的选择;二是计算方法的选择。对于典型结构的初始失效构件,各国规范都有相应的规定,通常为结构中的主要竖向承重构件,如图 1.13 所示 GSA 规范中的待移除构件。

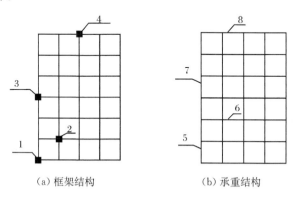

（a）框架结构　　　　　　　（b）承重结构

图 1.13　GSA 规范中的待移除构件示意图

1-角柱;2-内柱;3-长边中柱;4-短边中柱;5-角墙;

6-内墙;7-工边中间墙;8-短边中间墙

根据是否考虑结构的动力特性及材料的非线性因素,变换荷载路径法主要分为线性静力计算、线性动力计算、非线性静力计算和非线性动力计算四种计算方法[76,77,91]。在框架结构中,几何非线性因素不做特别的强调,可与材料非线性因素同时考虑,亦可单独考虑。

（1）线性静力计算。

该方法是最简单和快捷的分析方法。主要步骤是在未施加荷载的结构上静力移除失效构件,对剩余结构施加考虑了动力效应的荷载组合(即用动力放大系数对荷载进行放大),进行线弹性静力分析,从而评估结构抗连续倒塌的性能。

（2）线性动力计算。

该方法可近似模拟构件的实际失效过程,使结构产生较真实的线弹性运动,因而比线性静力计算要更精确些。

（3）非线性静力计算。

最常用的非线性静力计算方法即抗震分析中的 Pushover 法,该方法通过逐步加大荷载来得到结构的控制荷载或控制位移,从而评价结构抵抗水平荷载的能力。对于框架结构抗连续倒塌设计,就是采用竖向的 Pushover 法进行分析,并采用动力放大系数考虑结构的动力效应。竖向 Pushover 法分析过程中往往仅几根构件产生屈服,而远离初始破坏位置的构件则不会。例如,在框架结构中,位于失效梁之上的柱子不会由于失去直接传力路径而发生大变形,因此梁的失效在大部分情况下只会导致周围梁相继失效。这使得整个计算结果在延性上偏于保守。

(4) 非线性动力计算。

该方法是目前公认的最为准确的反映结构抗连续倒塌性能的计算方法,同时也是最为复杂的计算方法。它兼顾了结构的动力特性及材料的非线性特性,提供了更接近实际情况的计算结果。其缺点是建模过程复杂,计算耗时长,需做很多额外的假定工作,其结果的正确性难以评估,往往由于不当的模型及假定导致错误的计算结果。

目前大部分规范均倾向于采用变换荷载路径法进行连续倒塌的分析设计,如美国 GSA 规范[66] 和 UFC 规范[92]。

(1) GSA 规范。

GSA 规范是美国联邦政府对其主要建筑进行抗连续倒塌设计的规范,是首个真正意义上的连续倒塌设计标准,它要求无论何种设防等级的建筑在设计时都需要考虑其防止连续倒塌的性能。其主要的设计方法是基于需求能力比(demand capacity ratios)要求的变换荷载路径方法,并建议采用线性静力或者线性动力的分析方法进行连续倒塌分析。图 1.14 为 GSA 规范中线性静力计算流程。

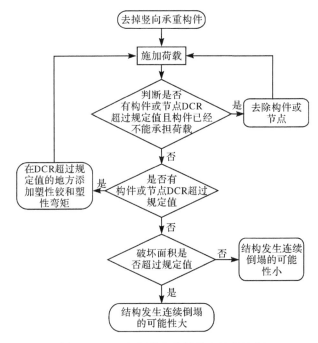

图 1.14　GSA 规范中线性静力计算流程

（2）UFC 规范。

UFC 规范主要用于美国军方相关建筑的设计。在设计过程中，UFC 规范不考虑意外事件的种类及其对结构的影响，并针对不同设防等级的建筑采用不同的抗连续倒塌设计思路。其主要的设计方法是基于荷载和抵抗系数方法的变换荷载路径方法及连续力方法。对于变换荷载路径方法，标准给出了线性静力、非线性静力和非线性动力三种分析方法。其中线性静力既不考虑结构的几何非线性，也不考虑材料的非线性因素，后两种方法则需考虑结构的双重非线性特性。图 1.15 为 UFC 规范中非线性静力计算流程。

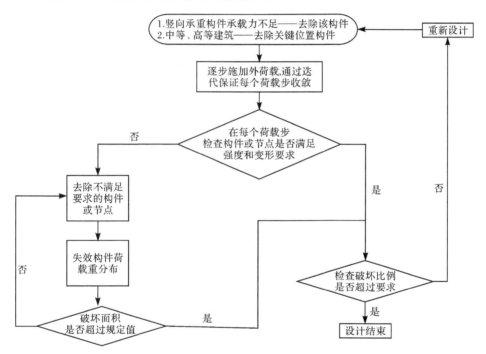

图 1.15　UFC 规范中非线性静力计算流程

2）局部抵抗特殊偶然作用方法

局部抵抗特殊偶然作用方法主要是针对结构中某些重要构件，分析它们是否有能力抵抗设计考虑的偶然作用。这种方法要求预测作用于结构上的偶然荷载的类型及其量值，然后对局部构件进行承载能力极限状态分析，以使结构能够抵抗特定的突发事件。通过局部抗力分析，可以了解当这些关键构件直接受偶然事件影响时，能否有足够的能力维持结构体系的整体稳定性。此方法和备用荷载路径法采用相同的计算方法。但对于大部分建筑，非常规荷载的形式、大小以及作用位置往往很难预测，并且有时按照假定的偶然荷载对局部构件进行设计并不经济。因此大部分规范中均倾向于采用变换荷载路径法进行直接设计。

1.3　空间结构抗连续倒塌研究的必要性

1.3.1　空间结构的分类

大跨空间结构体系复杂,形式多样,参照文献[6]、[7],本书将其归纳为以下三类:传统的大跨空间结构、预应力钢结构和索结构。

1) 传统的大跨空间结构

被动受力为主,主要有立体桁架、网架以及以空间形态受力为主的网壳等空间网格结构。该类结构由许多形状和尺寸都标准化的杆件与节点体系组成,它们按照一定的规律相互连接形成空间网格状结构。由于众多杆件在空间汇交于一个节点,形成高次超静定结构,在一定程度上可认为网格结构的冗余度较高,具有一定的鲁棒性。

2) 预应力钢结构

主要分为斜拉结构、悬挂结构、内凹式索拱(桁架)结构和张弦结构,主动受力和被动受力相结合。

斜拉结构的主要特点是通过桅杆和拉索为刚性构件(结构)提供弹性支撑,如图 1.16 所示的深圳游泳跳水馆[93]。

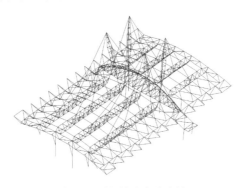

图 1.16　深圳游泳跳水馆

悬挂结构的主要特点是通过上弦拉索与下弦刚性构件之间的拉索使它们共同工作,增大结构刚度和形状稳定性,抵抗风吸力。它与张弦结构的根本区别在于索与刚性构件之间使用拉索而不是撑杆。图 1.17 所示的吉林速滑馆工程是上弦为索、下弦为刚性拱构成的索拱结构[94]。

内凹式索拱(桁架)结构的主要特点是直接通过拉索减小刚性拱(桁架)支座端的水平推力,如图 1.18 所示的深圳东部华侨城某多功能剧场屋盖[95]。

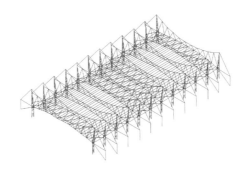

图 1.17　吉林速滑馆

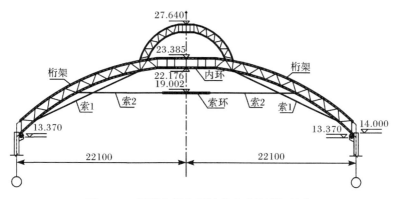

图 1.18　深圳东部华侨城某多功能剧场屋盖

3)索结构

　　主动受力为主,主要有索桁架、索穹顶、张拉整体结构和索膜结构。该类结构中主要承力构件都是索,其几何形状和结构刚度都是依靠拉索或膜结构中的预应力来实现的。图 1.19 所示的 Georgia 穹顶为 1996 年亚特兰大奥运会体育馆,椭圆平面尺寸达到 235m×186m,为世界上最大的索穹顶建筑[96]。

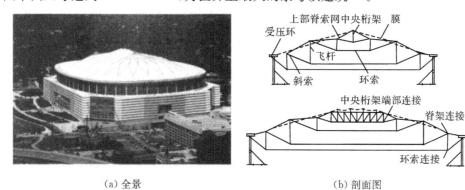

（a）全景　　　　　　　　　　（b）剖面图

图 1.19　Georgia 穹顶

1.3.2　空间结构抗连续倒塌的研究现状

空间结构的研究成果主要集中在一些初步的理论分析及事故调查上,相关的深入研究仍不多见。江晓峰等[97]对大跨结构连续倒塌的研究现状进行了一定的总结,Morris、Malla 和 Blandford 将轴压构件弹塑性失稳、卸载与反向加载等特性加入计算模型中,通过动力非线性分析模拟空间结构的受力性能和倒塌情况。Hanaor 等[98]在调查某一钢桁架桥梁倒塌事故时依据试验研究和数值分析,指出构件端部连接构造的刚度不足会严重降低构件和整体结构的稳定承载力。在直接考虑局部损失或破坏的研究方面[99~104]:Malla 等分析了瞬间局部损伤引起的结构响应,认为空间结构发生倒塌的危险性较大;Murtha-Smith 根据备用荷载路径分析法分析了一大跨体育场发生连续倒塌事故的原因;Marsh 在结构设计过程中通过假定局部构件发生失效来提高体系的冗余性能。

在结构形式方面,空间结构的抗连续倒塌的研究成果主要集中在网架和网壳等传统空间网格结构方面。主要是因为该类结构应用的历史较久,倒塌的事故也较多。例如,美国康涅狄格州的哈特福特城的体育馆网架结构,平面尺寸为92m×110m,突然于 1978 年破坏而落到地面,该事故引起人们对网架抗连续倒塌的研究[105~108];1963 年 1 月,罗马尼亚布加勒斯特市一座直径 93m 的国家经济展览馆穹顶网壳在近 1m 厚的积雪作用下失稳倒塌破坏。自此以后,网壳结构的稳定问题成为人们的研究热点[109~115]。对传统空间网格结构抗连续倒塌的关键部位集中在容易发生屈曲失稳的受压杆件和多根重要杆件汇聚处的关键节点上。同时,当空间网格结构直接支承在柱子上时,支承柱的完整性也是空间网格结构倒塌设计中需特别注意的。

预应力复合钢结构的抗连续倒塌的研究比较少。由于预应力复合钢结构是由拉索和传统钢结构组合而成的新型结构,其连续倒塌的特征不同于传统空间网格结构,除传统空间网格结构抗连续倒塌的关键部位外,拉索的破坏对结构的倒塌也起着至关重要的作用。例如,1992 年韩国首尔市的一座在建的混凝土斜拉桥连续倒塌事故中,拉索的断裂起了很重要的作用。事故中,塔柱一侧的拉索由于桥墩倒塌而应力激增,并发生断裂,塔柱在失去平衡拉力的作用下而倒塌。并且该斜拉桥的主梁采用预应力箱梁截面,跨中截面的预应力筋由于弯矩的突然变向而起负作用,导致主梁垮塌[116]。王蜂岚[91]对内凹式索拱结构屋盖体系进行了连续倒塌分析,提出简化的敏感性分析方法判断关键构件,指出索拱结构中的关键构件和连续倒塌时荷载动力放大系数。

索结构的抗连续倒塌的研究也比较少,由于索结构属于柔性结构体系,几乎没有自然刚度,其几何形状和结构刚度都是依靠拉索或膜结构中的预应力来实现的。因此,对于此类结构,任意一根构件,尤其是施加预应力的构件均可能是整体结构的关键构件。同时张力结构中构件之间的相互影响很大,任意一根拉索的失效都有可能导致其余拉索的连锁失效。

1.3.3　空间结构抗连续倒塌的必要性

虽然大跨结构方面的抗连续倒塌研究比较少,但与采用框架结构的多层和高层建筑一样,大型空间结构如穹顶和大跨平面结构等也是可容纳大量人群的大型建筑物;同时,钢材的内在特性决定了大跨空间结构容易发生连续倒塌。这是因为钢材是由其所用的原材料和所经受的一系列加工过程决定的,外界的作用,包括各类荷载和气象环境对它的性能有着不可忽视的影响。建筑钢材虽然有较好的韧性,但低温使钢材韧性降低,温度降到一定程度时钢材在冲击荷载作用下完全是脆性断裂;腐蚀性介质会促成钢材脆性断裂并影响疲劳强度;特别是焊接结构取代铆接结构后,更容易出现脆性破坏;重复或交变荷载作用下钢结构会产生疲劳破损。近年来,大跨空间结构的倒塌事件频繁发生,对大跨结构抗连续倒塌的研究越来越受到人们的重视。表 1.2 列出了近年来发生的空间大跨结构的倒塌事件。

表 1.2　近年来发生的空间大跨结构的倒塌事件

时　间	地　点	造成的后果	原　因
2004 年 2 月 14 日	莫斯科德兰士瓦水上乐园玻璃屋顶突然坍塌,随后一面墙壁也发生倒塌	造成 28 人丧生,110 多人受伤	设计不合理所致
2004 年 5 月 23 日	巴黎戴高乐机场 2E 候机厅顶棚发生坍塌事故	造成 4 人死亡,3 人受伤	候机厅水泥顶棚与圆柱形金属支柱连接处出现了穿孔
2005 年 12 月 4 日	俄罗斯彼尔姆边疆区丘索沃伊市一游泳馆发生顶棚坍塌事故	造成至少 8 人死亡	主要是由顶棚金属框架长期遭锈蚀断裂引起的
2006 年 1 月 2 日	德国南部阿尔卑斯山小城巴特赖兴哈尔一溜冰馆顶棚突然整体塌落	造成 15 人死亡	建筑技术上存在缺陷可能是造成该屋顶整体坍塌的原因
2006 年 1 月 28 日	波兰西南部卡托维茨国际博览会一座展厅顶部发生坍塌	造成 63 人死亡,140 多人受伤	屋顶倒塌很可能是积雪太厚造成的
2006 年 2 月 23 日	莫斯科市中心的鲍曼市场发生顶棚坍塌,坍塌面积约为 3000m²	造成至少 49 人死亡,29 人受伤	除了积雪过多外,还可能与建筑设计和使用不当有关
2010 年 12 月 17 日	内蒙古那达慕大会场主会场(赛马场)西看台钢结构罩棚倒塌,倒塌长度为 100 多米	—	一是焊缝存在严重的质量缺陷;二是入冬后支撑柱卸载后天气骤冷影响

1.4　本书的主要内容

随着社会的发展和人类的进步,大跨空间结构的应用越来越广泛,其中预应力钢结构占空间结构的比例不断增大。特别是随着 2008 年奥运会和 2010 年世博会的召开,我国建造了许多大跨度工程。虽然预应力钢结构的计算理论和力学性能分析已有了长足的发展,然而这些已建工程结构的抗连续倒塌性能是否能达到设计所要求的水平,急需分析与研究。

虽然预应力钢结构种类繁多,但受力原理基本相同,本书对预应力张弦结构进行抗连续倒塌研究,以进一步认识和提高预应力钢结构的抗倒塌能力。

本书主要内容如下。

(1) 空间结构关键构件的判断方法。

大跨空间结构形式多样,体系复杂,杆件众多,有多种荷载传递路径和失效模式,不易判断关键构件,如果采用 AP 法对每根杆件移除进行残余结构的承载力计算会导致工作量非常大。本书将对各种关键构件的判断方法进行分析和总结,并根据空间结构的特点,探索适合空间结构关键构件的判断方法。

(2) 考虑初始缺陷的空间结构连续倒塌静力仿真分析。

空间结构连续倒塌分析不仅要考虑构件的强度和稳定,还要考虑结构整体失稳的影响。实际结构不可避免地具有各种初始缺陷,包括安装偏差(即节点的几何位置)、杆件的初弯曲、杆件对节点的初偏心以及各种原因引起的初应力等。结构的整体初始缺陷可采用一致缺陷模态法考虑整体节点偏差。但关于与杆件设计有关的一些缺陷,如杆件的初弯曲、初应力、初偏心等,在常规设计时按规范规定选择杆件截面时已经作了适当考虑。但是在连续倒塌分析时,通用有限元程序较难考虑。因此,本书在通用有限元软件 ANSYS 上进行二次开发,考虑杆件的初弯曲,模拟空间结构连续倒塌的全过程,为空间结构抗连续倒塌设计提供依据。

(3) 索失效的模拟方法研究。

拉索是预应力张弦结构中最重要的构件。拉索一般均采用强度较高的钢材,从而可以减小其截面;为了使高强度钢材能够完全发挥作用,一般在拉索中施加一定的预应力,这也导致了拉索在张弦结构使用过程中一直处于高应力状态。所以,拉索失效后,其释放的应变能力比普通的杆件要大。另一方面,拉索失效后,张弦结构下部的索杆体系转变为机构,用常规的有限元程序计算较难收敛,所以一般均采用显示算法计算。因此,本书将通过理论分析与数值计算等手段研究张弦结构拉索失效的模拟方法。

(4) 撑杆截面和间距对张弦结构连续倒塌的影响。

张弦结构由上弦刚性结构和下弦柔性索通过撑杆连接而成,撑杆是刚性上弦和柔性索的纽带,因此,撑杆对张弦结构的重要性不言而喻。拉索通过撑杆对刚性上弦提供弹性支撑,使得上弦变为连续梁(拱)的受力模式。从理论上讲,当撑杆数目足够多,间距足够小时,上弦刚度可以很小。然而,如果上弦刚度很小,当某根撑杆失效后,失效处的上弦跨度突然放大两倍,上弦的承载能力将面临考验;

同时,作为弹性支撑,当某根撑杆失效后,会引起相邻撑杆内力急剧增加。由于撑杆为受压构件,考虑长细比和初始偏心等因素,承载力下降较多,撑杆的失效是否会导致相邻撑杆的连锁失效,继而发生连续倒塌。故本书将对撑杆截面和间距对张弦结构连续倒塌的影响进行研究,提出张弦结构抗连续倒塌的设计参数。

(5) 应力比值法研究张弦结构的动力放大系数。

目前关于动力放大系数的取值有不同观点。对于空间结构,其受力特性与框架结构完全不同,且没有相关文献对动力放大系数进行深入研究。由于动力放大系数受构件失效后残余结构的塑性程度影响很大,考虑到空间结构的某些杆件发生初始破坏后,剩余结构杆件的应力水平或塑性程度与完整结构设计时的应力控制水平有关。在实际工程的设计过程中,设计人员通常以完整结构杆件最大应力与材料屈服强度的比值作为设计的控制指标,如杆件最大应力比值控制在 0.9 或 0.85 之内。应力水平越高,杆件初始破坏后,剩余结构的塑性化程度越高;反之,塑性化程度越低,甚至处于弹性状态。因此,本书将根据完整结构的不同应力比值研究张弦结构的动力放大系数。

(6) 张弦结构抗连续倒塌的设计方法。

进行抗连续倒塌的研究是为了更好地进行抗连续倒塌的设计,提高结构抗连续倒塌的能力。已有文献根据对不同结构(如混凝土结构、钢框架结构等)抗连续倒塌的分析和研究,总结出针对不同结构类型建筑物的一系列抗连续倒塌的措施和设计方法。这些设计方法有一定的共性和特性,有些适用于张弦结构,有些并不适用。张弦结构主要用于大跨空间结构,相对于普通钢框架结构和混凝土结构,其抗连续倒塌的设计有其自身的特点。本书结合国家重点工程——新广州火车站内凹式索拱结构和天津梅江会展中心张弦桁架结构抗连续倒塌的分析和设计,探讨张弦结构抗连续倒塌的设计方法,提出张弦结构抗连续倒塌的措施。并通过施工过程检测及测试数据分析,验证抗连续倒塌设计采用有限元分析的正确性。

参 考 文 献

[1] 李晨光,刘航,段建华,等.体外预应力结构技术与工程应用[M].北京:中国建筑工业出版社,2008.
[2] 负广民.张弦梁结构的设计与施工[J].结构工程师,2004,20(4):25—28.
[3] 金波,赵晓旭.弦支穹顶结构工程应用和研究现状[J].建筑技术,2009,40(7):647—650.
[4] 刘锡良,白正仙.张弦梁结构受力性能的分析[J].钢结构,1998,13(4):4—8.
[5] 白正仙,刘锡良,李义生.新型空间结构形式——张弦梁结构[J].空间结构,2001,7(2):33—38.

[6] 张毅刚.张弦结构的十年(一)——张弦结构的概念及平面张弦结构的发展[J].工业建筑,
　　　2009,39(10):105－113.
[7] 张毅刚.张弦结构的十年(二)——张弦结构的概念及平面张弦结构的发展[J].工业建筑,
　　　2009,39(11):93－99.
[8] 汪大绥,张富林,高承勇,等.上海浦东国际机场(一期工程)航站楼钢结构研究与设计[J].
　　　建筑结构学报,1999,20(2):2－8.
[9] 宋作友,韩朋.中庭屋面张弦梁索桁架施工技术[J].施工技术,2006,35(增刊):234－238.
[10] 陈荣毅,董石麟.大跨度预应力张弦钢管桁架的设计[J].工业建筑,2002,32(增刊):
　　　 379－383.
[11] 范峰,支旭东,沈世钊.黑龙江省国际会议展览体育中心主馆大跨钢结构设计[C]//第十届
　　　 空间结构学术会议,北京,2002:806－811.
[12] 马克俭,张华刚,肖建春,等.新型张弦梁结构研究与应用[J].工业建筑,2003,33(增刊):
　　　 227－235.
[13] 吴耀华,张煜,贾凤苏,等.济南遥墙国际机场航站楼钢结构设计[J].工业建筑,2004,
　　　 34(增刊):188－192.
[14] 聂永明,徐瑞清,鲍丰林,等.北京大兴体育休闲公园水世界结构安装[C]//第八届后张预
　　　 应力学术交流会,北京,2004:377－382.
[15] 张晓燕,郭彦林,黄李骥,等.深圳会展中心钢结构屋盖起拱方案及施工技术[J].工业建
　　　 筑,2004,34(12):15－19.
[16] 刘中华,黄明鑫,李亚民.郑州国际会展中心展厅钢结构设计[J].工业建筑,2005,35(增
　　　 刊):205－210.
[17] 杨治,关富玲,程媛.杭州黄龙体育中心网球馆张弦屋面设计[J].钢结构,2005,20(4):
　　　 46－48.
[18] 焦瑜,宋剑波,周晓峰,等.某张弦梁屋盖结构的设计与施工[J].空间结构,2005,11(3):
　　　 61－64.
[19] 朱奕锋,李策.预应力索拱体系在包头一机展览馆中的应用[J].建筑结构,2007,(2):
　　　 54－55.
[20] 胡祖光,唐喜,忻鼎康.宝钢游泳馆改造工程张弦梁施工控制计算[J].建筑结构,2006,
　　　 36(增刊):53－55.
[21] 张建林,徐博宇,赵磊.中国建研院风洞试验室屋顶张弦梁设计[C]//中国预应力技术五十
　　　 年暨第九届后张预应力学术交流会,北京,2006:389－395.
[22] 罗斌,陈岳,罗明.烟台世贸中心张弦梁零状态找形分析和预应力施工技术[C]//中国预应
　　　 力技术五十年暨第九届后张预应力学术交流会,北京,2006:304－308.
[23] 蔡英.常州工学院体育馆结构设计[J].上海建设科技,2006,(3):16－17.
[24] 刘晟,苏旭霖,陆平,等.上海源深体育馆预应力张弦梁设计计算[C]//首届全国建筑结构
　　　 技术交流会,北京,2006:43－46.
[25] 马明,赵鹏飞,钱基宏.北京移动通信综合楼中厅钢结构设计[C]//首届全国建筑结构技术
　　　 交流会,北京,2006:13－15.

[26] 李泽,朱志华. 弓式张弦梁结构设计及实验[J]. 工业建筑,2006,36(增刊):422—426.

[27] 宋扬,丁阳. 张弦桁架结构在桥梁上部结构中的应用[J]. 工业建筑,2006,36(增刊):639—642.

[28] 李阳,田宗礼,张慎伟. 某张弦梁中庭屋盖的优化计算[J]. 工业建筑,2006,36(增刊):498—501.

[29] 刘艳军,杨应华. 某张弦梁屋盖结构的方案设计[J]. 工业建筑,2006,36(增刊):847—853.

[30] 卫东,王志刚,刘季康,等. 全国农业展览馆中西广场展厅张弦桁架屋盖结构设计与分析[C]//预应力索杆结构论文集. 杭州:浙江大学出版社,2006:298—304.

[31] 王宏斌,贾凤苏,吴耀华. 大连周水子国际机场航站楼钢结构设计[C]//首届全国建筑结构技术交流会,北京,2006:114—117.

[32] 张峥,丁洁民,何志军. 大跨度张弦结构的应用与研究[C]//首届全国建筑结构技术交流会,北京,2006:9—15.

[33] 石敬斌,余流,韩建聪,等. 凯晨广场张弦梁的结构特点和施工应用[J]. 施工技术,2006,35(增刊):224—226.

[34] 冯云法,褚根水. 中纺城国际会展中心张弦梁与斜拉索组合结构施工技术[J]. 浙江建筑,2007,24(2):38—40.

[35] 徐瑞龙,秦杰,李国立,等. 张弦结构施工技术[J]. 工业建筑,2007,37(1):26—30.

[36] 王泽强,秦杰,许曙东,等. 青岛国际帆船中心预应力施工技术[J]. 施工技术,2007,36(11):14—17.

[37] 司波,秦杰,陈新礼,等. 涿州凌云机械厂职工活动中心张弦桁架屋盖设计与施工[J]. 建筑技术,2007,38(增刊):6—10.

[38] 邢颖聪. 张弦梁屋盖施工张拉过程分析[J]. 工业建筑,2007,37(增刊):985—991.

[39] 张爱林,黄冬明,于劲. 某张弦梁结构的设计与分析[J]. 工业建筑,2007,37(增刊):992—995.

[40] 宋怀金,罗勇峰,丁生根,等. 南京新会议展览中心 3 号展馆整体结构时程分析[J]. 工业建筑,2007,37(增刊):996—1002.

[41] 李继雄,仝为民,钱英欣,等. 长春现代农博园展馆张弦结构预应力施工技术[J]. 施工技术,2008,37(3):18—21.

[42] 秦杰. 黄河口模型厅屋盖[R]. 北京:北京建筑工程研究院,2007.

[43] 安建民,杨意安,郑巨铭,等. 中国国际展览中心新馆钢结构综合施工技术[C]//第二届全国钢结构施工技术交流会,广州,2008:210—212.

[44] 高振锋,卞耀洪,吴轶. 上海浦东国际机场二期主楼钢结构内应力和变形施工控制方法[C]//第二届全国钢结构施工技术交流会,广州,2008:213—216.

[45] 宋永安. 某多功能厅预应力钢结构张拉技术[C]//第二届全国钢结构施工技术交流会,广州,2008:250—252.

[46] 罗尧治,张彦,李娜,等. 北京北站张弦桁架结构工程[J]. 工业建筑,2008,38(增刊):426—429.

[47] 刘宁,乔文涛,侯会杰,等. 迁安文化会展中心工程平面张弦梁结构的整体吊装分析[J]. 工

业建筑,2008,38(增刊):935—946.

[48] 崔家春,田炜. 山东某体育馆张弦梁结构计算分析[J]. 工业建筑,2008,38(增刊):947—950.

[49] 王元清,李久志,石永久,等. 索支承实腹式门式拱架钢结构平面内整体稳定分析[J]. 工业建筑,2008,38(增刊):507—511.

[50] 王飞,罗永峰. 上海世博会主题馆张弦桁架结构方案分析对比[C]//第五届全国预应力结构理论与工程应用学术会议,昆明,2008:113—118.

[51] 李霆,许敏,袁波峰,等. 延安站站台雨篷张弦梁的结构设计[C]//第十二届空间结构学术会议,北京,2008:604—609.

[52] 徐瑞龙,尤德清,秦杰,等. 厦门会展中心二期张弦结构预应力施工技术[J]. 工业建筑,2008,38(12):15—17.

[53] 司波,秦杰,钱英欣,等. 第十一届全运会比赛训练馆及配套设施四号楼田径馆工程预应力施工技术[J]. 工业建筑,2008,38(12):5—7.

[54] 朱奕锋,张利军,姚松凯,等. 天津梅江会展中心张弦桁架的施工[C]//第六届全国预应力结构理论与工程应用学术会议,贵阳,2009:165—170.

[55] 白正仙,张毅刚. 索承网壳中索预应力的确定及其影响分析[C]//管结构技术交流会,西安,2001:95—102.

[56] 张毅刚,白正仙. 昆明柏联广场中厅索承网壳的设计研究[C]//第十一届全国工程建设计算机应用学术会议,温州,2002:53—58.

[57] 陈志华. 弦支穹顶结构体系[J]. 工业建筑,2001,31(增刊):243—246.

[58] 毋英俊,陈志华. 预应力与荷载对弦支穹顶模态性能影响的研究[J]. 工业建筑,2007,37(增刊):1097—1101.

[59] 杨晖柱,丁洁民,王洪军,等. 安徽大学体育馆弦支穹顶钢屋盖结构设计[J]. 工业建筑,2005,35(增刊):349—355.

[60] 郭正兴,石开荣,罗斌,等. 武汉体育馆索承网壳屋盖顶升安装及预应力拉索施工[J]. 施工技术,2006,5(12):51—53.

[61] 葛家琪,王树,梁海彤,等. 2008年奥运羽毛球馆新型弦支穹顶预应力大跨度钢结构设计研究[J]. 建筑结构学报,2007,28(6):10—21.

[62] 王泽强,秦杰,徐瑞龙,等. 2008年奥运会羽毛球馆弦支穹顶结构预应力施工技术[J]. 施工技术,2007,36(11):9—12.

[63] 王永泉,郭正兴,罗斌,等. 常州体育馆大跨度椭球形弦支穹顶预应力拉索施工[J]. 施工技术,2008,37(5):33—36.

[64] 傅学怡,曹禾,张志宏,等. 济南奥体中心体育馆整体结构分析[J]. 工业建筑,2007,37(增刊):75—80.

[65] 郭正兴,王永泉,罗斌,等. 济南奥体中心体育馆大跨度弦支穹顶预应力拉索施工[J]. 施工技术,2008,(5):133—135.

[66] Department of Defense. Design of Buildings to Resist Progressive Collapse UFC 4-023-03 [S]. Washington DC:Department of Defense,2005.

[67] 贾金刚,徐迎.关于"连续性倒塌"定义的探讨[J].爆破,2008,25(1):22—24.

[68] Starossek U. Typology of progressive collapse[J]. Engineering Structures,2007,29(9):2302—2307.

[69] 陈俊岭.建筑结构二次防御能力评估方法研究[D].上海:同济大学,2004.

[70] 日本钢结构协会.高冗余度钢结构倒塌控制设计指南[M].陈以一,等译.上海:同济大学出版社,2007.

[71] Oswald C J. Prediction of injuries to building occupants from column failure and progressive collapse with the BICADS computer program[C]// Proceedings of 2005 Structures Congress and the 2005 Forensic Engineering Symposium—Metropolis and Beyond,New York,2005:2065—2076.

[72] Kaewkulchai G,Williamson E B. Dynamic behavior of planar frames during progressive collapse[C]//16th ASCE Engineering Mechanics Conference,Seattle,2003.

[73] Karns J E. Blast testing of steel frame assemblies to assess the implications of connection behavior on progressive collapse[C]// Proceedings of Structures Congress,St. Louis,2006.

[74] Woodson S C,Baylot J T. Structural Collapse:Quarter-scale model experiments[P]. Vicksburg:US Army Engineer Research and Development Center,1999.

[75] Astaneh-Asl A. Progressive collapse prevention in new and existing buildings[C]// Ninth Arab Structural Engineering Conference,Abu Dhabi,2003:1001—1008.

[76] Marjanishvili S,Agnew E. Comparison of various procedures for progressive collapse analysis[J]. Journal of Performance of Constructed Facilities,2006,20(4):365-374.

[77] Marjanishvili S M. Progressive analysis procedure for progressive collapse[J]. Journal of Performance of Constructed Facilities,2004,18(2):79—85.

[78] Stevens D. Unified progressive collapse design requirements for DOD and GSA[C]// Proceedings of 2008 ASCE Structures Congress,Vancouver,2008.

[79] Gould N C. Progressive collapse analysis and retrofit design using the unified facilities criteria[C]// Proceedings of 2008 ASCE Structures Congress,Vancouver,2008.

[80] 邱德锋,周艳,刘西拉.突发事故中结构易损性的研究[J].四川建筑科学研究,2005,31(2):55—59.

[81] 刘西拉,徐俊祥.突发事件中结构易损性的研究现状与展望[J].工业建筑,2007,(增刊):18—24.

[82] 柳承茂,刘西拉.基于刚度的构件重要性评估及其与冗余度的关系[J].上海交通大学学报,2005,39(5):746—750.

[83] 高杨,刘西拉.结构鲁棒性评价中的构件重要性系数[J].岩石力学与工程学报,2008,27(12):2575—2584.

[84] 张雷明,刘西拉.框架结构能量流网络及其初步应用[J].土木工程学报,2007,40(3):45—49.

[85] 胡晓斌,钱稼茹.单层平面钢框架连续倒塌动力效应分析[J].工程力学,2008,25(6):28—43.

[86] 胡晓斌,钱稼茹.多层平面钢框架连续倒塌动力效应分析[J].地震工程与工程振动,2008, 28(2):8—14.

[87] 叶列平,陆新征.混凝土结构抗震非线性分析模型、方法及算例[J].工程力学,2006,23(增刊2):131—140.

[88] 梁益,陆新征,叶列平.3层 RC 框架的抗连续倒塌设计[J].解放军理工大学学报:自然科学版,2007,8(6):659—664.

[89] 易伟建,何庆锋.钢筋混凝土框架结构抗倒塌性能的试验研究[J].建筑结构学报,2007, 28(5):4—9.

[90] Leyendechker E V, Ellingwood B R. Design methods for reducing the risk of progressive collapse in buildings[R]. Washington D C: National Bureau of Standards, 1977.

[91] 王蜂岚.索拱结构屋盖体系的连续性倒塌分析[D].南京:东南大学,2009.

[92] GSA. Progressive collapse analysis and design guidelines for new federal office buildings and major modernization projects[R]. Washington: Office of Chief Architect, 2003.

[93] 张耀康.预应力斜拉网格结构的研究和应用[D].南京:东南大学,2003.

[94] 朱奕锋,曾滨,崔瓘,等.吉林速滑馆索拱结构的施工应用[J].施工技术,2006,35(3): 13—15.

[95] 朱奕锋,曾滨,李策.某多功能剧场索拱屋盖的设计与分析[J].建筑技术开发,2008,35(增刊):109—112.

[96] 杨庆山,姜忆南.张拉索-膜结构分析与设计[M].北京:科学出版社,2004.

[97] 江晓峰,陈以一.建筑结构连续性倒塌及其控制设计的研究现状[J].土木工程学报,2008, 41(6):1—8.

[98] Hanaor A, Dallard P R B, Levy R, et al. Member buckling with joint instability-design application[J]. International Journal of Space Structures, 2000, 15(3):205—213.

[99] Morris N. Effect of member snap on space truss collapse[J]. Journal of Engineering Mechanics, 1993, 119(4):870—886.

[100] Malla R, Wang B, Nalluri B. Dynamic effects of progressive member failure on the response of truss structures[C]//Dynamic Response and Progressive Failure of Special Structures, Reston, 1993.

[101] Blandford G. Review of progressive failure analysis for truss structures[J]. Journal of Structural Engineering, 1997, 123(2):122—129.

[102] Malla R, Wang B. Response of space structures under sudden local damage[C]//Engineering, Construction and Operations in Space Ⅲ, Reston, 1992.

[103] Murtha-Smith E A. Alternate path analysis of space trusses for progressive collapse[J]. Journal of Structural Engineering, 1988, 114(9):1978—1999.

[104] Marsh C. Improving space truss performance by member removal[C]//Proceedings of IASS on Shells, Membranes and Space Frames, Osaka, 1986.

[105] Smith E A, Epstein H I. Hartford coliseum roof collapse: Structural collapse sequence and lessons learned[J]. Civil Engineering, ASCE, 1980, 50(4):59—62.

[106] 童树根. 轴压杆偏心支撑的有效性及 Hartford 体育馆网架破坏原因分析[J]. 西安冶金建筑学院学报,1990,22(3):221—232.

[107] Smith E A,Smith G D. Collapse analysis of space trusses[C]//Proceedings of Symposium on Long Span Roof Structures,Louis,1981:127—148.

[108] 唐敢. 板片空间结构缺陷稳定分析及试验研究[D]. 南京:东南大学. 2005.

[109] 尹德钰,刘善维,钱若军. 网壳结构设计[M]. 北京:中国建筑工业出版社,1996.

[110] 蓝天,董石麟,刘善维,等. JGJ 61—2003　网壳结构技术规程[S]. 北京:中国建筑工业出版社,2003.

[111] Makowski Z S. Analysis,Design and Construction of Braced Domes[M]. London:Granda Publishing,1984.

[112] 吴剑国,张其林. 网壳结构稳定性的研究进展[J]. 空间结构,2002,8(1):10—18.

[113] 罗永峰,沈祖炎,胡学仁. 单层网壳结构弹塑性稳定试验研究[J]. 土木工程学报,1992,13(3):11—17.

[114] Yamada M,Uchiyama K. Theoretical and experimental study on the buckling of joint single layer latticed spherical shells under external pressure[J]. Proceedings of IASS Symposium on Membrane Structure & Space Frames,1986,3:113—120.

[115] 董石麟,姚谏. 中国网壳结构的发展与应用[C]//第六届空间结构学术会议论文集. 北京:地震出版社,1996.

[116] Choi H H,Lee S Y. Reliability-based failure cause assessment of collapsed bridge during construction[J]. Reliability Engineering and System Safety,2006,91(6):674—688.

第 2 章　结构重要构件判断方法

AP 法的第一个重要内容是确定结构的移除构件和它的几何位置。现有的抗连续倒塌设计规范中仅规定了框架结构的移除构件选择方法。在这种情况下,对于非框架结构,设计者只能凭借自己的工程经验或是大范围地选择移除构件来进行 AP 法分析,这样做往往费时又费力,有时还可能忽略了部分重要构件。因此,找寻一种简便、快捷、可靠的结构移除构件判断方法是非常有必要的。因此,非框架结构的 AP 法分析流程会比框架结构的多一个重要构件的判断流程,具体如图 2.1所示。

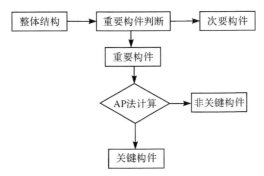

图 2.1　非框架结构的 AP 法计算流程

由上述流程可知,在 AP 法分析之前进行结构重要构件的判断,可起到以下两个作用。

(1) 缩小移除构件的选择范围,减少 AP 法的迭代试算次数,提高工作效率。

(2) 通过对结构重要构件的判断,可加深设计者对结构体系的认识,明确不同构件的作用,区分结构中的重要构件、次要构件、一般构件和赘余构件,明确结构的主要传力途径,从而进行考虑鲁棒性的结构设计,提高结构抗连续倒塌的能力。

鲁棒性[1~3](robustness)是系统控制理论的重要术语,指系统抵抗外部环境的干扰和内部不确定性因素影响而能保持稳定工作的能力。英国建筑法规也将结构抵抗意外事件及抗连续倒塌影响的性能称为鲁棒性。因此在一定程度上可将结构鲁棒性的研究等同于结构抗连续倒塌能力的研究。结构鲁棒性是由结构的冗余特性、延性和强度条件等多种因素综合决定的。目前,国内外关于结构冗余特性、延性以及鲁棒性的对立面易损性的研究理论和方法有很多[4,5],其中不乏可用作结构重要构件判断的方法。

通过对国内外现有理论和方法的研究,结构重要构件的判断方法大致可分为基于刚度的判断方法、基于能量的判断方法、基于强度的判断方法、基于敏感性分析的判断方法、基于经验和理论分析的判断方法五类。本书将对其进行简要介绍。

2.1　结构重要构件的五类判断方法简介

2.1.1　基于刚度的判断方法

1. 易损性理论[6~11]

英国 Bristol 大学的学者 Blockley 等从鲁棒性的对立面即结构的易损性角度出发提出了结构易损性评价理论,其主要思想是从结构系统中构件之间的组合方式入手,通过引入可承受任意荷载的二维结构环和三维结构圆的概念,研究整体结构中构件之间的层级关系,根据该层级关系进一步研究构件受损对整体结构性能的影响,求解结构易损性系数。显然易损性系数越大,杆件也就越重要。

该理论主要包括两个方面的内容,分别是结构的聚合过程和结构的退化过程(或称拆解过程),前者用于形成整体结构的层级模型图,后者则在此基础上模拟杆件的受损退化,研究其对整体结构性能的影响,得出结构的杆件易损性系数。这两个过程中最主要的判断依据就是结构环(圆)的编排良好性系数——Q 的大小。在聚合过程中,根据 Q 值的大小选择新的杆件同低级结构环(圆)组成高级结构环(圆)。在退化中,根据 Q 值的变化量计算结构的易损性系数。

$$Q = \frac{1}{N} \sum_{i=1}^{N} q_i$$

式中,N 为整个结构环(圆)中节点的数目;q_i 为结构环(圆)中节点 i 处的刚度矩阵 k_{ii} 的特征值乘积。对于三维结构圆,$q_{ii} = \det(k_{ii}) = \lambda_1 \lambda_2 \lambda_3$,其中,$\lambda_1$、$\lambda_2$ 为节点 i 的平移刚度系数,λ_3 为节点 i 的转动刚度系数。在退化过程中,构件的受损也是以刚度变化的形式来实现的,如释放杆端自由度或构件中间设铰等。由此可知,结构易损性理论是一种不依赖于结构所受外荷载,是完全基于结构本身刚度的结构重要构件判断方法。

图 2.2 为某三维框架的层级模型示意图,底部 C_0、C_3 为最小的结构圆,顶端 C_9 表示整体结构,Q 值自上而下逐级减小。在退化过程中,设计者根据一定的原则,沿层级模型的顶端向下寻找恰当的构件进行受损模拟分析,并在新的情况下进行聚合过程,从而计算易损性系数。

2. 基于刚度的构件重要性评估方法[12,13]

国内学者柳承茂提出了基于刚度的构件重要性评估方法,并通过最小势能原理对构件重要性与结构冗余度之间存在的关系进行了证明。该方法认为,构件的破坏或者撤除代表沿该构件主轴刚度方向上抵抗能力的丧失。如果在该构件主轴刚度方向上施加单位平衡力系,则维持原有协调关系的该构件的内力越大,该方向上构件刚度的作用也越大,构件的重要性也就越高。

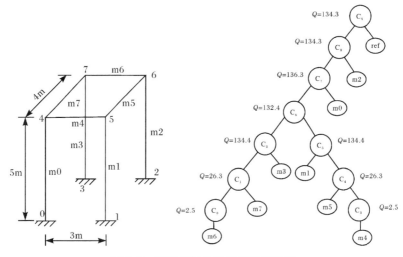

图 2.2　三维框架的层级模型示意图

根据上述理论,在桁架结构任意杆件 i 的两端施加沿轴向的单位平衡拉(压)力,得其轴力为 N_i,则该杆件的重要性系数 $\alpha_i^N = N_i$;在刚架结构任意杆件 i 的两端分别施加 3 种平衡力系,如图 2.3 所示。计算构件中点 G 所对应的 N_i、Q_i 和 M_i,则该构件三个方向的刚度重要性系数分别为 $\alpha_i^N = N_i$、$\alpha_i^Q = Q_i$、$\alpha_i^M = M_i$,整个构件的重要性系数取 $\alpha_i = \alpha_i^N + \alpha_i^Q + \alpha_i^M$。

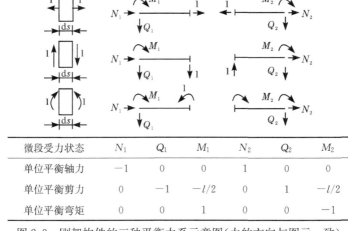

微段受力状态	N_1	Q_1	M_1	N_2	Q_2	M_2
单位平衡轴力	-1	0	0	1	0	0
单位平衡剪力	0	-1	$-l/2$	0	1	$-l/2$
单位平衡弯矩	0	0	1	0	0	-1

图 2.3　刚架构件的三种平衡力系示意图(力的方向与图示一致)

根据最小势能原理及杆件的变形协调原理,可推导出构件重要性系数的表达式(2-1)以及构件重要性系数与冗余度关系的表达式(2-2)。

$$B = a^{\mathrm{T}} K^{-1} K'' \tag{2-1}$$

$$\sum_{i=1}^{n} (1 - B_{ii}) = r \tag{2-2}$$

式中,a 为构件内力与外荷载之间的转化矩阵;K 为结构的刚度矩阵;K''为构件变形刚度矩阵;B 为平衡力系作用下各构件变形量和无约束变形量之间的转化矩阵;B_{ii}为矩阵 B 的对角元,表示平面桁架构件 i 的重要性系数,而平面刚架构件 i 的重要性系数则为 $B_{3i,3i} + B_{3i-1,3i-1} + B_{3i-2,3i-2}$;$r$ 为结构冗余度。在满足受力平衡和位移协调的条件下,a、K、K''三者具有如下的关系:$K'' = aK^{-1}a^{\mathrm{T}}$。

由式(2-2)可知,构件的重要性系数 B_{ii}越小,其所受的冗余约束越多,该构件失效后,荷载传递的备用路径也越多。当重要性系数等于 0 时,构件受到完全约束,其失效对剩余结构没有影响;当重要性系数等于 1 时,构件不受冗余约束,一旦失效就会造成重大影响。

2.1.2　基于能量的判断方法

张雷明等[14]从考察框架结构在各种荷载情况下的能量流动出发,分析结构中杆件和节点的能量流动状况,建立框架结构的能量流动网络。在此基础上,按照图论的方法比较各杆件和节点的能量流动方向及大小,得到框架结构中的最大传力路径;通过比较拆除不同杆件对结构系统总体应变能影响的大小,确定杆件的重要程度。

该方法的主要思想是将整体结构看成一个保守系统,没有能量的输出,只有外荷载作用下能量的流入,故所有的能量均以应变能的形式储存在杆件中,节点只起传递作用,即流入节点的能量等于流出节点的能量。杆件上的能量流动表示为应变能 $U^e = W_{\mathrm{ext}}^e + W_i^e + W_j^e$,其中,$W_{\mathrm{ext}}^e$表示杆件上非节点荷载做的功,$W_i^e$ 和 W_j^e 表示杆件两端的杆端力做的功,正值表示外荷载或杆端力做正功,能量流入杆件,负号则反之。该公式的图形如图 2.4 所示。

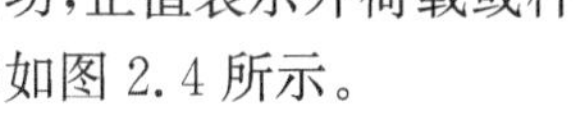

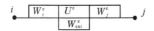

图 2.4　杆件上能量流动示意图

该方法将任意杆件 e 的重要性指标定义为 $\gamma^e = U^e / U$,其中,U 为整体结构在某一荷载作用下的总应变能,U^e 为拆除杆件 e 后的结构总应变能。显然,γ^e越小,杆件的重要性就越大。Beeby[15]提出了基于能量吸收思想的结构鲁棒性理论,该理论认为构件所能吸收的能量极限值是构件体积与单位体积吸收能量限值的乘积。在弯矩分配原则中,刚度大的构件所分配到的弯矩也大。同理,吸收能量极限值大的构件,在结构中的重要性也越大,这同 γ 的定义相符合。

该方法的另一重要作用是确定结构中的主要传力途径。这样,设计者就可以在结构局部设置起"保险丝"作用的构件,通过该构件的失效,破坏结构的内力重分布,以牺牲局部结构为代价,保全剩余结构的安全,减少经济损失,也为人们的逃生创造机会。

2.1.3 基于强度的判断方法

造成结构破坏的原因主要包括两个方面:一是结构本身的刚度存在设计上的缺陷,或外部因素导致刚度突变,结构承载能力不足;二是结构所受外荷载过大或荷载突变,超出构件原有承载能力范围。在结构设计过程中,这两方面内容通常由构件在荷载作用下的强度或变形来表示。若能通过强度或变形来表示构件的重要性,则在现有的软件基础上均可轻松实现这一目的。

故晓斌等[16]提出了构件的移除指标这一概念。假设结构共有 n 根构件,则第 i 根构件的移除指标 RI_i 可定义为

$$RI_i = \frac{\sum_{j=1, j \neq i}^{n} SR_j}{n - 1}$$

式中,SR_j 为第 j 根构件的最大应力比,即构件的正应力绝对值最大值与材料强度值之比。构件的移除指标近似反映了构件的重要程度,移除指标越高,移除该构件后,剩余结构的平均应力比越大,结构越不安全。

从概念上讲,该方法可看成是 AP 法的简化版,均是考察不同杆件移除后剩余结构的响应。但该方法可采用线性静力的方法求解最大应力比,因此在现有软件基础上,即使结构体系规模很大,也能对每根杆件进行移除指标的计算。

2.1.4 基于敏感性分析的判断方法

结构的鲁棒性是由冗余特性、延性和强度条件等多种因素综合决定的,当整体结构为一线性系统时,冗余特性便成为主导因素,故不少学者提出用结构的冗余度指标来衡量鲁棒性的大小。迄今为止,关于结构冗余度的评估准则主要有三类:一是结构的静力超静定次数;二是系统失效概率对局部单元失效概率的比值;三是结构在设计状况下并不要求的额外承载能力[17,18]。

目前广泛应用的评价方法多是从第二类评估准则中引申而来的,也有采用基于假定初始损失或破坏的确定性评价方法,其中 Pandey 的基于敏感性分析的评估方法[19]被认为是最有效的,因为它可以从理论上以数值的方式量化地确定结构的冗余度。

该方法的主要思想是基于结构的响应分析(内力或应变、结构变形或自振频率等),将初始局部破坏引起的结构响应变化定义为敏感性,认为结构的冗余度与其结构单元的敏感性成反比,即冗余度可以表述为

$$结构的总冗余度 \propto 1/反应敏感性 \tag{2-3}$$

根据式(2-3),可推导出广义冗余度和广义标准冗余度的表达式为

$$GR_j = \frac{\sum_{i=1}^{n_e} V_i / S_{ij}}{V} \tag{2-4}$$

$$GNR_j = GR_j / \max(GR_1, GR_2, \cdots, GR_{n_e}) \tag{2-5}$$

式中,GR_j 为对应于第 j 个损失参数的结构总冗余度;GNR_j 为标准化的结构总冗余度;S_{ij} 为单元 i 对应于第 j 个损伤参数的敏感性指标;V_i 为单元 i 的体积;n_e 为非连续结构的单元数目;V 为结构的总体积,等于 $\sum_{i=1}^{n_e} V_i$。

结合 AP 法的设计要求,可将某一构件的失效作为损伤参数,计算荷载作用下构件的反应敏感性,从而得到整体结构冗余度情况。冗余度越低,则构件失效对整体结构造成的影响越大,该构件的重要程度也越高。

文献[17]中参考了 Pandey 的方法,针对空间结构的特征提出了敏感性分析的新方法,即在反应敏感性评估中考虑了单一构件的屈曲问题。

2.1.5 基于经验和理论分析的判断方法

李航[20]从风险评估理论出发,提出了构件的关键指数这一概念。若构件的关键指数较小,则表示该构件对结构抗连续倒塌能力的贡献不大;反之则表示该构件对结构抗连续倒塌能力的影响较大,应该采取相应的措施保证该构件在意外事件下的安全。关键指数 Z 可按式(2-6)进行计算:

$$Z = a_1 Y_1 + a_2 Y_2 + \cdots + a_i Y_i \tag{2-6}$$

式中,a_i 为各因素的权重;Y_i 为决定构件关键性系数的各分项因素。

在计算关键指数 Z 时,若没有充分的统计数据和原始资料,可采用专家调查法进行评估,即列出决定构件关键指数的各个分项因素,由专家对其进行打分并乘以相应的权重 a_i,从而得出 Z 值。若具备充分的统计数据和原始资料,则可根据概率统计的知识来计算。

对于大型空间结构,该方法的不足之处在于缺乏充足的统计数据和原始资料,Z 值在计算过程中过多地依赖于人的主观因素,并不能很好地客观公正地反映结构的实际情况。但是,该方法的优点在于可以快速简便地找出结构中的重要构件,具有很好的工程实用性,其决定构件关键系数的各分项因素 Y_i 具有一定的设计参考价值。

2.1.6 结构重要构件判断方法的总结

综合比较上述理论可知,该五类判断方法还可进一步重新分类。首先从外荷载的角度考虑,可将其划分为两大类:一类是分析过程中不涉及外荷载的研究方法,即基于刚度的判断方法,该类方法通过研究单个构件对整体结构刚度的贡献来判断其重要性;另一类是考虑外荷载作用下的研究方法,即剩余的四种判断方法。对结构抗连续倒塌设计而言,显然后一类方法更优。这是因为,所谓结构的性能,如强度、稳定性、延性、抗倒塌性能等都是建立在荷载作用的基础之上的,脱离荷载进行研究显然是不全面的。意外事件对结构的影响在短时间内就已完成,初始破坏后的结构还是以承受常规荷载为主,并在其作用下有可能发生连续倒塌,因此针对特定的荷载研究构件的重要性更符合连续倒塌的实际情况。

从分析过程中是否需要进行有限元软件计算的角度考虑,这五类方法又可划分为两大类:一类是完全基于经验和理论分析的判断方法;另一类是需要计算的剩余四种方法。对实际工程应用而言,该阶段的计算工作量显然是越少越好,毕竟结构重要构件的判断是为后续 AP 法分析做准备的,没有必要在该步骤就进行大量的计算分析,费时又费力。单纯根据经验理论来判断又容易犯主观因素过强的毛病,分析结果的可靠性难以保证。因此合适的分析方法应该是理论分析与计算检验的完美结合,通过一定的理论分析减少计算工作量。

从构件重要性系数的计算方法角度考虑,2.1.1 节~2.1.4 节中所述四类判断方法可进一步划分为两类:第一类是仅在完整结构中计算构件重要性系数的方法,即柳承茂的方法;第二类则是基于广义敏感性评估的构件重要性系数计算方法。之所以称其为广义敏感性评估,是为了同 2.1.4 节中的敏感性方法相区别。在易损性理论中,结构的易损性系数可理解为整体结构的刚度对任意构件缺失的敏感性。在能量流网络方法中,杆件 e 的重要性指标 γ^e 可理解为整体结构的应变能对任意构件缺失的敏感性。同样在强度法中构件的移除指标也可理解为整体结构的平均应力比对任意构件缺失的敏感性。由此可知,基于敏感性分析的方法更具普遍性。

综上所述,具有广泛适用性和工程实用性的结构重要构件判断方法必须具备以下三个条件。

(1)该方法必须考虑结构所承受的常规荷载,能够反映构件在特定荷载作用下的重要性系数。

(2)该方法以敏感性分析作为其重要构件的计算方法。

(3)该方法必须具备一定的概念判断过程,通过对结构体系的理论研究及现有工程实践经验的分析,给出结构重要构件的初选范围,并在此基础上进行敏感性计算。

2.2　简化的敏感性分析方法

在上述理论研究的基础上,本书总结出简化的敏感性分析方法用于结构重要构件的判断。该方法分为概念判断与敏感性计算两个部分,其中概念判断的主要目的是给出结构重要构件的初选范围,减少后续的计算工作量。敏感性分析则是为最终确定结构的重要构件提供数值依据。

所谓简化的敏感性分析是指,首先,并不是整体结构中的每一根构件都要进行敏感性计算,只有概念判断中的初选重要构件才需进行计算;其次,简化的敏感性分析采用线性的方法求解结构对构件损伤的敏感性系数,即以结构响应函数的割线斜率来表示。并且在计算方法的选取上可采用最为简便的线性静力计算,无需考虑材料的非线性特性和结构的动力效应。

2.2.1　概念判断

概念判断主要包括三个方面的内容:结构分类、结构对称性的应用和安全区域研究。

1. 结构分类

建筑物根据其结构形式的不同,可分为排架结构、框架结构、剪力墙结构、筒体结构、大跨空间结构等[21]。排架结构主要应用在单层工业厂房中,其连续倒塌的研究意义不大,故可不做考虑。框架结构是目前多层房屋的主要结构形式,剪力墙结构和筒体结构主要应用于高层建筑,现有规范中已经明确提出了其移除构件的选择范围,因而可直接按规程进行设计。

习惯上将大跨空间结构分为如下几个类型[22~25]:①钢筋混凝土薄壳结构;②平板网架结构;③网壳结构;④悬索结构;⑤膜结构和索膜结构[近年来国外用得较多的索穹顶(cable dome)实际上也是一种特殊形式的索-膜结构];⑥混合结构(hybrid structure)通常是柔性索和刚性构件的联合应用。

钢筋混凝土薄壳结构在 20 世纪 50 年代后期至 60 年代初期在我国有所发展,但目前应用较少,故其连续倒塌的研究意义不大。

平板网架结构、网壳结构和一些特殊形式的网架结构均可归结为空间网格结构。该类结构由许多形状和尺寸都标准化的杆件与节点体系组成,它们按照一定的规律相互连接形成空间网格状结构。由于众多杆件在空间汇交于一个节点,形成高次超静定结构,在一定程度上可认为网格结构的冗余度较高,具有一定的鲁棒性。其重要构件的初选范围可集中在容易发生屈曲失稳的受压杆件和多根重要杆件汇聚处的关键节点上。同时,当空间网格结构直接支承在柱子上时,支承柱的完整性也是空间网格结构倒塌设计中需特别注意的。

悬索结构和索-膜结构均可归为张力结构。作为柔性结构体系,张力结构几乎没有自然刚度,其几何形状和结构刚度都是依靠拉索或膜结构中的预应力来实现的。因此,对于此类结构,任意一根构件,尤其是施加预应力的构件均可能是整体结构的关键构件。同时张力结构中构件之间的相互影响很大,任意一根拉索的失效都有可能导致其余拉索的连锁失效,故此类结构没有所谓的初选重要构件,任意构件均可直接进行 AP 法分析。

混合结构通常是柔性索和刚性构件的联合应用,即所谓的半刚性结构,主要包括索拱结构和斜拉结构。柔性索的介入可以改变刚性结构的受力分布,使其成为结构效率极高的自平衡体系,同时可大大减轻结构自重,整体结构无需依靠增大刚性构件的截面尺寸来提高承载能力,降低结构挠度。但当柔性索失效时,其对结构的负作用也是巨大的。首先拉索中蕴藏的巨大应变能在断索的一瞬间释放出来,必将对结构本身造成巨大的动力冲击作用。其次自平衡体系的破坏也将对周边支承构件造成巨大影响。因此混合结构的初选重要构件主要包括柔性拉索以及下部的独立支承柱。

本书仅简单分析了空间网格结构、张力结构及混合结构的重要构件初选范围,在实际工程中还需设计者结合具体的工程实例进行详细分析。

2. 结构对称性的应用

对称性作为一种经典的建筑表现形式,已经深入结构设计的各个层次。对于大跨空间结构,对称性的运用更是明显。例如,两向正交正放网架中,单片平面桁架就是一个基本的对称单元,如图 2.5(a)所示。整个网架结构就是通过在两个方向上对基本单元进行复制而成的。又如,辐射式空间索拱结构可看成某一榀索拱结构绕中心轴旋转而成,如图 2.5(b)所示。为了简化整体结构重要构件的判断过

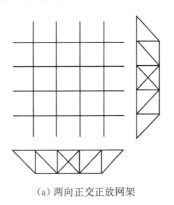

(a) 两向正交正放网架　　　　　　　　(b) 辐射式空间索拱

图 2.5　两向正交正放网架和辐射式空间索拱示意图

程,可取结构的基本对称单元进行重要构件的初选,然后再在整体结构中进一步确定重要构件的几何位置。需要注意的是,本书所指的基本对称单元应是整体空间结构在某一平面上的投影,对其施加相应的边界条件后应能进行荷载下的简化敏感性计算。例如,三角锥网架中的三角锥就不能作为一个基本对称单元,而应该是某一方向上的一列三角锥。

3. 安全区域研究

出于安全考虑,无论高层建筑还是大型公共场馆,均设有一定的安全逃生通道,有的建筑为了满足消防避难的要求,甚至单独设有避难层。显然,在意外事件下,安全逃生区域周围的构件应具备更高的抗倒塌性能,才能保证人们的生命安全。李航[20]指出,在 9·11 恐怖袭击事件中,尽管后被飞机撞击的南楼比北楼先倒塌,但其遇难人数仅为北楼的一半。究其原因就是南楼的部分逃生楼梯没有因为飞机撞击而失去作用,而北楼则完全失效。在无法使用电梯的情况下,逃生楼梯的失效意味着撞击楼层以上的人们将无法疏散获救。因此,在结构重要构件的选择过程中,有必要考虑安全区域周围的主要承重构件。

综上所述,简化的敏感性分析方法中的概念判断流程如图 2.6 所示。

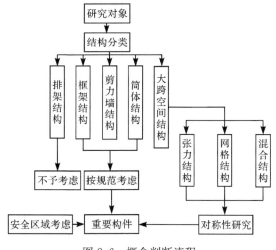

图 2.6　概念判断流程

2.2.2　敏感性分析

在上述概念判断的基础上,本书采用常规荷载作用下结构的响应(应力、应变、承载能力、位移等)作为研究对象,以构件的损伤作为分析参数对初选的重要构件进行敏感性分析。

1. 计算公式

假定结构的损伤参数为 β_i，包括杆件的移除、节点的损伤、杆件截面的削弱、拉索预应力的降低等一系列相对于结构正常设计使用状态的物理参数，对于不同的结构体系可采用不同形式的 β_i 进行分析。例如，空间网格结构中杆件数目众多，可采用杆件的完全移除作为一种损伤参数。在采用巨型箱梁作为上弦拱的索拱结构中，为保持上弦拱的连续性，可将杆件之间部分节点的损伤（刚接变铰接）或部分杆件截面的削弱作为损伤参数。

S_{ij} 是单元 i 对应于第 j 个损伤参数的敏感性指标，针对不同的损伤参数，S_{ij} 有两种表达方式，即

$$S_{ij} = \frac{\gamma - \gamma'}{\Delta\beta_i} \tag{2-7}$$

$$S_{ij} = \frac{\gamma - \gamma'}{\gamma} \tag{2-8}$$

式中，γ 为正常情况下单元 i 的响应；γ' 为结构受损后单元 i 的响应。

当 $\Delta\beta_i$ 可用具体数值表示时，如采用杆件截面的削弱作为敏感性参数，应采用式（2-7）计算敏感性指标 S_{ij}。当 $\Delta\beta_i$ 无法用具体数值表示时，如采用杆件的移除作为敏感性参数，则应采用式（2-8）计算敏感性指标 S_{ij}。

由敏感性指标 S_{ij} 可推导出构件 j 的重要性系数 α^j，对于不同的敏感性分析方法，α^j 的表达式也不相同。当以单个杆件的响应作为敏感性分析的研究对象时，采用式（2-9）计算 α^j 的大小，即取剩余杆件的平均敏感性指标作为受损构件 j 的重要性系数。

$$\alpha^j = \frac{\sum\limits_{i=1, i\neq j}^{n} |S_{ij}|}{n-1} \tag{2-9}$$

式中，n 为杆件数目；S_{ij} 为杆件 i 对杆件 j 受损的敏感性指标。

当以整体结构的响应（如承载能力、自振周期等）作为敏感性分析的研究对象时，杆件 i 的重要性指标就是整体结构对该构件受损的敏感性指标。即

$$\alpha^i = |S_i| \tag{2-10}$$

式中，i 为结构中任意一根杆件；S_i 为整体结构对杆件 i 受损的敏感性指标。

式（2-7）～式（2-10）两两组合即得四种杆件重要性指标的计算方法，设计者可结合结构的实际情况及所采用有限元软件的计算特点进行选择。

值得注意的是，通过敏感性分析还可研究结构在局部杆件受损后的内力重分布情况，此时需采用单根杆件的响应作为敏感性研究对象。例如，假定杆件 j 为整体结构中的受损构件，以应力比来表示杆件的响应 γ，计算剩余杆件的敏感性指标

S_{ij}。显然 S_{ij} 为负的杆件承受的荷载比原先有所增加,通过研究其在整体结构中的位置,可找出内力重分布的大致方向。

2. 计算过程

(1) 在敏感性计算之前要确定结构的控制荷载工况。在大型空间结构中,对结构设计起控制作用的荷载工况一般为竖向荷载(永久荷载和雪荷载)。与高层建筑相反,除了某些特殊情况外,风荷载或地震作用很少在大型空间结构设计中成为决定因素。文献[17]中提到,1995 年的日本阪神地震中,大型空间结构除了其支承结构(指下部混凝土结构)外并未发生破坏。非但如此,由于大型空间结构的巨大空间体量(特别在高度方面),除其支承结构外,亦很少受到火灾作用的影响。因此,在对大型空间结构进行敏感性计算时,可只考虑单个竖向荷载及其组合下结构的敏感性。对于高层建筑,则可适当考虑水平荷载的作用。

(2) 在计算模型的采用上,对于那些能够进行对称性分析的结构体系,宜首先在基本对称单元上进行敏感性分析,确定其重要构件,然后再在整体结构中进一步确定该重要构件的几何位置。例如,图 2.7 所示的单向张弦结构,共有三榀基本对称单元。先取一榀进行敏感性分析,假定中间撑杆是一个重要构件,则可在整体结构中分别假定边上一榀和中间一榀张弦的中间撑杆失效,计算其相应的重要性系数,从而确定重要构件的最终几何位置。运用结构的对称性,在规模较大的空间结构中能够明显减小计算工作量。

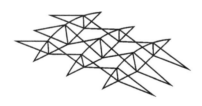

图 2.7 单向张弦结构示意图

(3) 在初选构件计算完成的基础上,还可根据业主或设计者的要求增加部分杆件进行敏感性分析。综合比较计算结果从而确定最终移除构件。

2.3 算 例 分 析

2.3.1 网架结构

如图 2.8 所示,某小型正放四角锥钢结构网架,支座形式为四点支承铰支座,所有杆件均采用圆管截面,上弦杆截面尺寸为 $\phi68mm \times 6mm$,下弦杆截面尺寸为 $\phi63.5mm \times 4.5mm$,腹杆截面尺寸为 $\phi50mm \times 2.5mm$,承受向下的均布恒载及活载作用。现根据 2.1 节的方法进行结构重要构件的判断。

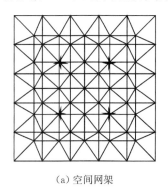
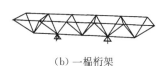

(a) 空间网架　　　　　　　　　　(b) 一榀桁架

图 2.8　网架结构示意图

1. 概念判断

计算模型如图 2.8 所示,四根上弦杆与四根腹杆组成一个基本的四角锥单元,5 个四角锥单元通过 4 根下弦杆连成一榀桁架,五榀桁架通过 20 根下弦杆连成整体结构,所有杆件均为铰接。假定荷载作用在上弦杆平面内,在计算过程中转化为节点荷载进行施加。

根据 2.2.1 节中关于空间网格结构的重要构件初选分析可知,首先,支座处的四角锥单元为整个结构的主要受力单元,因此该单元中的上弦杆和腹杆是结构的重要构件;其次,对于单榀桁架结构,下弦杆是将 5 个四角锥连接在一起的关键构件。对于结构外围四个角上的四角锥单元,仅由两根下弦杆将其同整体结构相联系,冗余度不足。因此此处的下弦杆为局部结构的重要构件。最后,由结构的对称性可知,在敏感性分析中上述三类情况中可任取一根杆件进行分析。该四角锥网架中没有安全区域的概念,故没有需特别注意的杆件。

2. 敏感性分析

本书采用对比计算的方法来验证概念判断的准确性。根据结构的受力特征可知,支座附近的四角锥单元受力较大,因此取图 2.9 所示的三组构件进行敏感性分析。以杆件移除作为敏感性分析参数 β_i,以构件的应力比作为结构响应 γ,利用式(2-8)和式(2-9)进行构件重要性指标的计算。本书采用 SAP2000 有限元软件进行线性静力分析。具体计算结果见表 2.1。

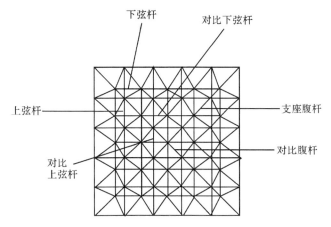

图 2.9　敏感性分析构件位置示意图

表 2.1　杆件重要性系数计算结果汇总

分组	杆件名称	重要性系数
第一组	支座处上弦杆	0.191488
	对比上弦杆	0.179391
第二组	支座处腹杆	0.460557
	对比腹杆	0.004538
第三组	结构角部下弦杆	0.059015
	对比下弦杆	0.000605

由上述计算结果可得如下结论。

(1) 每组杆件中,概念判断的杆件的重要性系数均大于对比杆件,尤其是腹杆和下弦杆的对比相当明显,这证明概念判断的结果是正确的。

(2) 支座处腹杆的重要性系数是三组杆件中最大的,由此可推断支座处腹杆是维持整个结构正常工作的关键构件。

(3) 第一组中上弦杆的重要性系数相差不大,为进一步确定整个结构中上弦杆的重要性系数分布情况,可对角部处上弦杆进行敏感性分析。计算得角部处上弦杆的重要性系数为 0.039779。由此可知,上弦杆的重要性系数以支座处最大,中部次之,结构外围最小。

(4) 从杆件的重要性系数上看,网架外围构件对整体结构的影响较小。但从单榀桁架模型中可以发现,最外侧的四角锥单元最易发生局部破坏。由重要性系数可知,局部破坏的重要构件依次为下弦杆、上弦杆、腹杆。

(5) 支座处腹杆是整体结构的关键构件,可对其进行失效后杆件内力重分布的研究。依据敏感性指标的大小,对剩余 199 根杆件进行分组。其中,杆件内力增大即敏感性指标为负的构件取数值较大的前三组,杆件内力减小的构件其数量相对较少,故只取数值最大的一组。具体分布情况如图 2.10 所示,敏感性指标:粗实线>0>粗虚线>细实线>细虚线。

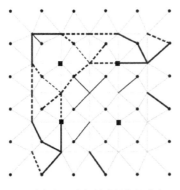

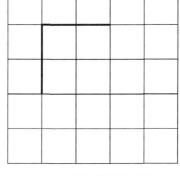

(a) 腹杆与下弦杆敏感性指标分布　　　　　(b) 上弦杆敏感性指标分布

图 2.10　支座腹杆失效后杆件的敏感性指标分布

由图 2.10 可知,支座处腹杆失效后,其所在四角锥单元的上弦杆内力明显减小,腹杆内力也有所下降,可认为该四角锥单元已经失效。该支座单元相邻的三个四角锥单元中腹杆内力显著增大,对角线处的四角锥单元内力则没有明显的变化。这说明,荷载主要向相邻两个支座传递。

2.3.2　张弦结构

图 2.11 为某个由横向 6 榀张弦结构及纵向 9 根次梁连接而成的屋盖体系。其中索拱的上弦为 H250mm×200mm×8mm×12mm 的 H 型钢,撑杆为 ϕ89mm×5mm 的圆钢管,拉索截面为 109ϕ5mm。假定拉索中预应力大小为 300kN。结构主要承受向下的均布恒载及活载作用。

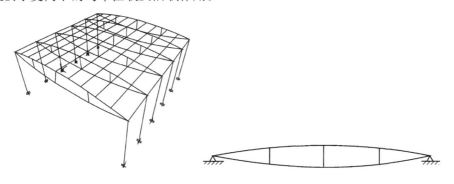

图 2.11　张弦结构示意图

1. 概念判断

从结构整体出发,该屋盖体系为一典型的单向张弦结构,主要由上弦拱、撑杆、拉索和纵向连接构件组成。纵向连接构件为平面张弦提供侧向支承,维持其平面外的稳定性。屋面荷载主要由各榀平面索拱单向传递,整体结构为平面传力体系,其空间作用的大小主要取决于纵向联系的刚度。因此,在纵向连接构件正常工作的情况下,可取单榀张弦结构进行敏感性分析,将连接构件简化为相应的侧向支承。

根据 2.2.1 节中对张弦结构的重要构件初选分析可知,拉索为结构的重要构件。拉索失效将对整体结构造成巨大的影响。例如,1992 年韩国首尔市一座在建的混凝土斜拉桥连续倒塌事故中,拉索的断裂起了很重要的作用[1],如图 2.12 所示。事故中,塔柱一侧的拉索由于桥墩倒塌而应力激增,并发生断裂。塔柱在失去平衡拉力的作用下而倒塌。并且该斜拉桥的主梁采用预应力箱梁截面,跨中截面的预应力筋由于弯矩的突然变向而起负作用,导致主梁的垮塌。综合可知,预应力构件对此次事故起加速作用。

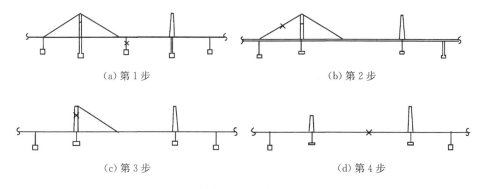

(a) 第 1 步　　　　　　　　　　　　　(b) 第 2 步

(c) 第 3 步　　　　　　　　　　　　　(d) 第 4 步

图 2.12　斜拉桥连续倒塌过程示意图

张弦结构的形状比是影响结构性能的主要因素,形状比等于上弦拱的高跨比与拉索的垂跨比之和,高跨比由拱的矢高控制,撑杆长度则是影响垂跨比的一个重要因素。增大形状比能够显著提高结构的整体刚度,有效控制结构的变形,提高结构的极限承载能力。本节中的张弦有三根撑杆,显然正中间撑杆的长度最长,对垂跨比的影响也最大。

在实际工程中,张弦结构与下部支承通常采用铰接的支座形式。若将张弦比作一根鱼腹梁,则本节中的屋盖体系可看成单层排架结构。如图 2.13 所示,同刚架结构相比,一旦排架柱遭到破坏或铰接节点失效,则排架梁将无法维持其原有的几何位置,受损端将瞬时发生坠落。而刚架结构的横梁由于刚性节点的作用,可延缓下坠过程,提供逃生时间。多榀排架之间通常设有联系梁,排架柱失效时,联系梁在一定程度上能延缓其下坠速度,但同时也将更多荷载传递到其余排架结构中,极有可能造成其他排架结构由于承载能力超限而发生连续破坏。综上所述,在整体结构中需考虑柱子失效对结构连续倒塌的影响。对于纵向连接构件,可研究其刚度对整体结构抗连续倒塌能力的影响。

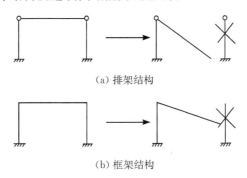

（a）排架结构

（b）框架结构

图 2.13　排架结构与框架结构支承柱失效破坏模式对比示意图

　　通过上述概念判断,确定如下构件为结构的初选重要构件:① 张弦结构中的预应力拉索;② 张弦结构中间撑杆;③ 下部支承柱。

　　本节中的张弦采用单截面上弦拱,没有任何冗余度可言,任意位置拱段的受损缺失都会导致整个结构由于主要传力路径的破坏而丧失承载能力。因此,在该结构连续倒塌研究中,不将上弦拱考虑为变换荷载路径方法中的移除构件,上弦拱的受损可等效为整体张弦结构的失效。

　　2. 敏感性分析

　　根据结构的对称性及单向传力特性,取单榀张弦进行敏感性分析,求解杆件的重要性系数。以满跨荷载作用下上弦拱的跨中最大位移作为结构响应 γ,此时,杆件的重要性系数即整体结构的敏感性系数 S_i。对于拉索,分别考虑整根拉索断裂、索截面减少一半以及拉索中施加的预应力下降一半这三种情况下结构的敏感性。具体计算结果见表 2.2。

表 2.2　单榀张弦结构敏感性分析结果

杆件名称	受损情况	杆件重要性系数
拉索	断索	137.40
	索截面减少一半	2.62
	预应力下降一半	1.17
中间撑杆	移除	3.42

由上述计算结果可得如下结论。

（1）对比三种受损情况下拉索的重要性系数可知，断索对结构承载能力的影响最大，拉索中预应力的大小对结构承载能力的影响最小，即初始张拉力对结构性能的影响不大。

（2）若结构采用双索体系，则表 2.2 中索截面减少一半的情况可近似认为是其中一根拉索断裂。由杆件的重要性系数可知，设置双索体系能显著降低拉索断裂对结构承载能力的破坏。

（3）在拉索完整的情况下，中间撑杆是影响张弦结构承载能力的重要构件。

在整体结构中进行下部支承柱的敏感性分析。结合美国规范对框架结构的规定，分别取中柱失效和边柱失效这两种情况进行计算。取 6 榀索拱结构的跨中

最大位移作为结构响应 γ，则支承柱的重要性系数 $\alpha^j = \dfrac{\sum\limits_{i=1,i \neq j}^{6} |S_{ij}|}{5}$。考虑到纵向次

梁的拉结作用，取两种截面尺寸的次梁进行分析，对比其刚度对结构性能的影响。具体计算结果见表 2.3。

表 2.3　下部支承柱的敏感性分析结果

次梁截面/(mm×mm×mm×mm)	受损情况	杆件重要性系数
H200×200×12×8	中柱失效	0.500
	边柱失效	0.896
H150×150×8×6	中柱失效	0.705
	边柱失效	1.276

由上述计算结果可得如下结论。

（1）对比重要性系数可知，边柱失效对整体结构的影响比中柱要大。这是因为中柱失效后，在两侧次梁的拉结作用下，失效张弦仍能承担小部分荷载，剩余荷载则往两边均匀分配，不会出现局部荷载突增的情况。而边柱失效后，仅一侧的次梁对失效张弦起拉结作用，荷载的重分配过程被局限在一定范围内，导致局部结构因荷载过大而破坏。

（2）增大次梁截面可降低杆件的重要性系数，提高整体结构的延性及连续性。

2.4　本章小结

（1）在研究国内外关于结构鲁棒性、易损性以及连续倒塌的相关研究成果基础上，本章总结了五种结构重要构件的判断方法，并进行了简要介绍和对比分析。研究发现，一个具备广泛适用性及良好工程实用性的结构重要构件判断方法必须

满足三个要求,即考虑结构所受的特定荷载、通过敏感性分析求解结构的重要性系数以及通过适当的概念判断减少计算工作量。

(2) 根据上述三个要求,本章提出了简化的敏感性分析方法。该方法的主要思想是首先通过一定的概念判断,初步确定结构重要构件的选择范围。随后,依据线性的敏感性计算方法求解其重要性系数,确定结构的重要构件。概念判断主要从结构的类型入手,结合现有的理论分析及工程经验判断各类型结构中的重要构件。同时根据设计上的特殊要求,将结构安全区域中的重要构件作为局部结构的重要构件。在敏感性计算过程中,考虑结构的对称性因素,简化计算过程。

本章 2.3 节中两个算例的计算结果证明了简化的敏感性分析方法符合上述三个要求,适合作为任意结构类型的重要构件判断方法。该方法解决了现行抗连续倒塌设计规范中非框架结构没有明确移除构件规定的缺陷,使 AP 法得到更广泛的运用。

参 考 文 献

[1] 江晓峰,陈以一.建筑结构连续性倒塌及其控制设计的研究现状[J].土木工程学报,2008,41(6):1−8.

[2] 方召新,李慧强.结构鲁棒性与风险防控[J].工程力学,2007,24(增刊):79−82.

[3] 叶列平,曲哲,陆新征.提高建筑结构抗地震倒塌能力的设计思想与方法[J].建造结构学报,2008,29(4):42−50.

[4] 刘西拉,徐俊祥.突发事件中结构易损性的研究现状与展望[J].工业建筑,2007,(增刊):18−24.

[5] 邱德锋,周艳,刘西拉.突发事故中结构易损性的研究[J].四川建筑科学研究,2005,31(2):55−59.

[6] Wu X, Blockley D I, Woodman N J. Vulnerability of structural systems Part 1: Rings and clusters[J]. Civil Engineering,1993,10(4):301−317.

[7] Wu X, Blockley D I, Woodman N J. Vulnerability of structural systems Part 2: Failure scenarios[J]. Civil Engineering,1993,10(4):319−333.

[8] Agarwal J, Blockley D. Vulnerability of structural systems[J]. Structural Safety, 2003, 25(3):263−286.

[9] Pinto J T, Blockley D I, Woodman N J. The risk of vulnerable failure[J]. Structural Safety, 2002,24(2):107−122.

[10] England J, Agarwal J, Blockley D. The vulnerability of structures to unforeseen events[J]. Computers and Structures,2008,86(10):1042−4051.

[11] Agarwal J, Blockley D. Vulnerability of 3-dimensional trusses[J]. Structural Safety,2001, 23(1):203−220.

[12] 柳承茂,刘西拉.基于刚度的构件重要性评估及其与冗余度的关系[J].上海交通大学学

报,2005,39(5):746—750.

[13] 高杨,刘西拉. 结构鲁棒性评价中的构件重要性系数[J]. 岩石力学与工程学报,2008,27(12):2575—2584.

[14] 张雷明,刘西拉. 框架结构能量流网络及其初步应用[J]. 土木工程学报,2007,40(3):45—49.

[15] Beeby A W. Safety of structures, and a new approach to robustness[J]. The Structural Engineer,1999,77(4):16—21.

[16] 胡晓斌,钱稼茹. 结构连续倒塌分析改变路径法研究[J]. 四川建筑科学研究,2008,34(4):8—13.

[17] 日本钢结构协会. 高冗余度钢结构倒塌控制设计指南[M]. 陈以一,等译. 上海:同济大学出版社,2007.

[18] 俞庆,肖熙. 结构余度衡准及其在海上结构物设计与维护中的应用[J]. 上海交通大学学报,1996,30(10):171—177.

[19] Pandey P C,Barai S V. Structural sensitivity as a measure of redundancy[J]. Journal of Structural Engineering,1997,123(3):360—364.

[20] 李航. 钢结构高塔的连续性倒塌设计[D]. 上海:同济大学,2008.

[21] 邱洪兴,曹双寅. 建筑结构设计[M]. 2 版. 南京:东南大学出版社,2002.

[22] 沈世钊. 大跨空间结构的发展——回顾与展望[J]. 土木工程学报,1996,31(3):5—16.

[23] 沈世钊. 大跨空间结构若干理论问题研究[J]. 苏州城建环保学院学报,2000,13(3):1—8.

[24] 沈世钊. 大跨空间结构理论研究和工程实践[J]. 中国工程科学,2001,3(3):34—41.

[25] Choi H H,Lee S Y. Reliability-based failure cause assessment of collapsed bridge during construction[J]. Reliability Engineering and System Safety,2006,91(6):674—688.

第3章　基于频率灵敏度的关键构件判断方法研究

基于广义敏感性评估构件重要性系数的计算方法都是从整体结构的冗余特性和鲁棒性的角度研究构件的重要性,假定初始杆件失效后对结构进行敏感性分析,考察结构中构件的应力或应变等总的变化程度。该方法能考虑外荷载的作用,并且能从理论上以数值的方式量化地确定构件的重要性系数,可用来进行空间结构关键构件的判断。但是,该方法的研究对象为所有结构,虽然具有一定的通用性,但计算起来仍然非常复杂;另外,该方法的研究是为了加强关键构件从而达到增强结构鲁棒性的目的,关心结构总的应力、应变或能量的变化程度,与 AP 法中选择关键构件移除进行连续倒塌分析的目的不同,AP 法更关心的是该杆件破坏后残余结构的承载力。

本章结合空间结构的受荷特点和受力特性,针对空间结构提出基于模态灵敏度的对称分组方法判断关键构件。

3.1　基于频率灵敏度的对称分组方法

3.1.1　大跨空间结构的荷载特点

在大跨空间结构中,对结构设计起控制作用的荷载工况一般为竖向荷载(永久荷载和雪荷载)。与高层建筑相反,除了某些特殊情况,风荷载或地震作用很少在大型结构设计中成为决定性因素。1995 年的日本阪神地震中,大型空间结构除了其支承结构外并未发生破坏。而且,由于大型空间结构的巨大空间体量(特别在高度方面),除了其支承结构外,它们很少受到火灾作用的影响。一般说来,空间结构的构型设计中没有必要考虑世界贸易中心大厦倒塌时遭受的各种偶然荷载的组合作用。同时,设计过程中假定空间结构会遭受飞机撞击也是不大现实的[1]。

3.1.2　大跨空间结构对称分组的特点

对称性在结构重要构件判断上的应用在本书 2.2.1 节已有所提及。

另外,空间结构虽然杆件繁多,但种类并不多,且每种杆件受力特性类似,如桁架结构的上弦受压、下弦受拉、腹杆受剪等。因此,可以对空间结构按种类进行分组研究,找出每组杆件的关键构件,然后对每组构件中的关键构件移除进行残余结构的连续倒塌分析。如图 3.1 所示的张弦桁架,可以分为上弦的桁架、索和撑杆,桁架部分又可分为上弦、腹杆和下弦。

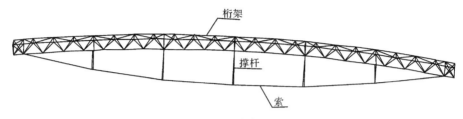

图 3.1　张弦桁架示意图

3.1.3　基于模态灵敏度的分析方法判断关键构件

利用结构振动模态参数的改变来识别结构损伤的方法已成为众多工程界共同关注的热点。基于结构振动的损伤识别方法通常称为损伤识别(damage identi-fication),其基本原理是,结构模态参数(固有频率、模态振型等)是结构物理特性(质量、阻尼和刚度)的函数,因而物理特性的改变会引起系统动力响应的改变。这种损伤探测方法属于结构整体检测范畴,已经被广泛应用在航空、航天以及精密机械结构等方面。除了整体检测的优点外,对于石油平台、大型桥梁等大型土木工程结构,可以利用环境激励引起的结构振动来对结构进行检测,从而实现实时监测。结构抗连续倒塌设计与结构损伤识别正好是一个相反的过程,因此,可以利用结构振动模态参数的改变来识别和判断关键构件[2~4]。

考虑到空间结构的构件截面尺寸小,结构的损伤通常表现为结构刚度的减小,可以假设损伤前后结构的质量矩阵不变,损伤只表现为结构刚度矩阵的变化。因此,把模态频率看成结构刚度的函数,利用结构的动力反应或模态参数的变化来判断结构刚度的变化大小,从而进一步判断该构件对整体刚度的影响,判断是否为关键构件,即是否需要移除该构件进行连续倒塌分析。

对于线弹性结构,其离散后的无阻尼自由振动运动方程可表示为

$$[K]\{\phi\}_r - \lambda_r[M]\{\phi\}_r = 0 \tag{3-1}$$

式中,$[M]$ 为质量矩阵;$[K]$ 为刚度矩阵,均为实对称矩阵;$\{\phi\}_r$ 为第 r 阶模态振型向量;λ_r 为结构第 r 阶特征值,即频率 ω_r 的平方。

将振型正则化,使 $\{\phi\}_r$ 满足

$$\{\phi_j\}^{\mathrm{T}}[M]\{\phi_i\} = \delta_{ij} \tag{3-2}$$

式中,δ_{ij} 为 Kronecker Delta 函数,即 $\delta_{ij} = \begin{cases} 1, & i=j \\ 0, & i \neq j \end{cases}$。

设 p_{m} 为表征结构损伤程度的变量,将式(3-1)对 p_{m} 求导可得

$$\frac{\partial[K]}{\partial p_{\mathrm{m}}}\{\phi_r\} + [K]\frac{\partial\{\phi_r\}}{\partial p_{\mathrm{m}}} - \frac{\partial\lambda_r}{\partial p_{\mathrm{m}}}[M]\{\phi_r\} - \lambda_r\frac{\partial[M]}{\partial p_m}\{\phi_r\} - \lambda_r[M]\frac{\partial\{\phi_r\}}{\partial p_{\mathrm{m}}} = 0 \tag{3-3}$$

将式(3-3)左乘$\{\phi_r\}^T$后,整理得

$$\{\phi_r\}^T \frac{\partial[K]}{\partial p_m}\{\phi_r\} - \frac{\partial\lambda_r}{\partial p_m}\{\phi_r\}^T[M]\{\phi_r\} - \lambda_r\{\phi_r\}^T\frac{\partial[M]}{\partial p_m}\{\phi_r\}$$

$$+ (\{\varphi_r\}^T[K] - \lambda_r\{\phi_r\}^T[M])\frac{\partial\{\phi_r\}}{\partial p_m} = 0 \tag{3-4}$$

将式(3-2)和式(3-3)代入式(3-4)得

$$\frac{\partial\lambda_r}{\partial p_m} = \{\phi_r\}^T\frac{\partial[K]}{\partial p_m}\{\phi_r\} - \lambda_r\{\phi_r\}^T\frac{\partial[M]}{\partial p_m}\{\phi_r\} \tag{3-5}$$

式(3-5)即为特征值一阶灵敏度的表达式,考虑到p_m的变化对$[M]$的影响很小,即$\frac{\partial[M]}{\partial p_m}=0$,所以式(3-5)可进一步简化为

$$\frac{\partial\lambda_r}{\partial p_m} = \{\phi_r\}^T\frac{\partial[K]}{\partial p_m}\{\phi_r\} \tag{3-6}$$

又

$$\lambda_r = \omega_r^2$$

所以模态频率对p_m的灵敏度为

$$\frac{\partial\omega_r}{\partial p_m} = \frac{1}{\omega_r}\{\phi_r\}^T\frac{\partial[K]}{\partial p_m}\{\phi_r\} \tag{3-7}$$

从式(3-7)可以看出,对于任一特定的结构,由于该结构的振动频率和相对应的振型已知,而刚度矩阵以及对损伤的偏导容易求出,故振动频率对损伤的偏导能相应求出。

又由于大跨空间结构竖向刚度最低,其第一振型表现为竖向振动。根据大跨空间结构主要受竖向荷载的特点,大跨空间结构的第一频率(主要频率)为竖向频率,对大跨空间结构起控制作用的主要是竖向刚度,故构件的损伤或破坏最先反映的是整体竖向刚度的降低。

故式(3-7)可以进一步简化为

$$\frac{\partial\omega_1}{\partial p_m} = \frac{1}{\omega_1}\{\phi_1\}^T\frac{\partial[K]}{\partial p_m}\{\phi_1\} \tag{3-8}$$

式中,$\{\phi\}_1$为第1阶模态振型向量;ω_1为结构第1阶频率(竖向频率)。

由式(3-8)可得到刚度变化与第1阶频率的关系:

$$\frac{\partial[K]}{\partial p_m} = \omega_1\frac{\partial\omega_1}{\partial p_m}[\{\phi_1\}\{\phi_1\}^T]^{-1} \tag{3-9}$$

从式(3-9)可以看出,由于$\{\phi_1\}$是结构的固有属性,只要判断该结构第1阶频率(竖向频率)对损伤的灵敏度,就可以判断该构件的损伤对结构刚度的影响,进而判断该构件是否为关键构件。

3.1.4　基于频率灵敏度的大跨空间结构关键构件判断方法

根据以上分析,可以得到大跨空间结构抗连续倒塌设计关键构件的判断方

法,如图 3.2 所示。

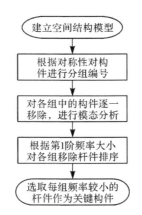

图 3.2　大跨空间结构关键构件的判断方法

首先根据对称性和相同受力特性的构件对构件分组,然后对每组构件中的构件逐一移除,进行模态分析,并按第 1 阶竖向频率从大到小对各组移除杆件排序,选取每组构件中对应频率较小的构件作为关键构件采用 AP 法进行连续倒塌分析。

3.2　算 例 分 析

下面通过几个算例对基于模态灵敏度的分析结果和 Pandey 的灵敏度分析结果[5]进行比较,为了验证结果的准确性,对每个算例采用 AP 法逐一移除构件进行考虑弹塑性和压杆失稳的连续倒塌静力分析。拉压杆的极限承载力 P_0 根据《钢结构设计规范》(GB 50017—2014)得到。当拉杆屈服后,假定拉杆的承载力不变;当压杆屈服后,考虑到压杆的失稳和卸载,假定压杆的承载力下降为 $P_r = 0.35P_0$。

3.2.1　算例 1

如图 3.3 所示的平面桁架,桁架高为 6m,跨度为 18m,上、下弦的截面面积为

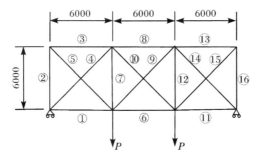

图 3.3　算例 1 计算简图(单位:mm)

$5956mm^2$,长细比为 71.9,斜腹杆的截面面积为 $3544mm^2$,长细比为 127.6,竖腹杆的截面面积为 $3544mm^2$,长细比为 90,下弦中间节点受两个集中荷载 P,桁架的支座为铰支座,约束平动,释放转动。

1) Pandey 的灵敏度分析结果

采用 Pandey 的灵敏度分析方法计算对应第 j 个损伤参数的结构总冗余度;第 j 个损伤参数假定第 j 个构件完全失效,其总冗余度见表 3.1。

表 3.1　标准化的结构总冗余度

构件编号	GR_j	GNR_j
①	0.872	1.000
②	0.248	0.284
③	0.248	0.284
④	0.199	0.228
⑤	0.248	0.284
⑥	0.390	0.447
⑦	0.193	0.221
⑧	0.055	0.063
⑨	0.743	0.852

注:根据对称性,与表中构件对称的构件没有列出。

2) 竖向频率计算结果

将各构件移除后计算残余结构的第 1 阶竖向振动频率,计算结果见表 3.2。

表 3.2　各构件移除后残余结构的振动频率　　　　　　(单位:Hz)

构件移除编号	第 1 阶竖向频率	与完整结构比值
完整结构	0.629	—
①	0.625	0.994
②	0.533	0.847
③	0.533	0.847
④	0.501	0.797
⑤	0.533	0.847
⑥	0.621	0.987
⑦	0.554	0.881
⑧	0.357	0.567
⑨	0.623	0.990

注:根据对称性,与表中构件对称的构件没有列出。

3) AP 法连续倒塌分析结果

采用 AP 法对该结构进行抗连续倒塌分析,计算结果见表 3.3。

表 3.3　各个构件破坏后残余结构的极限承载力　　　（单位:kN）

初始破坏构件	构件破坏顺序	剩余结构承载力
完整结构	④、⑭→②、⑯	545
①	①→④→⑭→②、⑯	545
②	②→④	216
③	③→④	216
④	④→⑭→②、⑯	473
⑤	⑤→④	216
⑥	⑥→④、⑭→②、⑯	545
⑦	⑦→⑭→⑯	545
⑧	⑧→⑨、⑩	216
⑨	⑨→④、⑭→②、⑯	545

注:根据对称性,与表中构件对称的构件没有列出。

4) 计算结论

（1）根据冗余度分析结果（表 3.1）,按 GNR_j 的大小排列为:①→⑨→⑥→②、③、⑤→④→⑦→⑧,因此构件④应比⑤重要,即构件④破坏后残余结构的极限承载力应比构件⑤破坏后的承载力低。但弹塑性分析结果却与之相反,根据静力仿真分析结果（表 3.3）,各个构件破坏后残余结构的极限承载力大小排列为:①、⑨、⑥、⑦→④→⑧、②、③、⑤。其原因是构件④破坏后,构件⑤承受拉力;而构件⑤破坏后,构件④承受压力,不仅极限承载力低,而且达到塑性屈曲后卸载,承载力进一步降低。导致冗余度分析结果偏差的原因是分析计算是基于线弹性假定的。

（2）根据冗余度分析结果,构件⑦的 GNR_j 很小;而根据弹塑性分析结果,构件⑦破坏后剩余结构承载力为 545kN,即构件⑦应为非关键构件。导致冗余度分析结果偏差的原因是构件⑦破坏后,结构中的非控制构件（如⑨和⑩）的应力变化比较大,但这些构件应力变化后对结构的承载力没有影响。

（3）根据频率计算结果（表 3.2）,按频率的大小排列为:①→⑨→⑥→⑦→②、③、⑤→④→⑧。对于构件⑤和④的判断,频率计算结果和冗余度分析一致,因为两者都是基于线弹性的;对于构件⑦的判断,频率计算结果比冗余度分析结果正确,与静力仿真分析结果一致。

（4）构件对完整结构的极限承载力和残余结构承载力的影响不同。提高完整结构的极限承载力应提高构件②的承载力;提高结构的抗连续倒塌能力应提高构件④和⑨的承载力;意外事件导致某根构件破坏最可能引起结构发生连续倒塌的是构件②、③、⑤和⑧。

3.2.2　算例 2

如图 3.4 和图 3.5 所示的星形结构,构件的材料特性见表 3.4,6 个支座为铰支座,约束平动,释放转动。均布荷载:7 个自由节点承受荷载 P。

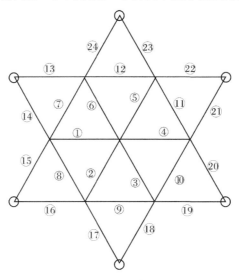

图 3.4　平面布置图

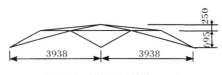

图 3.5　剖面图(单位:mm)

1) Pandey 的灵敏度分析结果

采用 Pandey 的灵敏度分析方法计算对应第 j 个损伤参数的结构总冗余度;第 j 个损伤参数假定第 j 个构件完全失效,具体见表 3.4。

表 3.4　构件材料特性和标准化的结构总冗余度

组号	构件编号	构件长度/mm	长细比	构件面积/mm²	均布荷载 GNR$_j$	集中荷载 GNR$_j$
1	①~⑥	2512	99	678	0.04	0.07
2	⑦~⑫	2500	98	678	1.00	0.34
3	⑬~⑳	2778	109	678	0.16	1.00

注:由于对称性,构件①~⑥为第 1 组,构件⑦~⑫为第 2 组,构件⑬~⑳为第 3 组。

2）竖向频率计算结果

将各构件移除后计算残余结构的第 1 阶竖向振动频率，计算结果见表 3.5。

表 3.5 各构件移除后残余结构的振动频率 （单位：Hz）

构件移除编号	第 1 阶竖向频率	与完整结构比值
完整结构	0.548	—
①	0.224	0.409
⑦	0.388	0.708
⑬	0.377	0.688

注：根据对称性，与表中构件对称的构件没有列出。

3）AP 法连续倒塌分析结果

采用 AP 法对该结构进行抗连续倒塌分析，计算结果见表 3.6。

表 3.6 各个构件破坏后残余结构的极限承载力 （单位：kN）

初始破坏构件	构件破坏顺序	剩余结构承载力
完整结构	第 3 组构件屈服	31
①	①→⑰、⑱、㉓、㉔	16
⑦	⑦→⑮、⑯	24
⑬	⑬→㉔	16

注：构件①～⑥为第 1 组，构件⑦～⑫为第 2 组，构件⑬～⑳为第 3 组。

4）计算结论

（1）根据冗余度分析结果（表 3.4），均布荷载作用下的 GNR_j 的大小排列为 $GNR_2 > GNR_3 > GNR_1$，因此第 1 组构件最重要，其次是第 3 组，第 2 组构件的破坏对结构影响最小；静力仿真分析结果、竖向频率结算结果与冗余度分析结果一致。

（2）不管是这 3 组中的哪一根构件破坏，导致该结构倒塌的都是第 3 组中的构件；其中第 1 组中的任一根构件破坏后的残余结构的承载力与第 3 组中的任一根构件破坏后的残余结构的承载力相等，但是第 1 组中的任一根构件破坏后使第 3 组中的 4 根构件同时屈服；第 3 组中的任一根构件破坏后使第 3 组中的 1 根构件屈服，因此，从概率论的角度应当是第 1 组的构件更重要。

（3）在均布荷载作用下提高完整结构的极限承载力应提高第 3 组构件的承载力；提高结构的抗连续倒塌能力应提高第 3 组构件的承载力；意外事件导致某根杆件破坏最可能引起结构发生连续倒塌的是第 1 组构件。

3.2.3 算例 3

几何模型同算例 2，荷载情况为正中间节点承受集中荷载 P。

1) Pandey 的灵敏度分析结果

采用 Pandey 的灵敏度分析方法计算对应第 j 个损伤参数的结构总冗余度；第 j 个损伤参数假定第 j 个构件完全失效，计算结果见表 3.4。

2) 竖向频率计算结果

将各构件移除后计算残余结构的第 1 阶竖向振动频率，计算结果见表 3.7。

表 3.7　各构件移除后残余结构的振动频率　　　　　（单位：Hz）

构件移除编号	第 1 阶竖向频率	与完整结构比值
完整结构	0.558	—
①	0.299	0.536
⑦	0.469	0.841
⑬	0.551	0.987

注：根据对称性，与表中构件对称的构件没有列出。

3) AP 法连续倒塌分析结果

采用 AP 法对该结构进行抗连续倒塌分析，计算结果见表 3.8。

表 3.8　各个构件破坏后残余结构的极限承载力　　　（单位：kN）

初始构件破坏	构件破坏顺序	剩余结构承载力
完整结构	第 1 组构件屈服	49
①	①→⑬、⑭、⑲、⑳	28
⑦	⑦→②、⑥	37
⑬	⑬→①、⑤	45

注：构件①～⑥为第 1 组，构件⑦～⑫为第 2 组，构件⑬～⑳为第 3 组。

4) 计算结论

(1) 根据冗余度分析结果，集中荷载作用下的 GNR_j 的大小排列为 $GNR_3 > GNR_2 > GNR_1$，因此第 1 组的构件最重要，其次是第 2 组，第 3 组构件的破坏对结构影响最小；静力仿真分析结果、频率计算结果与冗余度分析结果一致。

(2) 第 1 组中的某根构件破坏，导致该结构倒塌的是第 3 组中的构件；完整结构和第 2、3 组中的某根构件破坏，导致该结构倒塌的是第 1 组中的构件。

(3) 提高完整结构的极限承载力应提高第 1 组构件的承载力；提高结构的抗连续倒塌能力应提高第 3 组构件的承载力；意外事件导致某根构件破坏后最可能引起结构发生连续倒塌的是第 1 组构件。

3.2.4　算例分析结论

(1) 影响结构的极限承载力与抗连续倒塌能力的因素是不同的，提高结构的极限承载能力并不一定能提高抗连续倒塌的能力，荷载的大小和位置对空间结构的极限承载力与抗连续倒塌的能力都有影响。

（2）Pandey 的灵敏度方法是基于线弹性结构，通过结构中各构件的应力变化程度来判断结构的冗余度。因此，从抗连续倒塌的角度，该方法具有一定的不足。静力仿真分析能准确反映结构的抗连续倒塌能力，但大跨空间结构构件众多，计算工作量大，计算过程复杂。

（3）构件移去后结构竖向频率的改变与刚度的变化相一致，频率的改变能反映该构件对结构刚度的贡献。因此，可以采用基于频率的灵敏度方法判断该构件是否为关键构件，减少逐一移去构件进行直接计算的工作量。

（4）结构的抗连续倒塌必定会涉及材料的破坏和屈服，特别是大跨空间结构的压杆容易出现屈服和卸载。由于拉杆的极限承载力远远大于压杆，当结构中某根构件破坏或者部分破坏时，如果导致拉杆的承载力变大，该结构仍然有相当大的承载力；反之，如果导致压杆的承载力变大，该结构的承载力将急剧下降。

3.3　张弦结构的关键构件分布

张弦结构由柔性索和刚性上弦（梁、拱、桁架或网壳）通过撑杆连接组成，根据 3.1 节提出的基于频率灵敏度对称分组分析方法，研究单榀张弦结构关键构件的分布。

3.3.1　计算模型

如图 3.6 所示的单榀张弦桁架，跨度 90m，两侧各悬挑 9m，桁架的一侧支座比另一侧高 2.25m，张弦桁架的上部桁架采用剖面呈倒三角形的空间管桁架，桁架的高度为 2.5m，跨中撑杆的高度为 8m，撑杆采用圆钢管，均匀布置 5 根，下弦索采用的是半平行钢丝束。

结构构件选用以下截面：管桁架的下弦选用 $\phi480mm\times24mm$（支座附近的三榀）、$\phi457mm\times19mm$（其余区域），上弦选用 $\phi406mm\times16mm$（支座附近的四榀）、$\phi377mm\times14mm$（其余区域），腹杆选用 $\phi245mm\times8mm$（支座附近的七榀）、$\phi203mm\times8mm$（其余区域）；悬臂桁架的上下弦选用 $\phi194mm\times8mm$，腹杆选用 $\phi180mm\times8mm$；撑杆选用圆钢管 $\phi325mm\times8mm$；下弦拉索采用半平行钢丝束 $265\phi7mm$，极限强度为 1670MPa。钢材的弹性模量为 $2\times10^5 N/mm^2$，索的弹性模量为 $1.9\times10^5 N/mm^2$。

选取四种支座刚度模型[支座刚度沿跨度向分别为 0（可滑动）、$5.2\times10^4 kN/m$、$5.2\times10^5 kN/m$ 和无穷大（铰接）]进行初始构件失效的极限承载力分析。

为清楚地表达每根杆件的分布，根据对称性，取一半的对称结构对每根杆件都进行编号，图中 X1～X10 为下弦杆；F1～F20 为腹杆；S1～S10 为上弦杆；D1～

D10 为斜拉杆;Z1～Z10 为直拉杆;CH1～CH3 为撑杆;CABLE 为索。按照每组杆件,考虑几何非线性和材料非线性,对逐根杆件移除进行抗连续倒塌分析和竖向频率计算。

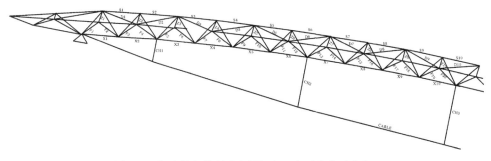

图 3.6　张弦桁架构件布置图(取一半对称张弦桁架)

3.3.2　计算结果

1) 上弦桁架的上弦杆

桁架的上弦杆件对结构的连续倒塌影响较小,靠近跨中的上弦杆对残余结构的极限承载力影响相对较大;随着支座刚度的降低,桁架的上弦杆件对结构的连续倒塌影响变大。

支座为铰接时,移除 S10(跨中)对残余结构的承载力影响最大,是完整结构承载力的 78.9%;支座刚度为 $5.2 \times 10^5 \text{kN/m}$ 时,移除 S10(跨中)对残余结构的承载力影响最大,是完整结构承载力的 76.6%;支座刚度为 $5.2 \times 10^4 \text{kN/m}$ 时,移除 S7～S10 对残余结构的承载力影响最大,是完整结构承载力的 69.4%;支座为滑动时,移除 S7～S10 对残余结构的承载力影响最大,是完整结构承载力的 69.4%。

2) 上弦桁架的下弦杆

桁架的下弦杆件对结构的连续倒塌影响与支座刚度有关,靠近支座的下弦杆对残余结构的极限承载力影响较大;随着支座刚度的降低,桁架的下弦杆件对结构的连续倒塌影响急剧增大。

支座为铰接时,移除 X1 对残余结构的承载力影响最大,是完整结构承载力的 66.8%;支座刚度为 $5.2 \times 10^5 \text{kN/m}$ 时,移除 X1 对残余结构的承载力影响最大,是完整结构承载力的 62.0%;支座刚度为 $5.2 \times 10^4 \text{kN/m}$ 时,移除 X1 和 X2 对残余结构的承载力影响最大,是完整结构承载力的 43.8%;支座为滑动时,移除 X1 和 X2 对残余结构的承载力影响最大,分别是完整结构承载力的 23.0% 和 43.6%。

3) 上弦桁架的腹杆

桁架的腹杆对结构的连续倒塌影响较小;靠近支座的腹杆对残余结构的极限承载力影响相对较大,其余腹杆几乎没有影响;随着支座刚度的降低,腹杆对结构的连续倒塌影响稍微变大。

支座为铰接时,仅移除 F1 对残余结构的承载力有较大影响,是完整结构承载力的 78.9%;支座刚度为 5.2×10^5 kN/m 时,仅移除 F1 对残余结构的承载力有影响,是完整结构承载力的 79.5%;支座刚度为 5.2×10^4 kN/m 时,仅移除 F1 对残余结构的承载力影响最大,是完整结构承载力的 71.9%;支座为滑动时,仅移除 F1 对残余结构的承载力有影响,是完整结构承载力的 71.9%。

4) 撑杆

移除中间撑杆 CH3 对残余结构的承载力影响最大;随着支座刚度的降低,撑杆对结构的连续倒塌影响稍微变大。支座为铰接时,移除 CH3 后残余结构的承载力是完整结构的 96.5%;支座刚度为 5.2×10^5 kN/m 时,移除 CH3 后残余结构的承载力是完整结构的 96.3%;支座刚度为 5.2×10^4 kN/m 时,移除 CH3 后残余结构的承载力是完整结构的 88.2%;支座为滑动时,移除 CH3 后残余结构的承载力是完整结构的 85.9%。

撑杆作为上弦桁架和下弦索的连接纽带,对结构的连续倒塌影响与撑杆的间距和撑杆的截面有关,本书将在第 6 章进行进一步研究。

5) 索

索对结构的连续倒塌影响很大且与支座刚度有关,支座为铰接时,移除索后残余结构的极限承载力是完整结构承载力的 79.2%;支座刚度为 5.2×10^5 kN/m 时,移除索后残余结构的极限承载力是完整结构承载力的 77.8%;支座刚度为 5.2×10^4 kN/m 时,移除索后残余结构的极限承载力是完整结构承载力的 49.2%;支座为滑动时,移除索后残余结构的极限承载力是完整结构承载力的 19.3%。

6) 上弦桁架的斜、直拉杆

移除斜、直拉杆对残余结构的极限承载力影响不大。图 3.7 为四种支座类型的张弦结构移除上弦桁架的下弦杆、上弦杆和腹杆后残余结构极限承载力与完整结构的比值。各个杆件移除后残余结构的竖向频率分布与残余结构的极限承载力变化相一致。

3.3.3　关键构件分布

根据以上分析结果得出单榀张弦桁架的关键构件分布,其对结构影响的重要程度如下。

首先是支座,因为对于单榀张弦桁架支座的破坏就意味着结构不复存在,变成机构;其次是拉索,其破坏对张弦结构的承载力下降非常大;然后是靠近支座处的桁架下弦和跨中部分的上弦构件。

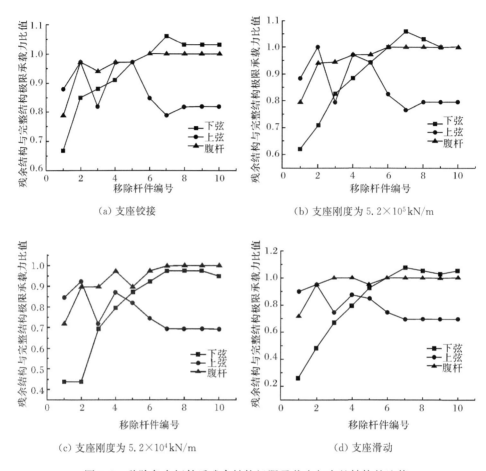

（a）支座铰接　　　　　　　　　　　（b）支座刚度为 $5.2×10^5$ kN/m

（c）支座刚度为 $5.2×10^4$ kN/m　　　　　　（d）支座滑动

图 3.7　移除各个杆件后残余结构极限承载力与完整结构的比值

对于上部结构为单根梁或拱的其他类型的单榀张弦结构,其关键构件分布也类似,只是上部结构梁或拱的截面破坏应是局部破损,如果整个截面破坏,其结构则完全破坏。

3.4　本章小结

抗连续倒塌的设计方法首先涉及关键构件的判断和选择。由于空间结构杆件繁多,若能找到关键构件,就不必对完整结构的所有构件移除进行连续倒塌分析,只用移除关键构件进行分析,能大大减少工作量。本章在 Pandey 等提出的基于敏感性分析方法的基础上,根据大跨空间结构的受力特性和荷载特点,提出基于频率灵敏度的对称分组方法来判断大跨空间结构的关键构件,不仅概念清晰、准确度高,而且简单易行。并通过对张弦桁架各类构件分组后进行残余结构的极限承载力分析,得出张弦结构的关键构件分布规律:支座→索→支座处的桁架下弦→跨中部分的上弦构件。

参 考 文 献

[1] 日本钢结构协会.高冗余度钢结构倒塌控制设计指南[M].陈以一,等译.上海:同济大学出版社,2007.

[2] 陈龙珠,王建民,葛炜.结构动力参数灵敏度的合理分析[J].土木工程学报,2003,36(11):50—54.

[3] 赵亮,谢强.基于模态灵敏度分析的框架结构损伤识别:灵敏度分析[J].工业建筑,2005,(增刊):893—895.

[4] Yang Q W,Liu J K. Damage identification by the eigenparameter decomposition of structural flexibility change[J]. International Journal for Numerical Methods in Engineering,2009,78(4):444—459.

[5] Pandey P C,Barai S V. Structural sensitivity as a measure of redundancy[J]. Journal of Structural Engineering,1997,123(3):360—364.

第4章 考虑初始缺陷的空间结构连续倒塌静力仿真分析

连续倒塌的过程是一个动力过程,无论 UFC 规范[1]还是 GAS 规范[2]都明确规定,可以采用动力放大系数把静力荷载放大,然后采用静力荷载进行有限元分析。然而,空间结构连续倒塌的静力仿真分析涉及几何非线性、材料非线性、初始缺陷和倒塌破坏准则等问题,这些问题有的在通用有限元软件上能有效解决,有的并不能很好地解决。特别是由于空间结构采用的材料强度高、截面小,稳定问题往往成为空间结构设计的主要问题,是否需要像稳定验算一样考虑初始缺陷以及如何考虑初始缺陷成为空间结构连续倒塌仿真分析的重点。另外,采用通用有限元软件进行连续倒塌的静力仿真分析并不能得到杆件破坏过程。而且,以往的静力仿真分析的计算流程主要是针对框架结构的,对空间结构并不完全适用。

本章在通用有限元软件 ANSYS 的基础上进行二次开发,对空间结构连续倒塌的全过程进行考虑初始缺陷的静力仿真分析,全面真实地了解连续倒塌的破坏过程。探讨空间结构静力仿真分析的计算流程,为空间结构抗连续倒塌设计提供依据。

4.1 初始缺陷对空间结构连续倒塌的影响及确定

4.1.1 空间结构设计与连续倒塌分析的关系

空间结构的稳定分为整体稳定和局部稳定两类,对应的倒塌破坏有两种形式:一是整体结构失稳引起的倒塌破坏,如单层网壳等;二是由于单根构件失稳引起的连续倒塌破坏,即强度破坏,如桁架、网架等。故现阶段设计大跨空间结构特别是刚度较低的结构应进行两个方面的承载力计算。

(1) 首先按现行国家标准《建筑结构荷载规范》(GB 50009—2012)及《建筑抗震设计规范》(GB 50011—2010)进行荷载取值和荷载组合,进行结构内力和位移计算。按照荷载的基本组合确定的内力设计值进行杆件截面及节点设计,杆件截面设计包括钢构件强度验算和稳定验算;在位移计算中按照短期效应组合确定其挠度。结构的内力和位移按弹性阶段进行计算,即认为材料是线弹性的,不考虑塑性的影响。

（2）进行必要的整体稳定验算，防止结构发生整体失稳。

连续倒塌分析和结构设计不同，结构设计是控制结构不破坏、不倒塌，可以采用两个方面控制，即构件的强度或稳定控制和结构的整体稳定控制。而连续倒塌仿真分析是模拟整个结构的连续倒塌过程，因此，在进行连续倒塌分析时不仅要考虑构件的强度和稳定，还要考虑结构整体失稳的影响，即连续倒塌分析应包含以上两个方面。因此，同稳定分析一样，对空间结构进行连续倒塌分析时应考虑初始缺陷的影响。

当采用非线性有限元软件包括 ANSYS 对空间结构进行连续倒塌分析时，能对结构进行变形全过程的非线性跟踪分析，得到结构倒塌破坏的全过程，包括结构破坏的下降段曲线。因此，连续倒塌分析过程已包含构件的局部稳定和结构的整体失稳。然而，在这个分析过程中，并没有考虑构件或结构的初始缺陷。

4.1.2　初始缺陷的分类

按照缺陷产生的原因可分为三类[3,4]。

1）材料性能的缺陷

由于加工工艺、环境条件、人为因素等的影响，实际结构的所用材料与完善结构总是存在差异。钢材在冶制和轧制过程中，由于工艺参数控制不严等问题，会使钢材存在偏析、夹杂、裂纹、结疤、划痕、脱碳、麻点等缺陷，从而影响钢材的性能。钢材性能上的缺陷主要取决于冶炼、浇铸和轧制过程中的质量控制。

2）结构或构件的缺陷

涉及结构和构件的缺陷分为几何缺陷和力学缺陷。几何缺陷是指实际结构的几何参数与完善结构存在差异。结构和构件的几何参数包括结构的形状、节点空间位置、构件的形状以及结构构件的截面特征（包括截面高度、宽度、厚度、面积、面积矩、惯性矩等）。因而几何缺陷主要包括：①结构的节点位置偏差；②杆件的初挠曲；③节点初偏心；④构件截面形状的畸变和截面尺寸的偏差。

这四种几何缺陷中，结构的节点位置偏差属于结构整体缺陷，其余都属于构件的缺陷，又称为局部缺陷。除了几何缺陷，结构和构件在制造、焊接、装配等过程中会不可避免地产生一定程度的残余应力，我们把结构或构件在承受荷载之前就存在的残余应力也看成是一种缺陷，即力学缺陷。

3）计算理论上的缺陷

在结构分析时，往往采用一些基本假定以使问题简单化。例如，采用简支、固支等理想边界条件来模拟实际边界条件；采用铰接或刚接节点来代替实际结构的弹性（半刚性）节点；对荷载的实际分布采用矩形分布、三角形分布或作用点等来替代；采用不同的线性化方法来求解非线性方程以及数值计算本身的误差等。这些计算理论上的缺陷都会造成实际结构临界荷载和倒塌荷载与理论分析结果之间的差异。

4.1.3　连续倒塌分析中初始缺陷的确定

这三种缺陷中,材料性能的缺陷在材料强度定义时已考虑,计算理论的缺陷一方面是提高计算软件的准确性,另一方面是尽量使得计算模型与实际情况相吻合。而第二种缺陷是连续倒塌分析的重点,分为构件缺陷和结构整体缺陷。

1) 构件缺陷的确定

根据 Muller 和 Wangar 试验研究的受压构件的后屈曲曲线显示出所有受轴向荷载的构件呈现出相同的后屈曲模式,对后屈曲性能起主要影响的是构件长细比,只有长细比很大的构件才发生弹性屈服[5]。由于钢结构受焊接残余应力和初始偏心以及安装误差等因素的影响,且空间结构的杆件长细比大,因此,空间结构的部分杆件受损时,残余结构的构件特别是压杆容易出现塑性,由于压杆的卸载,导致残余结构的内力重分布和承载力的进一步降低。

在《钢结构设计规范》(GB 50017—2003)中,通过受压构件的稳定系数 φ 来体现压杆承载力的降低。稳定系数 φ 是考虑截面的不同形式和尺寸,不同的加工条件及相应的残余应力图式,以及 1/1000 杆长的初弯曲,按柱的最大强度理论用数值方法算出大量 φ-λ 曲线归纳确定的。故本书在进行空间结构连续倒塌分析时,杆件初始缺陷的考虑参照《钢结构设计规范》(GB 50017—2003),根据长细比对杆件的受压强度进行折减。

2) 整体缺陷的确定

结构整体缺陷即节点位置偏差并不是对所有空间结构都有影响,对网架和空间桁架影响较小;只有对刚度较小,依靠曲面形状受力的结构才需要考虑结构整体缺陷,如单层网壳和跨厚比较小的双层网壳等。考虑这种缺陷面临两个问题:一是如何确定初始缺陷的模式;二是如何确定缺陷的最大值 R。第二个问题由施工方式、施工水平、工人素质等因素决定。一致缺陷模态法[4,6]认为由特征值屈曲分析得到的最低阶临界点所对应的屈曲模态为结构的最低阶屈曲模态,如果结构的缺陷分布形式恰好与最低阶屈曲模态相吻合,这将对其受力性能产生最不利影响。因而,本书采用一致缺陷模态法确定结构的整体缺陷。采用一致缺陷模态法进行连续倒塌分析的步骤如下。

(1) 首先对结构进行特征值屈曲分析,求得结构最低阶屈曲特征值,提取最低阶屈曲模态。

(2) 将得到的最低阶屈曲模态归一化,再乘以缺陷的最大值,得到结构的缺陷分布。

(3) 将缺陷分布叠加到原结构上,更新原结构的节点坐标,形成新的有限元模型。

（4）对新的有限元模型进行连续倒塌的非线性分析。

4.2 整体缺陷对张弦结构连续倒塌的影响

由 4.1 节分析得到,考虑整体缺陷将导致连续倒塌分析的计算量大大增加。由于结构整体缺陷并不是对所有空间结构都有影响,对于传统的空间结构,其整体缺陷的影响已研究得比较清楚,如空间桁架和网架不用考虑;单层网壳和跨高比较大的双层网壳应考虑整体初始缺陷。对于一些新型的空间结构,如斜拉结构、张弦结构等,其刚度介于网架和网壳之间,整体初始缺陷的影响没有系统的研究,也没有相对统一的结论,而是通过一些具体工程对整体稳定和初始缺陷进行分析。就张弦结构而言,有的文献认为初始缺陷对张弦结构的极限承载力有影响,如文献[7];有的文献认为影响很大,如文献[8]~[12];有的文献认为初始缺陷对张弦结构影响较小或没有影响,如文献[13]。鉴于此,本节首先从张弦结构的构成形式出发,采用弹性支承连续梁(拱)模型,对张弦结构的极限承载力进行参数化分析,研究整体初始缺陷对张弦结构连续倒塌的影响。

张弦结构是由刚性的上弦和柔性的下弦索通过撑杆连接而成的(图 4.1)。上弦可以有多种结构形式,如梁、拱、网架和网壳。但归纳起来都可以用拱来表示,如梁可认为是矢跨比为零的拱,网架和网壳可认为是空间拱。本章把张弦结构的上弦都以拱来表示,则张弦结构可以等效为如图 4.2 所示的两端受水平(F_h)和竖向集中力(F_v)的弹性支承连续拱计算模型。

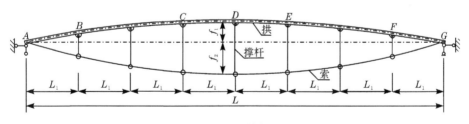

图 4.1 张弦结构组成

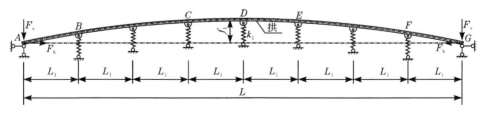

图 4.2 弹性支承连续拱模型

该拱的力学特性除由自身的拱特性外,主要由弹性支承的间距和刚度决定。下面对这些参数分别进行分析。在进行计算分析时,图 4.1 所示的模型中 $L=$ 40m,撑杆选用 $\phi127$mm $\times$ 5mm,拱选用 $\phi300$mm $\times$ 14mm、$\phi400$mm $\times$ 18mm、$\phi500$mm $\times$ 22mm 三种截面,截面参数见表 4.1。钢材选用 Q345B,钢材的弹性模量为 2×10^5 N/mm^2;索的极限强度为 1670MPa,弹性模量为 1.9×10^5 N/mm^2。

表 4.1　三种类型拱的截面参数

型号	面积/mm^2	面积变化/%	惯性矩/mm^4	惯性矩变化/%
①$\phi300$mm$\times$14mm	12573	—	1.3×10^8	—
②$\phi400$mm$\times$18mm	21591	72	3.9×10^8	300
③$\phi500$mm$\times$22mm	33020	53	9.45×10^8	242

4.2.1　影响张弦结构力学特性的参数

1) 拱的矢跨比

拱由于矢跨比的不同,分为深拱和浅拱,其受力特征具有明显的差异。郭彦林等[14]对跨度 30m 的不同矢跨比的 H 型实腹式截面的两铰圆弧拱的内力分布进行了计算,矢跨比 f/L 分别取 0.1、0.2、0.3、0.4 和 0.5,当拱的矢跨比较大时,不宜采用张弦结构形式,而应采用索拱结构形式[15]。结合郭彦林等[7]的分析结果,本书认为张弦结构上弦拱的矢跨比不宜大于 0.1。故本书研究的张弦结构上弦拱的矢跨比小于 0.125。

取图 4.1 所示的张弦拱,对不同矢跨比进行完善结构和考虑一致缺陷极限承载力计算,分析矢跨比对张弦结构在全跨均布荷载作用下的极限承载力影响。取 $L_1 = 5$m,$f_2 = 3$m,索的截面积为 1200mm^2,初始应变取 0.002。$f_1 = 1$m、2m、3m、4m、5m 五种矢高,对应的矢跨比分别为 0.025、0.05、0.075、0.1 和 0.125。计算结果如图 4.3 所示。

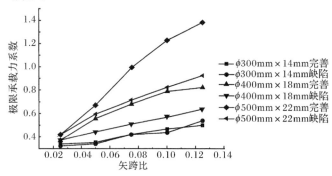

图 4.3　极限承载力与矢跨比的变化曲线

从图 4.3 可以看出以下两点。

(1) 随着矢跨比的增加,三种截面的极限承载力(完善结构和缺陷结构)均增长很明显,说明拱的作用越来越大,上弦截面(刚度)的选择应考虑矢跨比的影响。

(2) 随着拱截面的增加,缺陷对高矢跨比张弦拱极限承载力影响越来越大。这是由于随着拱的截面(刚度)增加,索对拱的支承作用相对越来越小,高矢跨比拱自身的特性越来越明显。低矢跨比(0.025)拱的极限承载力不受缺陷影响,这是由于矢跨比较低时,拱的作用影响已经很小,显示出梁的力学特性。

2) 弹性支承刚度

撑杆对拱的支承刚度主要由索提供,忽略撑杆的轴向变形和应力刚化对索的刚度影响,则索对拱的跨中竖向支承刚度 k_1(图 4.4)为

$$k_1 = k\frac{2h}{L_1} = \frac{EA}{S}\frac{2h}{L_1} \tag{4-1}$$

式中,k 为索的线刚度;h 和 L_1 分别为相邻撑杆之间的高度差和距离;E 和 A 分别为索的弹性模量和截面面积;S 为索的曲线长度。

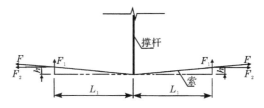

图 4.4　索对拱的支承刚度示意图

其他撑杆对拱的支承刚度均可按式(4-1)求得,且根据悬链线的形状,其刚度均≥k_1。因此,撑杆对拱的弹性支承刚度主要由索的线刚度和索的垂度决定。

对于跨度已定的结构,索的线刚度由索长、索截面面积和弹性模量决定。由于跨度已定,索的垂度引起的索的曲线长度与跨度相差很小,索的弹性模量为常数,所以索的线刚度由索的截面面积决定,且呈线性关系。

垂度越大,对弹性支承刚度的贡献越大,且呈线性变化。对于实际工程结构,由于索垂跨比还受建筑净高的限制,所以垂跨比取值一般不宜太大,不宜超过0.12,工程上一般取 0.07 左右。另外,张弦结构在竖向荷载作用下发生变形,相应的,索的垂度也发生变化,对于小变形结构,按变形为跨度的 1/300 考虑,相当于垂跨比增加 0.0033,故可以忽略荷载作用后垂跨比的变化;对于大变形结构,按变形为跨度的 1/50 考虑(大于 1/50,认为结构已倒塌破坏),相当于垂跨比增加0.02,对于小垂跨比的结构可考虑垂跨比适当增大进行 k_1 的估算。

取图 4.1 所示的张弦拱,对不同垂跨比和不同索截面面积进行完善结构极限承载力计算,分析垂跨比和索截面面积对张弦结构在全跨均布荷载作用下的极限

承载力影响。取 $L_1=5\mathrm{m}$,矢高取 $f_1=1\mathrm{m}$ 和 $3\mathrm{m}$ 两种,对应的矢跨比分别为 0.025 和 0.1。索的截面面积为 $1200\mathrm{mm}^2$,垂度 $f_2=3\mathrm{m}$,初始应变取 0.002。

(1)保持索截面面积 $1200\mathrm{mm}^2$ 不变,垂跨比按 36% 的比例变化,即 $f_2=2.2\mathrm{m}$、$3\mathrm{m}$、$3.8\mathrm{m}$、$4.6\mathrm{m}$ 和 $5.4\mathrm{m}$ 五种,进行完善结构的极限承载力计算,计算结果如图 4.5 和图 4.6 所示。图 4.5 和图 4.6 分别对应拱的矢跨比为 0.025 和 0.1 模型。

(2)保持垂跨比不变,索截面面积按 36% 的比例变化,即 $A=880\mathrm{mm}^2$、$1200\mathrm{mm}^2$、$1520\mathrm{mm}^2$、$1840\mathrm{mm}^2$ 和 $2160\mathrm{mm}^2$ 五种,进行完善结构的极限承载力计算,计算结果如图 4.5 和图 4.6 所示。

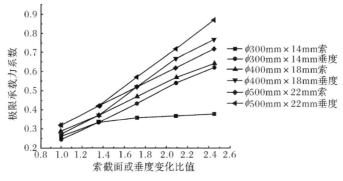

图 4.5　矢跨比 0.025 模型

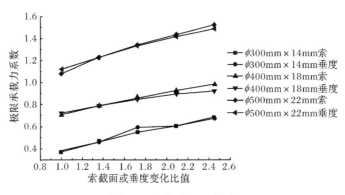

图 4.6　矢跨比 0.1 模型

从图 4.5 和图 4.6 可以看出,当拱矢跨比较大时,不管索截面面积变化还是索垂度变化,只要按式(4-1)计算的索支承刚度不变,结构的极限承载力比值非常吻合。当矢跨比较小时,当索的截面较小时,两者的极限承载力比较吻合;当索的截面较大时,索对拱梁 $\phi300\mathrm{mm}\times14\mathrm{mm}$ 产生的压力(F_h)对结构造成不利影响,引起极限承载力下降。当拱梁的截面增大时,这种影响逐渐降低。实际工程中,索截面面积与拱截面面积比值相对较小,故索对拱产生的压应力影响较小。故式(4-1)可用来计算索的支承刚度。同时,也说明了预应力值对张弦结构极限承载力影响较小的原因,索中的预应力值只是改变了拱梁中的压应力,而该部分压应力较小,且与支座的水平刚度有关,故对拱的承载力影响也很小。

3) 预应力

取图 4.1 所示的张弦拱,对不同初始预应力值进行完善结构极限承载力计算。取 $L_1 = 5m$,矢高取 $f_1 = 1m$ 和 3m 两种,对应的矢跨比分别为 0.025 和 0.100。索的截面面积为 $1200mm^2$,垂度 $f_2 = 3m$。索的初始应变分别为 0.001、0.002、0.003、0.004 和 0.005 五种,计算结果如图 4.7 和图 4.8 所示。图 4.7 和图 4.8 分别为矢跨比 0.025 模型和 0.1 模型。

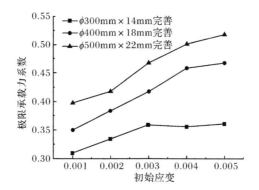

图 4.7　矢跨比 0.025 模型

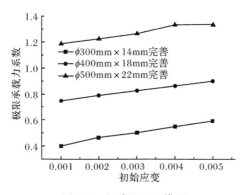

图 4.8　矢跨比 0.1 模型

从图 4.7 和图 4.8 可以看出,初始应变增加 400%,两种模型的极限承载力比值均增加不超过 30%。说明由于应力刚化的原因,初始预应力值能使得索支承刚度有所增大和拱中的压应力有所增大,使得张弦结构的极限承载力增大,但影响不大。

4) 弹性支承间距

取跨中 D 截面作为研究对象,设其刚度为 k_D,k_D 由两部分组成:索的支承刚度 k_1 和 CE 之间拱梁的线刚度 k_2。设撑杆之间拱梁的线刚度为 k_j,为了保证拱不发生局部失稳,k_j 的刚度应大于 k_D。当 k_j 的刚度小于 k_D 时,拱梁将发生局部失稳;反之,当 k_j 的刚度大于 k_D 时,索的支承间距即撑杆的间距对整体失稳影响不大。

取图 4.1 所示的张弦拱,对不同撑杆间距进行完善结构极限承载力计算。矢高取 $f_1=1$m 和 3m 两种,对应的矢跨比分别为 0.025 和 0.1。索的截面面积为 1200mm²,垂度 $f_2=3$m,初始应变取 0.002。撑杆的间距 L_1 分别为 3.33m、4.00m、5.00m、6.67m 四种,计算结果如图 4.9 和图 4.10 所示。图 4.9 和图 4.10 分别为矢跨比 0.025 模型和 0.1 模型。

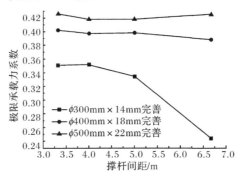

图 4.9　矢跨比 0.025 模型

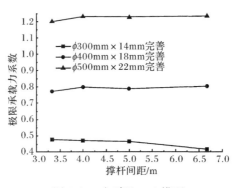

图 4.10　矢跨比 0.1 模型

从图 4.9 和图 4.10 可以看出,除拱截面为 $\phi300$mm×14mm,且撑杆的间距为 6.67m 时,模型的极限承载力下降较大,其他模型结构的极限承载力变化不大。对拱截面为 $\phi300$mm×14mm,且撑杆的间距为 6.67m 的模型研究发现,该模型在边跨 AB 和 FG 出现了局部失稳。

首先对该模型采用连续梁模型进行刚度计算。

跨中索的支承刚度

$$k_1 = \frac{EA}{S} \times \frac{2h}{L_1} = 519\text{N/mm}$$

CE 之间拱梁的线刚度 k_2 假定按连续梁计算：

$$k_2 = \frac{12E_1 I}{2L_1^3} = 725.4\text{N/mm}$$

所以

$$k_D = k_1 + k_2 = 519 + 725.4 = 1244.4(\text{N/mm})$$

除边跨外撑杆之间拱梁的线刚度为

$$k_j = \frac{12E_1 I}{L_1^3} = 5803.2(\text{N/mm})$$

而边跨支座处为铰接,其线刚度为

$$k_i = \frac{3E_1 I}{L_1^3} = 1450.8(\text{N/mm})$$

所以边跨 AB 和 FG 的线刚度 k_i 最小,与 k_D 接近。若考虑变形过程中垂度的增加和边跨的弹性支座引起的 k_i 的折减,则 $k_D > k_i$,故边跨出现局部矢稳。

当拱梁截面变为 $\phi 400\text{mm} \times 18\text{mm}$ 时

$$k_D = k_1 + k_2 = 519 + 2256.8 = 2775.8(\text{N/mm})$$

CE 之间拱梁的线刚度为

$$k_j = \frac{12E_1 I}{L_1^3} = 18048(\text{N/mm})$$

边跨支座处的线刚度为

$$k_i = \frac{3E_1 I}{L_1^3} = 4512(\text{N/mm})$$

所以两者的线刚度均远大于 k_D,故发生以跨中为主的整体破坏。

矢跨比 0.1 模型由于拱的线刚度远远大于按连续梁计算的线刚度,所以也不会出现边跨局部矢稳,而发生以跨中为主的整体破坏。

当索的垂度确定后,索的总支承刚度即各个撑杆对拱的支承刚度之和是不变的。所以当撑杆之间拱的局部刚度大于整体刚度时,索的支承间距即撑杆的间距对整体失稳影响不大。

4.2.2　不同矢跨比模型的参数化分析

根据对图 4.2 所示的弹性支承连续拱模型的分析,张弦结构的整体稳定和破坏模式主要由拱自身刚度和索的总支承刚度决定。而拱自身刚度由拱的矢跨比和截面(惯性矩)决定;索的总支承刚度主要由索的垂跨比和截面积决定,受索的应力刚化、索对拱的压力以及变形过程中垂跨比变化等影响较小。故为了研究张弦结构的整体失稳与破坏模式,本节对不同矢跨比的模型进行参数化分析,索的总支承刚度通过索截面变化来反映,撑杆间距保证模型不出现局部失稳。

取图 4.1 所示的张弦拱,$L_1=5m$,$f_2=3m$,$f_1=1m$、$2m$、$3m$、$4m$、$5m$ 五种矢高,对应的矢跨比分别为 0.025、0.05、0.075、0.1 和 0.125,索选用 $800mm^2$、$1200mm^2$、$1600mm^2$、$2000mm^2$、$2400mm^2$、$2800mm^2$ 六种截面,索的初始应变均取 0.002。

1) 矢跨比≤0.05

结构的极限承载力主要受拱梁的面积和索面积影响较大,受拱梁的刚度(惯性矩)影响较小;当拱梁截面确定后,极限承载力随索截面增长初期较大,但索截面增大到一定值时,极限承载力增长缓慢。当矢跨比为 0.025 时,不管上弦拱梁刚度变化还是下弦索支承刚度变化,结构表现出梁的受力特性,即承载力几乎不受缺陷影响,如图 4.11(a)所示;当矢跨比为 0.05 时,承载力受缺陷影响较小,如图 4.11(b)所示。

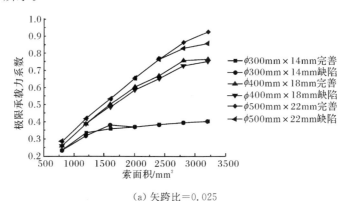

(a) 矢跨比=0.025

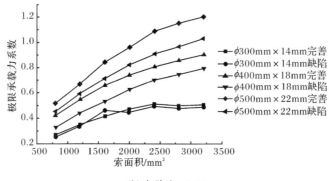
(b) 矢跨比=0.05

图 4.11　结构极限承载力系数与索面积变化关系

结构的破坏为典型的压弯破坏,且以受弯破坏为主。当索的截面较小,而拱梁的截面较大时,拱梁发生大变形弹塑性破坏;反之,随着索的面积增加,索对拱梁的压力越来越大,拱梁发生脆性受压破坏,如图4.12所示。从承载力和位移曲线可以看出,索的截面积宜为上弦拱梁面积的10%~15%。

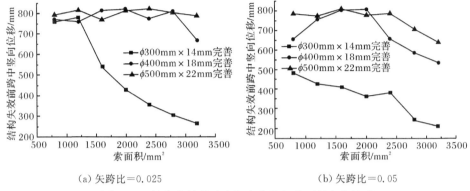

(a) 矢跨比=0.025　　　　　(b) 矢跨比=0.05

图4.12　结构失效前跨中竖向位移与索面积变化关系

2) 矢跨比≥0.075

结构表现出明显的拱的受力特性,当上弦拱梁的刚度较大时,承载力受到缺陷影响较大。例如,当矢跨比=0.075时,截面$\phi 400mm \times 18mm$和$\phi 500mm \times 22mm$的拱,考虑缺陷的极限承载力最大时约为理想结构极限承载力的30%;当矢跨比更大时,初始缺陷对极限承载力的影响更大。截面$\phi 300mm \times 14mm$的拱,由于自身刚度相对于支承刚度较弱,仍然表现出连续梁的受力特性,受缺陷影响较小。

结构的极限承载力主要受拱梁的面积和索面积影响较大,同时受拱梁的刚度(惯性矩)影响;当拱梁截面确定后,极限承载力随索截面增长初期较大,但索截面增大到一定值时,极限承载力增长缓慢,如图4.13所示。

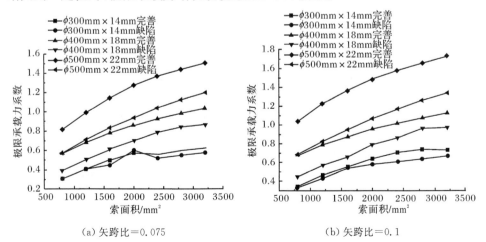

(a) 矢跨比=0.075　　　　　(b) 矢跨比=0.1

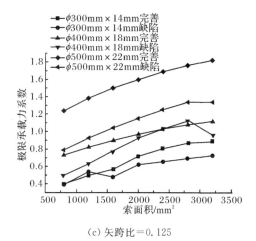

(c) 矢跨比＝0.125

图 4.13　结构极限承载力系数与索面积变化关系

　　结构的破坏为典型的压弯破坏,且以受压破坏为主。如图 4.14(a)、(b)中的 ϕ300mm×14mm 拱,当索截面较小时,对其支撑作用较弱,为小变形失稳破坏;随着索截面的增大,发生大变形弹塑性破坏;但是当索截面增加到 2400mm² 时,由于索对拱梁的压力,拱梁发生脆性受压破坏,但是当矢跨比为 0.125 时,由于自身刚度的增加,发生大变形弹塑性破坏,如图 4.14(c)所示。对于 ϕ400mm×18mm 拱,由于拱的刚度比较大,索对拱的支承作用较弱,拱的破坏主要表现为小变形的受压破坏。对于 ϕ500mm×22mm 拱,由于拱的刚度已超过支座的水平刚度(索的水平支承刚度＋支座的抗推刚度),当索的面积较小时,结构表现出梁的特性,拱梁发生大变形弹塑性破坏(没有考虑索的拉断);而当索的截面增加时,拱梁发生小变形受压破坏。从承载力和位移曲线可以看出,索的截面积宜为上弦拱梁面积的 10%。

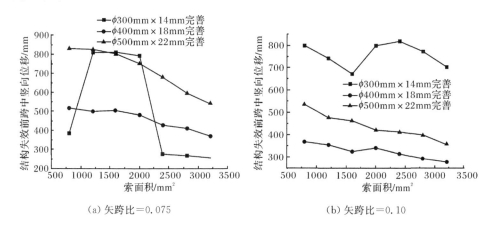

(a) 矢跨比＝0.075　　　　　　(b) 矢跨比＝0.10

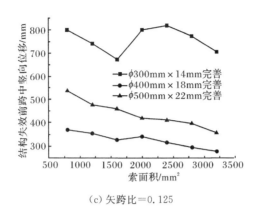

(c) 矢跨比＝0.125

图 4.14　结构失效前跨中竖向位移与索面积变化关系

3) 分析结论

通过对不同矢跨比的张弦结构参数化极限承载力分析得出如下结论。

(1) 张弦结构的力学特性主要由拱的矢跨比、拱截面、索的垂跨比和索截面面积决定,受索的应力刚化、初始预应力、索对拱的压力以及变形过程中垂跨比变化等影响较小。特别是在不增加用钢量的前提下,当矢跨比小于 0.1 时,增加拱的矢跨比能较大幅度地增加结构的极限承载力。索截面增大到一定程度后对张弦结构的极限承载力增长不再明显,对整体失稳和大变形破坏起不利作用,因此,索截面面积宜为上弦截面面积的 10%～15%。

(2) 初始缺陷对张弦结构的力学影响与上弦拱的矢跨比和截面有关,矢跨比越大,受初始缺陷的影响越大,当矢跨比小于 0.025 时,不受初始缺陷影响,进行连续倒塌静力分析时不用考虑初始缺陷的影响;当矢跨比位于(0.025, 0.05)时,初始缺陷影响较小,进行连续倒塌静力分析时可以不用考虑整体节点偏差;当矢跨比大于 0.05 时,随着矢跨比的增大,初始缺陷影响越来越明显,应采用一致缺陷模态法对整体节点偏差进行调整,然后进行连续倒塌分析。

4.3　空间结构连续倒塌的静力仿真分析

对空间结构连续倒塌分析需要对结构进行变形全过程的非线性跟踪分析,得到结构倒塌破坏的全过程,包括结构破坏的下降段曲线。

近几十年来,国内外许多学者都致力于非线性过程跟踪技术研究,并提出许多方法,目前主要有人工弹簧法[16]、位移控制法[17]、弧长法[18~24]、功控制法[25]、最小余量位移法[26]和当前刚度参数法[27,28]等。其中,各种类型的弧长方法由于概念简单明了,计算方便可靠,对跟踪结构的后屈曲平衡路径具有良好的稳定性、可靠性及计算效率,目前已成为一种最主要的跟踪技术。其主要思想是:将结构的平衡路径描述在 N 维空间,控制参数不作为整体变量,仅在原有结构平衡方程的基础上,追加一约束条件,然后通过增量迭代过程求解出每步对应的平衡点。各类弧长法名称的不同就源于所加约束条件的不同。ANSYS 程序的弧长法采用基于全 Newton-Raphson 的球面显式迭代弧长(arc-length approach with full Newton-Raphson method)[24]。

在 ANSYS 程序中进行空间结构的连续倒塌破坏过程分析时,由于无法考虑构件的几何缺陷和材料性能等缺陷,使得计算结果有误差,而且不易判断杆件连续破坏的过程。因此,本节在此基础上,通过一系列计算假定,提出空间结构连续倒塌的静力仿真分析方法。

4.3.1　杆件单元假定

由于大跨空间结构绝大多数采用空间网格结构,即采用杆单元组成。杆件主要承受拉、压力,杆件的截面惯性矩小,节点处的弯矩很小;同时杆件破坏时,已形成塑性铰,故弯矩和剪力的影响很小。所以假定大跨空间网格结构的杆件均为受拉或受压的二力杆。

4.3.2　杆件荷载-位移曲线假定

多高层结构的构件截面一般较大,破坏形式很多表现为强度破坏。有限元分析中常用的钢材特性曲线如图 4.15 所示,该材料特性定义为符合 Mises 屈服准则的双线性随动强化。大跨空间结构一般采用强度高、截面小的钢结构和索,结构中的构件失效时有拉杆的受拉破坏,该破坏曲线服从理想的弹塑性应力-应变曲线,如图 4.16 所示。在塑性阶段,随着应变的增加,应力增加很小,但不卸载,图中

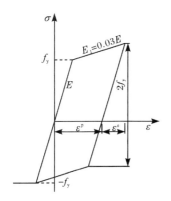

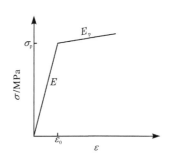

图 4.15　材料特性曲线　　　　图 4.16　受拉构件弹塑性应力-应变曲线

E 和 E_p 分别为弹性模量和塑性模量;有压杆的失稳破坏,该破坏曲线不仅与构件的长细比有关,如图 4.17 所示,而且在塑性阶段,杆件的承载力随着应变增加逐渐变小,即压杆发生塑性屈曲后,杆件出现卸载导致结构内力重分布;索由高强钢丝组成,延性较差,破坏表现为脆性断裂。

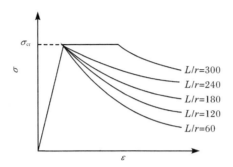

图 4.17　不同长细比的受压构件弹塑性应力-应变曲线

大跨空间结构是由拉、压杆组成的杆系结构,对结构产生影响的主要是杆件的拉力和压力,拉杆采用图 4.16 所示应力-应变曲线,图中 $E_p = 0.03E$;压杆进一步简化,采用图 4.18 中的荷载-位移曲线 C_2,图中 $P_r = 0.35P_0$,C_1 为实际的荷载-位移曲线,由大量实际杆件的试验数据进行理想化处理得到[29];C_2 为 C_1 的线性简化,类似于 Schmidt 等[30,31] 和 Madi[32] 在文献中所采用的一样。P_0 不仅与长细比有关,还与残余应力、初始偏心等有关,根据《钢结构设计规范》(GB 50017—2003)得到。索的破坏认为达到极限强度后断裂失效。

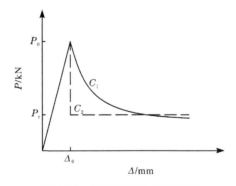

图 4.18　构件的荷载-位移曲线

4.3.3　空间结构倒塌失效模式假定

考虑到由 n 个杆单元组成的弹塑性空间结构,外部荷载已确定保持不变。由于腐蚀、焊接等意外事件使得某根杆件失效,判断该残余结构的刚度矩阵行列式是否为 0,若为 0,则表示该结构失效;若不为 0,则逐渐施加外荷载作用于残余结构,当残余结构的某根杆件应力屈服时,该截面失效,然后将该截面的塑性强度以节点力的形式反向加于该截面所联系的节点并修改结构的刚度矩阵,若结构的刚度矩阵行列式为 0,则表示该结构失效,若不为 0,则继续增加外荷载,新结构在新荷载系统作用下有新的节点位移和杆件内力[33]。重复以上过程,直到所施加的荷载达到外部荷载,则表示该结构不会倒塌。

对于整体稳定影响较大的空间结构,还应考虑整体节点安装偏差。因此,应增加空间结构整体初始缺陷的判断。对于常规结构,如网架和网壳等,其整体稳定参数已比较明确;对于张弦结构,根据上面分析,可采用矢跨比来判断是否需要考虑整体缺陷的影响,可以大大减少计算工作量。

4.3.4　空间结构失效破坏准则假定

结构倒塌失效的评估准则主要分为两个方面:一是构件的失效准则,用于判断单根构件是否发生破坏。当按荷载增量法进行分析时,设计者据此判断是否需要将某根构件移除后进行下一荷载步的计算。二是整体结构的失效准则,用于判断整体结构是否会发生局部破坏或连续性倒塌。

1) 构件失效准则

构件失效指构件失去承载能力或者不能满足规定的使用要求(如过大的变形等)。对于脆性材料,失效一般表现为断裂;对于延展性材料,失效的表现形式可以是最后的断裂,或者是产生永久变形或过大的变形等;对于各向同性材料,可以指定最大主应力、最大主应变、最大剪应力、最大 Mises 应力等为失效应力。

张弦结构上弦和撑杆采用普通钢材,为延性材料。拉杆采用图 4.16 所示的受拉构件弹塑性应力-应变曲线,压杆采用图 4.18 所示的构件荷载-位移曲线,失效应变均取 0.01;下弦采用钢索,为脆性材料,指定索达到极限强度后发生断裂破坏。

2) 结构失效准则

本节判断张弦结构的结构失效采用收敛准则和变形准则相结合的原则,当不满足收敛准则和变形准则中的任意一条时,认为结构已发生破坏。

(1) 收敛准则。当结构的变形较小时,以计算不收敛时的荷载值为结构的破坏荷载。

收敛准则用于控制非线性迭代近似解的可接收程度。按照约定的误差评判准则和给定的最大误差,程序可以自动判断迭代何时终止。使用严格的收敛准则将提高结果的精度,但以更多次的平衡迭代为代价。以下是几种常见的收敛准则,可根据不同情况选择不同的判据,也可在同一问题的不同增量步内采用不同的判据[4]。

① 平衡收敛准则。检查最大残余力与最大反作用力之比是否满足给定误差。在多数情况下,残余力判据提供较快的收敛速度。

② 位移收敛准则。检查最大的迭代位移增量与位移增量之比是否满足给定误差容限。

③ 能量收敛准则。检查最大的迭代应变能增量与应变能增量之比是否满足给定相对误差容限。对于因某些个别奇异点造成的收敛困难问题,采用这种收敛判据十分有效。

当确定收敛准则时,ANSYS 程序给出一系列的选择:可以将收敛检查建立在力、力矩、位移、转动或这些项目的任意组合上。记住以力(或力矩)为基础的收敛提供了收敛的绝对量度,而以位移(或转动)为基础的收敛仅提供了收敛的相对量度。因此应当总是使用以力(或力矩)为基础的收敛检查,如果需要可以增加以位移(或转动)为基础的收敛检查,但是通常不单独使用它们,因为完全依赖位移收敛检查有时可能产生错误的结果。

本书在进行结构分析过程中均采用平衡收敛准则。

(2) 变形准则。当结构的变形大于(1/50)跨度时,认为结构变形过大,无法继续承载。

当构件产生过度的塑性变形而不适于继续承载时,可判断该构件已经失效。文献[34]~[36]提出评价框架结构连续倒塌破坏的变形准则。该准则以美国 UFC 规范为参照,结合了我国《钢结构设计规范》(GB 50017—2003)的具体要求,建议当框架梁的挠度达到1/20或梁端转角超过 12°时,框架梁因塑性变形过大而失效。当框架柱受拉时柱端转角超过 12°或框架柱受压时侧移达到 $h/20$,框架柱因塑性变形过大而失效。对整个框架而言,当框架的柱顶侧移达到 $H/25$(H 为建筑物的总高度)时,即 20 倍的多层框架柱顶容许侧移,认为结构不适合继续承载。国内相关规范对大跨度空间结构倒塌破坏极限状态的变形无规定要求。参照《建筑抗震设计规范》(GB 50011—2011)第 5.5.5 条相关规定和文献[9]的做法。本书取倒塌时变形/跨度＝1/50 作为其倒塌破坏的控制指标。

4.4 程 序 编 制

根据以上的计算假定,本书采用 ANSYS 参数化设计语言 APDL(ANSYS parametric design language)编制程序进行空间结构抗连续倒塌分析。

4.4.1 程序编制说明

本书所有的有限元计算都是在 ANSYS 上完成的,ANSYS 强大的二次开发功能为程序的编制提供了方便,ANSYS 参数化设计语言 APDL 为程序的实现提供了平台和工具。

APDL 是一种类似 FORTRAN 的解释性语言,实质上由类似于 FORTRAN 的程序设计语言部分和 1000 多条 ANSYS 命令组成。其中,程序设计语言部分与其他编程语言一样,具有参数、数组表达式、函数、流程控制(循环与分支)、重复执行命令、缩写、宏以及用户程序等,还能直接进行向量及矩阵运算。标准的 ANSYS 程序运行是由 1000 多条命令驱动的,这些命令都可以写进程序设计语言编写的程序,命令的参数可以赋确定值,也可以通过表达式的结果或参数的方式进行赋值。从 ANSYS 命令的功能上讲,它们分别对应 ANSYS 分析过程中的定义和修改几何模型、划分单元网格、材料定义、添加荷载和边界条件、控制和执行求解、后处理计算结果等指令。这些命令,配合参数的定义及调用,用流程控制语句有机地组织起来,就是一个完整的程序,可以高效率自动化地执行一系列复杂的动作,实现强大的功能。另外,APDL 还提供界面定制功能,实现参数交互输入、消息机制、界面驱动和运行应用程序等。选择 APDL 语言进行编程还基于以下几点。

(1) APDL 语言所编制的程序可以在 ANSYS 软件平台上直接运行,程序所需的输入数据作为 ANSYS 模型数据可以在 ANSYS 运行环境下直接调用。但是如果使用其他语言编程则要求在不同软件之间进行数据转换工作,这不仅降低了效率而且容易出错。

(2) APDL 语言是一种结构化语言,可以实现强大功能,而且程序采用自由格式,编写方便。

(3) APDL 语言中可以直接调用 ANSYS 命令对有限元模型进行操作甚至可以通过 APDL 语言实现整个模型的参数化建模和修改,进一步提高了有限元建模自动化的程度。

4.4.2　程序编制流程及主要变量说明

(1) 空间结构连续倒塌计算流程。

目前大部分规范都提供了采用变换路径法进行连续倒塌设计的计算流程,如图 1.14 所示的 GSA 规范中线性静力计算流程和图 1.15 所示的 UFC 规范中非线性静力计算流程。这些计算流程主要针对框架结构,对空间结构并不完全适用。本节通过以上分析,提出图 4.19 所示的空间钢结构连续倒塌模拟计算流程,并以此作为程序编制的流程。

(2) 程序主要变量说明见表 4.2。

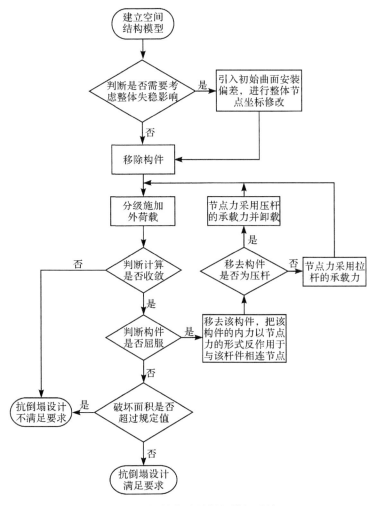

图 4.19　空间钢结构连续倒塌模拟计算流程

表 4.2　程序主要变量说明

变量名	变量说明	变量名	变量说明
E_DEATH	需要去除杆件的编号	E_ALL	模型中所有单元总数
FILE_R	结果存储的文件名	E_NUM	单元编号
E_COUNT	考虑屈服的杆单元总数	E_TENSION	单元拉力极限值
E_LOAD_MAXE	弹性阶段的最大荷载值	E_PRESS	单元压力极限值
E_T	单元的实际受力	N1,N2	屈服杆件对应的节点
E_MAX_NUM	记录第一根屈服的杆件单元编号	E_YN	表示对应杆件的屈服状态,如果屈服,对应受拉或受压的外荷载

4.4.3 算例

采用所编的程序对图 4.20 所示的张弦桁架进行连续倒塌分析。该张弦桁架的跨度为 42m,两侧各悬挑 1m,桁架的两侧支座同高。张弦桁架的上部桁架采用剖面呈倒三角形的空间管桁架,管桁架的高度为 1.4m,跨中撑杆的高度为3.96m,撑杆采用圆钢管,均匀地布置 5 根,下弦索采用的是半平行钢丝束。管桁架的上弦(S1~S12)选用 $\phi194\text{mm}\times8\text{mm}$,下弦(X1~X12)选用 $\phi272\text{mm}\times10\text{mm}$,腹杆(F1~F25)选用 $\phi121\text{mm}\times6\text{mm}$,上弦杆之间的水平直拉杆(Z1~Z13)和斜拉杆(D1~D12)选用 $\phi102\text{mm}\times4\text{mm}$,撑杆(G1~G3)选用 $\phi102\text{mm}\times5\text{mm}$,下弦拉索(C1)采用 $31\phi7\text{mm}$。钢材的弹性模量为 $2\times10^5\text{N/mm}^2$,屈服强度为 210MPa;索的弹性模量为 $1.9\times10^5\text{N/mm}^2$,极限强度为 1670MPa。支座刚度沿跨度向为 $4\times10^4\text{kN/m}$,其余方向为无穷大。荷载作用于上弦节点。

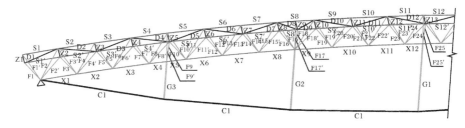

图 4.20 张弦桁架示意图(根据对称性,画出一半)

拉杆采用图 4.16 所示的受拉构件弹塑性应力-应变曲线,$E_p=0.03E$;压杆采用图 4.18 中简化的荷载曲线 C_2,$P_r=0.35P_0$。杆件为 B 类截面,桁架上、下弦和腹杆的几何参数见表 4.3,P_0 根据《钢结构设计规范》(GB 50017—2003)得到。

表 4.3 桁架上、下弦和腹杆的几何参数及承载力 P_0

杆件编号	面积/mm²	回转半径 i/mm	长细比 λ	稳定系数 φ	承载力 P_0/N
X1	8227	92.7	21.70442	0.964	1665473.88
X2	8227	92.7	21.70442	0.964	1665473.88
X3	8227	92.7	21.66127	0.964	1665473.88
X4	8227	92.7	10.39914	0.992	1713848.64
X5	8227	92.7	11.22977	0.991	1712120.97
X6	8227	92.7	21.66127	0.964	1665473.88
X7	8227	92.7	21.57497	0.965	1667201.55
X8	8227	92.7	21.29450	0.966	1668929.22
X9	8227	92.7	21.72600	0.964	1665473.88

续表

杆件编号	面积/mm²	回转半径 i/mm	长细比 λ	稳定系数 φ	承载力 P_0/N
X10	8227	92.7	21.58576	0.965	1667201.55
X11	8227	92.7	21.51025	0.965	1667201.55
X12	8227	92.7	10.72276	0.991	1712120.97
S1	4672	65.8	30.75988	0.933	915384.96
S2	4672	65.8	30.69909	0.933	915384.96
S3	4672	65.8	30.63830	0.933	915384.96
S4	4672	65.8	30.57751	0.933	915384.96
S5	4672	65.8	30.53191	0.933	915384.96
S6	4672	65.8	30.48632	0.933	915384.96
S7	4672	65.8	30.45593	0.933	915384.96
S8	4672	65.8	15.22796	0.983	964440.96
S9	4672	65.8	15.21277	0.983	964440.96
S10	4672	65.8	30.41033	0.934	916366.08
S11	4672	65.8	30.39514	0.934	916366.08
S12	4672	65.8	30.39514	0.934	916366.08
F1	2148	40.4	41.78218	0.891	401912.28
F2	2148	40.4	46.08911	0.874	394243.92
F3	2148	40.4	41.88119	0.891	401912.28
F4	2148	40.4	41.88119	0.891	401912.28
F5	2148	40.4	42.05446	0.891	401912.28
F6	2148	40.4	45.61881	0.874	394243.92
F7	2148	40.4	42.20297	0.891	401912.28
F8	2148	40.4	45.37129	0.877	395597.16
F9	2148	40.4	36.31188	0.914	412287.12
F10	2148	40.4	42.37624	0.891	401912.28
F11	2148	40.4	45.12376	0.877	395597.16
F12	2148	40.4	42.64851	0.889	401010.12

　　采用 AP 法分别利用本程序和 ANSYS 对该桁架进行抗连续倒塌分析,本程序与 ANSYS 的区别是本程序按《钢结构设计规范》(GB 50017—2003)考虑了残余应力、初始偏心和初弯曲等影响。计算结果如图 4.21 所示,图 4.21(a)为本书程序计算结果,图 4.21(b)为 ANSYS 计算结果。

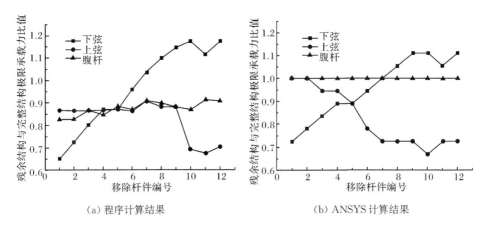

（a）程序计算结果　　　　　　　　（b）ANSYS 计算结果

图 4.21　移除各个杆件后残余结构极限承载力与完整结构的比值

从图 4.21 可以看出,程序计算结果与 ANSYS 计算结果变化趋势一样,计算结果接近,程序计算结果略小于 ANSYS 计算结果,如完整结构的极限承载力本程序计算结果为 27410N,ANSYS 的计算结果为 29085N,其主要原因是本程序按《钢结构设计规范》(GB 50017—2003)考虑了残余应力和初始偏心的影响。采用本程序进行空间结构抗连续倒塌分析不仅计算简单,节省计算时间,而且能够判断构件破坏过程。

4.5　本章小结

通过对空间结构的设计方法与连续倒塌分析方法的比较得出进行连续倒塌分析时不仅要考虑构件的强度和稳定,还要考虑结构整体失稳的影响。当采用非线性有限元软件包括 ANSYS 对空间结构进行连续倒塌分析时,能考虑构件的局部稳定和结构的整体失稳,但不能考虑构件或结构的初始缺陷。杆件的初始缺陷包括杆件初始挠曲、初始偏心和残余应力等,结构的初始缺陷为结构整体节点偏差。本章提出对于杆件的初始缺陷可参考《钢结构设计规范》(GB 50017—2003),采用稳定系数 φ 对受压构件的承载力进行折减;对于结构的整体初始缺陷可采用一致缺陷模态法考虑整体节点偏差。由于并不是所有的空间结构都需要考虑整体初始缺陷,采用弹性支承连续拱模型对张弦结构进行参数化分析,得到张弦结构上弦的矢跨比小于 0.05 时,进行连续倒塌分析可以不用考虑整体初始缺陷;大于 0.05 时,应考虑整体初始缺陷。

由于通用有限元软件不能考虑杆件的初始缺陷和判断构件破坏过程,本章提出杆件单元、杆件荷载-位移曲线、倒塌失效模式、空间结构失效破坏准则等一系列假定,在通用有限元软件 ANSYS 上二次开发程序,模拟空间结构连续倒塌的全过程,提出空间结构抗连续倒塌的计算流程。该程序不仅准确性高,能按我国规范考虑残余应力和初始偏心的影响,而且能判断构件的破坏过程,并使计算简单,节省计算时间。

参 考 文 献

[1] GSA. Progressive Collapse Analysis and Design Guidelines for New Federal Office Buildings and Major Modernization Projects[S]. Washington DC:Office of Chief Architect,2003.

[2] Department of Defense. Design of Buildings to Resist Progressive Collapse UFC 4-023-03 [S]. Washington DC:Department of Defense,2005.

[3] 马军. 板片空间结构体系的缺陷稳定分析研究[D]. 南京:东南大学,1999.

[4] 唐敢. 板片空间结构缺陷稳定分析及试验研究[D]. 南京:东南大学,2005.

[5] Hill C D,Blandford G E,Wang S T. Post-buckling analysis of steel space trusses[J]. Journal of Structural Engineering,1989,115(4):900—919.

[6] 黄为民,赵惠麟. 具有随机几何缺陷的单层网壳结构临界荷载的确定[J]. 空间结构,1994,1(2):26—32.

[7] 蒋友宝,冯健,蒋剑锋,等. 张弦梁结构若干参数对承载性能的影响分析[J]. 工业建筑,2008,38(1):103—105.

[8] 王彬,张国军,王树,等. 三亚市体育中心体育馆大跨弦支穹顶钢结构设计研究[J]. 建筑结构,2009,39(10):67—72.

[9] 葛家琪,张国军,王树,等. 2008 年奥运会羽毛球馆弦支穹顶结构整体稳定性能分析研究[J]. 建筑结构学报,2007,28(6):22—30.

[10] 孟美莉,孙璨,吴兵,等.深圳大运会篮球馆屋盖结构稳定性分析[J]. 钢结构,2010,25(3):28—32.

[11] 吴宏磊,丁洁民,何志军,等.连云港体育馆屋面弦支穹顶结构分析与设计[J]. 建筑结构,2008,38(9):32—36.

[12] 傅学怡,曹禾,张志宏. 济南奥体中心体育馆整体结构分析[J].空间结构,2008,14(4):3—7.

[13] 孔丹丹,丁洁民,何志军. 张弦空间结构的弹塑性极限承载力分析[J]. 土木工程学报,2008,41(8):8—14.

[14] 郭彦林,郭宇飞,窦超. 钢管桁架拱平面内失稳与破坏机理的数值研究[J]. 工程力学,2010,27(11):46—55.

[15] 郭彦林,窦超. 钢拱结构设计理论与我国钢拱结构技术规程[J]. 钢结构,2009,24(5):59—70.

[16] Sharifi P,Popov E P. Nonlinear buckling analysis of sandwich arches[J]. Journal of the Engineering Mechanics Division,1971,97(5):1397—1412.

[17] Zienkiewicz O C. Incremental displacement in nonlinear analysis[J]. International Journal for Numerical Methods in Engineering,1971,3(4):587—592.

[18] Crisfield M A. A fast modified Newton-Raphson iteration[J]. Computer Methods in Applied Mechanics and Engineering,1979,2(3):267—278.

[19] Crisfield M A. A fast incremental/iteration solution procedure that handle snap through [J]. Computers and Structures,1981,13(81):55—62.

[20] Wempner G A. Discrete approximations related to nonlinear theories of solids[J]. International Journal of Solids and Structures,1971,7(11):1581—1599.

[21] Riks E. An incremental approach to the solution of snapping and buckling problems[J]. International Journal of Solids and Structures,1979,15(7):529—551.

[22] Crisfield M A. An arc-length method including line searches and accelerations[J]. International Journal for Numerical Methods in Engineering,1983,19(9):1269—1289.

[23] Ramm E. Strategies for Tracing the Nonlinear Response Near the Limit Points[M]. New York:Springer,1981.

[24] Forde B W R,Stiemer S F. Improved arc length orthogonality methods for nonlinear finite element analysis[J]. Computers and Structures,1987,27(5):625—630.

[25] Powell G H,Simons J. Improved iteration strategy for nonlinear structures[J]. International Journal for Numerical Methods in Engineering,1971,17(10):1455—1467.

[26] Chan S L. Geometric and material non-linear analysis of beam-columns and frames using the minimum residual displacement method[J]. International Journal for Numerical Methods in Engineering,1988,26(12):2657—2669.

[27] Bergan P G,Horrigmoe G,Brakel B,et al. Solutions techniques for non-linear finite element problems[J]. International Journal for Numerical Methods in Engineering,1978,12(11):1677—1696.

[28] Bergan P G. Solutions algorithms for non-linear structural problems[J]. Computers and Structures,1980,12(4):497—509.

[29] El-Sheikh A I,McConnel R E. Experimental study of noncomposite and composite space trusses[J]. Journal of Structural Engineering,1993,119(3):747—766.

[30] Schmidt L C,Morgan P R,Clarkson J A. Space trusses with brittle-type strut buckling[J]. Journal of the Structural Division,1976,102(7):1479—1492.

[31] Schmidt L C,Gregg B M. A method for space truss analysis in the post-buckling range[J]. International Journal for Numerical Methods in Engineering,1980,15(2):237—247.

[32] Madi U R. Idealising the members behaviour in the analysis of pin-jointed spatial structures [C]//Third International Conference on Space Structures,Surrey,1984:462—467.

[33] 蔡荫林,安伟光,陈卫东. 空间桁架结构基于可靠性的优化设计[C]//第六届空间结构学术会议,广州,1992:210—217.

[34] 陈俊岭. 建筑结构二次防御能力评估方法研究[D]. 上海:同济大学,2004.

[35] 王蜂岚. 索拱结构屋盖体系的连续性倒塌分析[D]. 南京:东南大学,2009.

[36] 蔡建国,王蜂岚,冯健,等. 大跨空间结构连续倒塌分析若干问题探讨[J]. 工程力学,2012,29(3):143—149.

第5章 索失效的模拟方法研究

结构连续倒塌的动力响应并不是由结构所承受的动力荷载引起的。事实上，在结构连续倒塌的过程中，结构并没有承受具体的外部动力荷载（构件倒塌坠落的冲击荷载除外）。如果从力的平衡角度，是因为某根杆件由于爆炸、腐蚀等发生脆性破坏后，使得结构发生刚度突变引起剩余结构发生振动；如果从能量的角度，可看成失效构件在失效前对残余结构做功，使得残余结构产生弹性应变能，当该构件失效后，弹性应变能将释放，使得残余结构发生振动。这是连续倒塌的动力计算与常规动力计算的本质区别。因此，杆件的失效模拟是空间结构连续倒塌仿真分析的研究重点。

张弦结构是由上弦刚性结构和下弦柔性结构（索）通过撑杆连接而成的组合结构。其中上弦刚性构件和撑杆的失效模拟与常规的框架构件失效一致，即移除该杆件，采用等效荷载代替，残余结构在外荷载和等效荷载作用下保持平衡状态，对该残余结构进行等效荷载在很短的时间内变为零的瞬态动力时程分析。

而对于下弦拉索，与刚性构件不同，只能受拉，不能受压，且撑杆与上弦和索的连接均为铰接。当拉索的任一截面失效时，拉索将迅速释放应变能，整个拉索完全失效，拉索的失效又将导致所有撑杆跟着转动而失效。因此当拉索任一截面失效时，张弦结构将变成一个机构。故本书将采用预应力等效荷载法模拟张弦结构的拉索失效，即移除索和撑杆，把索和撑杆的反力作用于上弦，对上弦进行该等效荷载在很短的时间内变为零的瞬态动力时程分析。这样做是否合理，计算结果是否安全，本章从张弦结构的弹性应变能和竖向刚度的推导出发，结合显式动力分析方法进行研究。

5.1 采用预应力等效荷载法模拟张弦结构索失效存在的问题

5.1.1 杆件的弹性应变能

张弦结构中索失效导致残余结构的振动可看成索在失效前对残余结构做功，使得残余结构产生弹性应变能，当索失效时，残余结构中的弹性应变能将释放，从而发生振动。这与力的平衡角度是一致的。但是，索自身也蕴藏着弹性势能，当索突然断裂时，也将释放弹性应变能，这部分弹性应变能是否会对残余结构有冲击作用,等效荷载法是无法考虑的。如图 5.1 所示,两个截面分别为 A_1 和 A_2 的杆件承受相同的轴力 F 作用,杆件中的应力为

$$\begin{cases} \sigma_1 = \dfrac{F}{A_1} \\[2mm] \sigma_2 = \dfrac{F}{A_2} \end{cases} \tag{5-1}$$

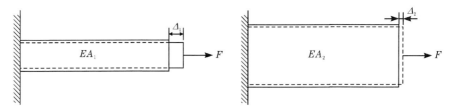

图 5.1　杆件受力计算简图

假定杆件的弹性模量均为 E,则其应变为

$$\begin{cases} \varepsilon_1 = \dfrac{\sigma_1}{E} = \dfrac{F}{EA_1} \\[2mm] \varepsilon_2 = \dfrac{\sigma_2}{E} = \dfrac{F}{EA_2} \end{cases} \tag{5-2}$$

从而可以得到杆件内单位体积的应变能为

$$\begin{cases} w_1 = \dfrac{1}{2}\sigma_1\varepsilon_1 = \dfrac{1}{2}\dfrac{\sigma_1^2}{E} = \dfrac{1}{2}\dfrac{F^2}{EA_1^2} \\[2mm] w_2 = \dfrac{1}{2}\sigma_2\varepsilon_2 = \dfrac{1}{2}\dfrac{\sigma_2^2}{E} = \dfrac{1}{2}\dfrac{F^2}{EA_2^2} \end{cases} \tag{5-3}$$

由式(5-3)可以看出两个截面不同杆件单位体积应变能的比值为

$$\frac{w_1}{w_2} = \frac{A_2^2}{A_1^2} \tag{5-4}$$

从式(5-3)和式(5-4)可以看出,在相同荷载作用下,构件的截面越小,应力越大,构件中蕴藏的弹性势能越大,构件破坏时释放的势能也越大。由于索的设计强度为普通钢材的 $2\sim3$ 倍,再加上对拉索施加一定的预应力,一般拉索的截面仅为刚性杆截面的 $1/3\sim1/5$,所以其在相同轴力下的单位体积应变能为刚性构件的 $9\sim25$ 倍。因此,当采用预应力等效荷载法模拟拉索失效时,可能会低估拉索对结构的破坏力。

5.1.2　刚度变化的影响

等效荷载法是采用失效构件的等效荷载代替失效构件,即假定瞬态动力时程分析的初始时刻是与完整结构等效的。然而,由于等效荷载是恒定的,而失效构

件作为完整结构的一部分,是对完整结构的刚度有贡献的。由于结构的几何非线性和应力刚化的影响,失效构件随着应力和变形的增加,其刚度也随之变化。由于等效荷载保持恒定,采用等效荷载法不能考虑结构的刚度变化。

如图 5.2 所示的框架结构,跨中竖向刚度主要由梁和中柱决定,在均布荷载 q 作用下,梁将发生变形,如图 5.2(a)中虚线所示。相应地,中柱也将发生相同的变形。当中柱发生压缩变形后,柱的高度和截面都将发生变化,柱的刚度也随之变化。因此,均布荷载 q 作用过程中,由于中柱刚度的变化,整个框架结构的刚度也在变化。然而,当采用等效荷载代替中柱时,如图 5.2(b)所示,由于力 F 是最终状态的反力且保持恒定,因此,该集中力将放大结构的刚度,从而导致结构初始变形变小,降低了结构的动力响应。结构的刚度越小,几何非线性和应力刚化的影响越明显,采用等效荷载法产生的误差就越大,反之,则误差越小。而几何非线性和应力刚化又与结构刚度有关,一般来说,结构刚度越大,荷载作用下位移越小,几何非线性和应力刚化的影响越小。

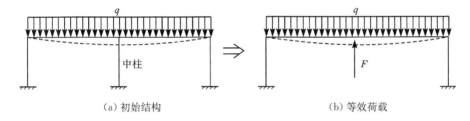

（a）初始结构　　　　　　　　　　　　　（b）等效荷载

图 5.2　框架结构受力简图

对于框架结构和普通空间结构的失效构件,忽略这两个方面的影响对计算结果的影响均不大,一是失效构件的单位弹性应变能较小;二是结构的几何非线性不明显,或单根构件对整个结构的刚度贡献不是很大。由于拉索的力学特性不同于一般构件,具有高应力、只能受拉不能受压等特点,且作为张弦结构的下弦,贯穿于整个张弦结构,影响到张弦结构的所有构件。因此,采用预应力等效荷载法模拟索失效时,这两个方面的影响是否可以忽略,值得进一步研究。本章首先采用基于 Rayleigh-Ritz 法对张弦结构的变形和内力进行分析,探讨张弦结构中拉索的弹性应变能和整体刚度。

5.2　张弦结构拉索的应变能和整体刚度推导

要得到预应力张弦结构拉索的应变能和整体刚度,首先应进行结构的变形和内力分析,得到结构的平衡微分方程。预应力张弦结构与普通桁架结构不同的是,下弦拉索需通过千斤顶张拉施加预应力保证结构成形。因此,在张弦结构受外荷载之前,张弦结构的形状已发生变化,与设计图纸所示的模型并不一致,包括节点的竖向和横向坐标都与设计图纸所示的初始结构不同。而且,张拉下弦拉索施加预应力的过程中,将对张弦结构的上、下弦产生弹性应变能,故成形后的张弦结构的刚度也发生了变化,不同于图纸所示的初始模型。因此,预应力张弦结构的变形和内力分析应该在张拉完成后的模型上进行,应包含张拉和加载两个阶段。故要得到结构的平衡微分方程及其解析解非常复杂。苏旭霖等[1]采用瑞利-里兹法对圆弧线张弦结构进行分析,推导了荷载态与张拉状态下的结构变形与内力的计算公式,并通过模型试验与基于 ANSYS 的有限元分析对该公式进行了验证。考虑到抛物线张弦结构在工程中也较为常见,本章采用 Rayleigh-Ritz 法对张拉完成的预应力抛物线张弦结构进行分析,推导拉索的弹性应变能和张弦结构的整体刚度。

5.2.1　基本思路与假定

Rayleigh-Ritz 法是变分问题的一种较为成熟的直接解法,其基本思想是将位移函数假定为某种级数形式:

$$w(x) = \sum_{i=1}^{n} w_i \psi_i(x), \quad u(x) = \sum_{i=1}^{n} u_i \varphi_i(x) \tag{5-5}$$

式中,$\psi_i(x)$ 和 $\varphi_i(x)$ 为满足几何边界条件的函数组,$\psi_i(x)$ 和 $\varphi_i(x)$ 称为基函数;w_i 和 u_i 为待定系数。将结构的势能表示为待定系数 w_i 和 u_i 的函数 $\prod(w_1, w_2, \cdots, w_n, u_1, u_2, \cdots, u_n)$。由势能驻值原理,得到方程组:

$$\frac{\partial \prod}{\partial w_i} = 0, \quad \frac{\partial \prod}{\partial u_i} = 0, \quad i = 1, 2, \cdots, n \tag{5-6}$$

求解此方程组即可推出结构的变形与内力。

预应力张弦结构由上弦压弯构件、撑杆以及下弦拉索组成,如图 5.3 所示。本节的理论推导基于以下基本假定。

(1) 材料符合胡克定律。

(2) 撑杆连续分布,且撑杆始终保持竖直。

(3) 上弦的曲率半径大于上弦截面高度的 10 倍,计算中不考虑上弦的剪切效应。

(4) 下弦钢索为理想柔性,不能受压,也不能受弯。

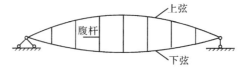

图 5.3　张弦结构示意图

需要指出,本节的理论推导对于钢索的大垂度和小垂度情况均是适用的。内力、位移与荷载的符号假定如下:上弦与下弦的轴力以受拉为正,上弦弯矩以变形凸向下为正,竖向位移以向上为正,水平位移以向右为正,荷载以向上为正。

5.2.2　单元的应变能

1) 单元的拉压应变能

考察如图 5.4 所示的一个处于自由状态的微段 AB,在 x 轴和 y 轴的投影长度分别为 $\mathrm{d}x$ 和 $\mathrm{d}y$。微段初始长度为

$$\mathrm{d}s_0 = \sqrt{(\mathrm{d}x)^2 + (\mathrm{d}y)^2} \tag{5-7}$$

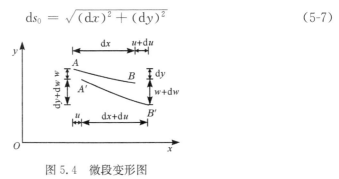

图 5.4　微段变形图

微段受力发生变形后,A 点的竖向位移和水平位移分别为 w 和 u,B 点的竖向位移和水平位移分别为 $w+\mathrm{d}w$ 和 $u+\mathrm{d}u$,微段的长度变为

$$\mathrm{d}s = \sqrt{(\mathrm{d}x + \mathrm{d}u)^2 + (\mathrm{d}y + \mathrm{d}w)^2} \tag{5-8}$$

轴向应变为

$$
\begin{aligned}
\varepsilon &= \frac{\mathrm{d}s - \mathrm{d}s_0}{\mathrm{d}s_0} = \frac{\sqrt{(\mathrm{d}x + \mathrm{d}u)^2 + (\mathrm{d}y + \mathrm{d}w)^2} - \sqrt{(\mathrm{d}x)^2 + (\mathrm{d}y)^2}}{\sqrt{(\mathrm{d}x)^2 + (\mathrm{d}y)^2}} \\
&= \frac{1}{\sqrt{1 + \left(\dfrac{\mathrm{d}y}{\mathrm{d}x}\right)^2}} \left[\sqrt{1 + 2\frac{\mathrm{d}u}{\mathrm{d}x} + \left(\frac{\mathrm{d}u}{\mathrm{d}x}\right)^2 + \left(\frac{\mathrm{d}y}{\mathrm{d}x}\right)^2 + 2\frac{\mathrm{d}y}{\mathrm{d}x}\frac{\mathrm{d}w}{\mathrm{d}x} + \left(\frac{\mathrm{d}w}{\mathrm{d}x}\right)^2} \right. \\
&\qquad \left. - \sqrt{1 + \left(\frac{\mathrm{d}y}{\mathrm{d}x}\right)^2} \right]
\end{aligned}
\tag{5-9}
$$

将式(5-9)中的根号展开,并略去高阶项,得

$$\varepsilon = \frac{1}{\sqrt{1 + \left(\dfrac{\mathrm{d}y}{\mathrm{d}x}\right)^2}} \left[\frac{\mathrm{d}u}{\mathrm{d}x} + \frac{\mathrm{d}y}{\mathrm{d}x}\frac{\mathrm{d}w}{\mathrm{d}x} + \frac{1}{2}\left(\frac{\mathrm{d}w}{\mathrm{d}x}\right)^2 \right] \tag{5-10}$$

该微段的轴力为

$$N = EA\varepsilon \tag{5-11}$$

令

$$N = H\sec\theta, \quad \mathrm{d}s = \sec\theta\mathrm{d}x \tag{5-12}$$

式中，H 为轴力 N 的水平分量；$\sec\theta = \sqrt{1 + \left(\dfrac{\mathrm{d}y}{\mathrm{d}x}\right)^2}$。

单元的拉压应变能为

$$U_N = \frac{1}{2}\int N\epsilon\,\mathrm{d}s = \frac{1}{2}\int \Delta H\epsilon\,\sec^2\theta\mathrm{d}x \tag{5-13}$$

2）单元的弯曲应变能

$$U_M = \frac{1}{2}\int EI\left(\frac{\mathrm{d}^2w}{\mathrm{d}x^2}\right)^2\mathrm{d}x \tag{5-14}$$

式中，EI 为上弦截面的抗弯刚度。

5.2.3　预应力张弦结构的变形与内力分析

结合预应力张弦结构的变形过程，张弦结构的受力状态可分为两个阶段：张拉阶段和外荷载作用阶段。这两个阶段都会使得结构变形，索力增加。相应地，索中的应力可分为主动拉应力和被动拉应力两部分，即

$$H_0 = H_g + H_p \tag{5-15}$$

式中，H_0 为索中总拉力；H_p 为张拉过程中产生的钢索主动拉力；H_g 为外荷载作用下产生的钢索被动拉力，不包括千斤顶的张拉力。

本节首先对千斤顶张拉 H_p 产生的变形与内力进行分析，然后对外荷载产生的变形与内力进行推导。

1）张拉状态的变形与内力分析

将上弦分离出来作为研究对象，而将下弦钢索的拉力 $H(H=H_p)$ 与撑杆的支撑力视为外力。其中，撑杆的支撑力可简化为一个向上的均布荷载 $q=2H\sin\theta_{B0}/L$，θ_{B0} 为 H 与水平方向的夹角。计算简图如图 5.5 所示。

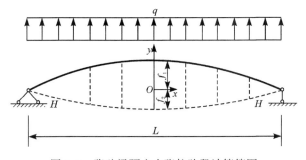

图 5.5　张弦梁预应力张拉阶段计算简图

以图 5.5 所示的均布荷载 q 作用下的张弦结构为研究对象。上弦与下弦的初始态均为抛物线，即

上弦：

$$y = -\frac{4f_1}{L^2}x^2 + f_1 \qquad (5-16)$$

下弦：

$$y = \frac{4f_2}{L^2}x^2 - f_2 \qquad (5-17)$$

由对称性,将张弦结构在坐标原点的水平位移视为 0,于是张弦结构的基函数可表示为如下的傅里叶级数：

$$w = \sum w_n \cos\frac{n\pi x}{L}, \quad u = \sum u_n \sin\frac{n\pi x}{L}, \quad n = 1,3,5,\cdots \qquad (5-18)$$

基函数仍近似地取为单参量的形式：

$$w = w_1 \cos\frac{\pi x}{L}, \quad w = u_1 \sin\frac{\pi x}{L} \qquad (5-19)$$

首先推导上弦的应变能。

由 5.2.1 节的假定(2),撑杆在受力过程中始终保持竖直,因此上弦各段轴力的水平分力 H 相等,于是,有

$$H = \frac{1}{L}\int_{-\frac{L}{2}}^{\frac{L}{2}} H\mathrm{d}x = \int_{-\frac{L}{2}}^{\frac{L}{2}} \frac{E_2 A_2 \varepsilon_2}{L} \frac{1}{\sqrt{1 + \left(\dfrac{\mathrm{d}y}{\mathrm{d}x}\right)^2}}\mathrm{d}x$$

$$= \frac{E_2 A_2}{L}\int_{-\frac{L}{2}}^{\frac{L}{2}} \frac{1}{1 + \left(\dfrac{\mathrm{d}y}{\mathrm{d}x}\right)^2}\left[\frac{\mathrm{d}u}{\mathrm{d}x} + \frac{\mathrm{d}y}{\mathrm{d}x}\frac{\mathrm{d}w}{\mathrm{d}x} + \frac{1}{2}\left(\frac{\mathrm{d}w}{\mathrm{d}x}\right)^2\right]\mathrm{d}x$$

式中

$$\frac{\mathrm{d}y}{\mathrm{d}x} = -\frac{8f_1}{L^2}x, \quad \frac{\mathrm{d}u}{\mathrm{d}x} = \frac{\pi u_1}{L}\cos\frac{\pi x}{L}, \quad \frac{\mathrm{d}w}{\mathrm{d}x} = -\frac{\pi w_1}{L}\sin\frac{\pi x}{L}$$

则

$$H = \frac{E_2 A_2}{L}\int_{-\frac{L}{2}}^{\frac{L}{2}} \frac{1}{1 + \left(-\dfrac{8f_1}{L^2}x\right)^2}\left[\frac{\pi u_1}{L}\cos\frac{\pi x}{L} + \left(-\frac{8f_1}{L^2}\right)x\left(-\frac{\pi w_1}{L}\sin\frac{\pi x}{L}\right)\right.$$

$$\left. + \frac{1}{2}\left(\frac{\pi w_1}{L}\sin\frac{\pi x}{L}\right)^2\right]\mathrm{d}x$$

$$= \frac{2E_2 A_2}{L}\left[\int_0^{\frac{L}{2}} \frac{1}{1 + (ax)^2}\frac{\pi u_1}{L}\cos\frac{\pi x}{L}\mathrm{d}x\right.$$

$$+ \int_0^{\frac{L}{2}} \frac{1}{1 + (ax)^2}ax\left(-\frac{\pi w_1}{L}\sin\frac{\pi x}{L}\right)\mathrm{d}x$$

$$\left. + \int_0^{\frac{L}{2}} \frac{1}{1 + (ax)^2}\frac{1}{2}\left(\frac{\pi w_1}{L}\sin\frac{\pi x}{L}\right)^2\mathrm{d}x\right]$$

$$(5-20)$$

式中，令 $-\dfrac{8f_1}{L^2}=a$。

式(5-20)为混合积分，直接计算较复杂，可利用泰勒级数进行如下简化。

(1) 将 $\cos\dfrac{\pi x}{L}$ 与 $\sin^2\dfrac{\pi x}{L}$ 分别展开为 $1-\dfrac{\pi^2 x^2}{2L^2}+\dfrac{\pi^4 x^4}{24L^4}$ 与 $\left(\dfrac{\pi x}{L}-\dfrac{\pi^3 x^3}{6L^3}\right)^2$。

(2) 将 $\left[1+\left(\dfrac{dy}{dx}\right)^2\right]^{-1}$ 展开为 $1-(ax)^2+(ax)^4$。

经过积分运算可得

$$H=J_1 u_1+J_2 w_1+J_3 w_1^2 \tag{5-21}$$

式中

$$J_1=\frac{2E_1A_1}{L}\left[1-a^2\left(\frac{L^2}{4}-\frac{2L^2}{\pi^2}\right)+a^4\left(\frac{L^4}{16}-\frac{3L^4}{\pi^2}+\frac{24L^4}{\pi^4}\right)\right]$$

$$J_2=-\frac{2E_1A_1 b}{L}\left[1-a^2\left(\frac{3L^3}{4\pi}-\frac{6L^3}{\pi^2}\right)+a^4\left(\frac{5L^5}{16}-\frac{15L^5}{\pi^2}+\frac{120L^5}{\pi^4}\right)\right]$$

$$J_3=\frac{\pi^2 E_1A_1}{2L^3}\left[\frac{L}{2}-a^2\left(\frac{L^3}{24}+\frac{L^3}{4\pi^2}\right)+a^4\left(\frac{L^5}{160}+\frac{L^5}{8\pi^2}-\frac{3L^5}{4\pi^4}\right)\right]$$

于是，上弦的轴向应变能为

$$\begin{aligned}
U_{1N}&=\frac{1}{2}H\int_{-\frac{L}{2}}^{\frac{L}{2}}\varepsilon_2\sec^2\theta dx H\\
&=\frac{1}{2}H\int_{-\frac{L}{2}}^{\frac{L}{2}}\frac{1}{\sqrt{1+\left(\frac{dy}{dx}\right)^2}}\left[\frac{du}{dx}+\frac{dy}{dx}\frac{dw}{dx}+\frac{1}{2}\left(\frac{dw}{dx}\right)^2\right]\left[1+\left(\frac{dy}{dx}\right)^2\right]dx\\
&=\frac{1}{2}H\int_{-\frac{L}{2}}^{\frac{L}{2}}\sqrt{1+(ax)^2}\left[\frac{\pi u_1}{L}\cos\frac{\pi x}{L}dx+ax\left(-\frac{\pi w_1}{L}\sin\frac{\pi x}{L}\right)+\frac{1}{2}\left(\frac{\pi w_1}{L}\sin\frac{\pi x}{L}\right)^2\right]\\
&=\frac{1}{2}H(J_1'u_1+J_2'w_1+J_3'w_1^2)
\end{aligned} \tag{5-22}$$

经过泰勒级数展开、积分运算并整理后得

$$U_{1N}=\frac{1}{2}(J_1u_1+J_2w_1+J_3w_1^2)(J_1'u_1+J_2'w_1+J_3'w_1^2) \tag{5-23}$$

式中

$$J_1'=2+a^2\left(\frac{L^2}{4}-\frac{2L^2}{\pi^2}\right)-\frac{1}{4}a^4\left(\frac{L^4}{16}-\frac{3L^4}{\pi^2}+\frac{24L^4}{\pi^4}\right)$$

$$J_2'=-2a+3a^3\left(\frac{L^3}{4\pi}+\frac{2L^3}{\pi^2}\right)+\frac{5}{4}a^4\left(\frac{L^5}{16}-\frac{3L^5}{\pi^2}+\frac{24L^5}{\pi^4}\right)$$

$$J_3'=\frac{\pi^2}{2L^2}\left[\frac{L}{2}+\frac{1}{8}a^2\left(\frac{L^3}{6}+\frac{L^3}{\pi^2}\right)+\frac{1}{32}a^4\left(-\frac{L^5}{40}-\frac{L^5}{2\pi^2}+\frac{3L^5}{\pi^4}\right)\right]$$

上弦的弯曲应变能为

$$U_{1M} = \frac{1}{2} \int_{-\frac{L}{2}}^{\frac{L}{2}} E_1 I_1 \left(\frac{\mathrm{d}^2 w}{\mathrm{d} x^2} \right)^2 \mathrm{d} x = \frac{\pi^4 E_1 I_1 w_1^2}{4L^3} \tag{5-24}$$

所以上弦的应变能为

$$U_1 = U_{1N} + U_{1M}$$
$$= \frac{1}{2} (J_1 u_1 + J_2 w_1 + J_3 w_1^2)(J_1' u_1 + J_2' w_1 + J_3' w_1^2) + \frac{\pi^4 E_1 I_1 w_1^2}{4L^3} \tag{5-25}$$

外力所做的功为

$$W = 2H u_1 \cos\theta_{B0} + \int_{-\frac{L}{2}}^{\frac{L}{2}} q w \, \mathrm{d} x$$
$$= 2H u_1 \cos\theta_{B0} + q w_1 \int_{-\frac{L}{2}}^{\frac{L}{2}} \cos\frac{\pi x}{L} \mathrm{d} x \tag{5-26}$$
$$= 2H u_1 \cos\theta_{B0} + \frac{2 q w_1 L}{\pi}$$

所以上弦的总势能为

$$\Pi = U_1 - W = \frac{1}{2} (J_1 u_1 + J_2 w_1 + J_3 w_1^2)(J_1' u_1 + J_2' w_1 + J_3' w_1^2)$$
$$+ \frac{\pi^4 E_1 I_1 w_1^2}{4L^3} - 2H u_1 \cos\theta_{B0} - \frac{2 q w_1 L}{\pi} \tag{5-27}$$

由势能驻值原理：$\dfrac{\partial \Pi}{\partial w_1} = 0, \dfrac{\partial \Pi}{\partial u_1} = 0$，得

$$\begin{cases} h_1 u_1 + h_2 w_1 + h_3 u_1 w_1 + h_4 w_1^2 + h_5 w_1^3 = h_6 \\ h_7 u_1 + h_8 w_1 + h_9 w_1^2 = h_{10} \end{cases} \tag{5-28}$$

式中

$$h_1 = h_8 = \frac{1}{2} J_1 J_2' + \frac{1}{2} J_2 J_1', \quad h_2 = J_2 J_2' + \frac{\pi^4 E_1 I_1}{2L^3}$$

$$h_3 = 2h_9 = J_1 J_3' + J_3 J_1', \quad h_4 = \frac{3}{2} (J_2 J_3' + J_3 J_2')$$

$$h_5 = 2 J_3 J_3', \quad h_6 = \frac{2qL}{\pi} = \frac{4H \sin\theta_{B0}}{\pi}$$

$$h_7 = J_1 J_1', \quad h_{10} = 2H \cos\theta_{B0}$$

由式(5-28)的第二式消去 u_1，并略去非线性项，得

$$\begin{cases} w_1 = EH \\ u_1 = \left(\dfrac{\cos\theta_{B0}}{h_7} - \dfrac{h_8}{h_7} E \right) H \end{cases} \tag{5-29}$$

式中，E 为张弦结构的等效竖向刚度。

$$E = \frac{\dfrac{4\sin\theta_{B0}}{\pi} - \dfrac{h_1\cos\theta_{B0}}{h_7}}{-\dfrac{h_1 h_8}{h_7} + h_2 + \dfrac{h_1 h_3}{h_7}}$$

2）荷载状态的变形与内力分析

计算简图如图 5.6 所示，为了计算方便，将均布荷载作用下张弦结构的位移近似地取为单参数的基函数：

$$w = w_{10}\cos\frac{\pi x}{L}, \quad u = u_{10}\sin\frac{\pi x}{L} \tag{5-30}$$

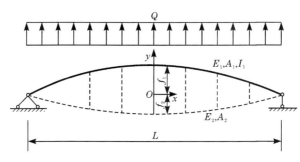

图 5.6　张弦梁荷载态计算简图

下弦索中的应变能为

$$U_2 = \frac{1}{2}(K_1 u_{10} + K_2 w_{10} + K_3 w_{10}^2)(K_1' u_{10} + K_2' w_{10} + K_3' w_{10}^2) \tag{5-31}$$

式中

$$K_1 = \frac{2E_2 A_2}{L}\left[1 - b^2\left(\frac{L^2}{4} - \frac{2L^2}{\pi^2}\right) + b^4\left(\frac{L^4}{16} - \frac{3L^4}{\pi^2} + \frac{24L^4}{\pi^4}\right)\right]$$

$$K_2 = -\frac{2E_2 A_2 b}{L}\left[1 - b^2\left(\frac{3L^3}{4\pi} - \frac{6L^3}{\pi^2}\right) + b^4\left(\frac{5L^5}{16} - \frac{15L^5}{\pi^2} + \frac{120L^5}{\pi^4}\right)\right]$$

$$K_3 = \frac{\pi^2 E_2 A_2}{2L^3}\left[\frac{L}{2} - b^2\left(\frac{L^3}{24} + \frac{L^3}{4\pi^2}\right) + b^4\left(\frac{L^5}{160} + \frac{L^5}{8\pi^2} - \frac{3L^5}{4\pi^4}\right)\right]$$

$$K_1' = 2 + b^2\left(\frac{L^2}{4} - \frac{2L^2}{\pi^2}\right) - \frac{1}{4}b^4\left(\frac{L^4}{16} - \frac{3L^4}{\pi^2} + \frac{24L^4}{\pi^4}\right)$$

$$K_2' = -2b + 3b^3\left(\frac{L^3}{4\pi} + \frac{2L^3}{\pi^2}\right) + \frac{5}{4}b^4\left(\frac{L^5}{16} - \frac{3L^5}{\pi^2} + \frac{24L^5}{\pi^4}\right)$$

$$K_3' = \frac{\pi^2}{2L^2}\left[\frac{L}{2} + \frac{1}{8}b^2\left(\frac{L^3}{6} + \frac{L^3}{\pi^2}\right) + \frac{1}{32}b^4\left(-\frac{L^5}{40} - \frac{L^5}{2\pi^2} + \frac{3L^5}{\pi^4}\right)\right]$$

如同上弦：$\dfrac{\mathrm{d}y}{\mathrm{d}x} = \dfrac{8f_2}{L^2}x$，令 $\dfrac{8f_2}{L^2}x = bx$。

外力做功为

$$W_Q = \int_{-\frac{L}{2}}^{\frac{L}{2}} Qw\,\mathrm{d}x = Qw_{10}\int_{-\frac{L}{2}}^{\frac{L}{2}} \cos\frac{\pi x}{L}\,\mathrm{d}x = \frac{2Qw_{10}L}{\pi}$$

又因为

$$H = H_0$$

所以预应力张弦结构的总势能为：

$$\Pi = U_{1N} + U_{1M} + U_2 - W_Q$$

$$= \frac{1}{2}(J_1 u_{10} + J_2 w_{10} + J_3 w_{10}^2)(J'_1 u_{10} + J'_2 w_{10} + J'_3 w_{10}^2) + \frac{\pi^4 E_1 I_1 w_{10}^2}{4L^3}$$

$$+ \frac{1}{2}(K_1 u_{10} + K_2 w_{10} + K_3 w_{10}^2)(K'_1 u_{10} + K'_2 w_{10} + K'_3 w_{10}^2) - \frac{2Qw_{10}L}{\pi}$$

$$(5\text{-}32)$$

式中，J_1、J_2、J_3、J'_1、J'_2、J'_3 取值与式(5-23)中相同。

由势能驻值原理：$\dfrac{\partial \Pi}{\partial w_{10}} = 0$，$\dfrac{\partial \Pi}{\partial u_{10}} = 0$，得

$$\begin{cases} h_{10} u_{10} + h_{20} w_{10} + h_{30} u_{10} w_{10} + h_{40} w_{10}^2 + h_{50} w_{10}^3 = h_{60} \\ h_{70} u_{10} + h_{80} w_{10} + h_{90} w_{10}^2 = 0 \end{cases} \qquad (5\text{-}33)$$

式中

$$h_{10} = h_{80} = \frac{1}{2} J_1 J'_2 + \frac{1}{2} J_2 J'_1 + \frac{1}{2} K_1 K'_2 + \frac{1}{2} K_2 K'_1$$

$$h_{20} = J_2 J'_2 + \frac{\pi^4 E_1 I_1 w_1^2}{2L^3} + \frac{1}{2} K_2 K'_2$$

$$h_{30} = 2h_9 = J_1 J'_3 + J_3 J'_1 + K_1 K'_3 + K_3 K'_1$$

$$h_{40} = \frac{3}{2}(J_2 J'_3 + J_3 J'_2 + K_2 K'_3 + K_3 K'_2)$$

$$h_{50} = 2(J_3 J'_3 + K_3 K'_3)$$

$$h_{60} = \frac{2QL}{\pi}, \quad h_{70} = J_1 J'_1 + K_1 K'_1$$

由式(5-33)中的第二式消去 u_{10}，得

$$\left(h_{50} - \frac{h_{30} h_{90}}{h_{70}}\right) w_{10}^3 + \left(-\frac{h_{10} h_{90}}{h_{70}} - \frac{h_{30} h_{80}}{h_{70}} + h_{40}\right) w_{10}^2 + \left(-\frac{h_{10} h_{80}}{h_{70}} + h_{20}\right) w_{10} - h_{60} = 0$$

$$(5\text{-}34)$$

当 w_{10} 足够小时，式(5-34)中的平方项和立方项可作为高阶微量略去。事实上，在小荷载作用的情况下，张弦梁的挠度 w_{10} 和 u_{10} 与荷载均成正比。于是

$$\begin{cases} w_{10} = E_0 Q \\ u_{10} = -\dfrac{h_{80}}{h_{70}} w_{10} = -\dfrac{h_{80}}{h_{70}} E_0 Q \end{cases} \qquad (5\text{-}35)$$

式中，E_0 为张弦结构的等效竖向刚度。

$$E_0 = \frac{2L}{\pi\left(h_{20}-\dfrac{h_{10}h_{80}}{h_{70}}\right)}$$

将式(5-29)代入式(5-16)和式(5-8)，可得到上弦轴力 N_1 与下弦轴力 N_2：

$$\begin{cases} N_1 = (J_1 u_{10}+J_2 w_{10}+J_3 w_{10}^2)\sec\theta = (J_1 u_{10}+J_2 w_{10}+J_3 w_{10}^2)\sqrt{1+\left(-\dfrac{8f_1}{L^2}x\right)^2} \\[3mm] N_2 = (K_1 u_{10}+K_2 w_{10}+K_3 w_{10}^2)\sec\theta = (K_1 u_1+K_2 w_1+K_3 w_{10}^2)\sqrt{1+\left(\dfrac{8f_2}{L^2}x\right)^2} \end{cases}$$

$$(5\text{-}36)$$

上弦弯矩为

$$M = E_0 I\frac{\mathrm{d}^2 w}{\mathrm{d}x^2} = -\frac{\pi^2 EI w_{10}}{L^2}\cos\frac{\pi x}{L} \qquad (5\text{-}37)$$

3) 分析结论

由以上张弦结构索的弹性应变能和结构竖向刚度的推导可以得出如下结论。

(1) 拉索的弹性应变能与索应变成二次方关系，索中应力越高，蕴藏的弹性应变能就越大。由于拉索贯穿于整个张弦结构，只能受拉，不能受压，拉索的任一截面失效都会导致拉索中的应变能在短时间内迅速释放。因此，当拉索释放弹性应变能时，可能会对上弦结构有冲击作用，加速残余结构的破坏。

(2) 张弦结构的整体竖向刚度与上、下弦的矢高成二次方关系，由于张弦结构矢高较大，整体刚度较大，所以几何非线性和应力刚化的影响较小。

5.2.4　算例分析

如图 5.7 所示的单榀张弦桁架，跨度为 42m，两侧各悬挑 1m，桁架的两侧支座同高，上部桁架采用剖面呈倒三角形的空间管桁架，高度为 1.4m，跨中撑杆的高度为 3.96m，撑杆采用圆钢管，均匀地布置 5 根，下弦索采用的是半平行钢丝束。管桁架的上弦选用 $\phi194\text{mm}\times8\text{mm}$，下弦选用 $\phi272\text{mm}\times10\text{mm}$，撑杆选用 $\phi121\text{mm}\times6\text{mm}$，上弦杆之间的水平直拉杆和斜拉杆选用 $\phi102\text{mm}\times4\text{mm}$，撑杆选用 $\phi102\text{mm}\times5\text{mm}$，索采用 $31\phi7\text{mm}$。钢材的弹性模量为 $2\times10^5\text{ N/mm}^2$，屈服强度为 210MPa。索的弹性模量为 $1.8\times10^5\text{ N/mm}^2$，极限强度为 1670MPa。支座刚度沿跨度向为 $4\times10^4\text{ kN/m}$，其余方向为无穷大。

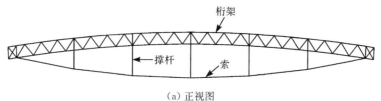

(a) 正视图

(b) 轴测图

图 5.7　计算模型示意图

荷载为恒载 (1.5kN/m^2) 与活载 (0.5kN/m^2) 组合,以节点力的形式作用于上弦节点。在标准组合下节点力为 16kN,上弦桁架的最大应力比为 0.5,索的应力为 488MPa,位移为跨度的 1/590;在设计组合下节点为 20.2kN,上弦桁架的最大应力比为 0.7,索的应力为 557MPa,位移为跨度的 1/400,均满足设计要求。

1) 索中的弹性应变能

对于图 5.7 所示的计算模型,如果下弦不采用预应力拉索,采用普通圆钢管,要保证结构在标准荷载作用下相同的竖向位移,圆钢管的截面将是拉索截面的 4 倍,而圆钢管的应力是拉索的 1/4。因为荷载相同,位移相同,下弦的拉力是相等的。因此,拉索中的单位弹性应变能是圆钢管的 16 倍,总的弹性应变能是圆钢管的 4 倍。因此,拉索破坏的冲击力将远远大于圆钢管。

2) 几何非线性和应力刚化对刚度的影响

对于图 5.7 所示的计算模型,如果采用预应力等效荷载代替拉索,即去掉撑杆和拉索,在相应的节点处以等效荷载代替。由于几何非线性和应力刚化的影响,在相同标准荷载作用下,采用预应力等效荷载法模拟索失效的计算模型的跨中竖向静力位移为原结构的 99.6%。由此可见,几何非线性和应力刚化对张弦结构刚度的影响并不大。

由算例计算结果进一步证明,由于几何非线性和应力刚化影响较小,张弦结构索失效能否采用预应力等效荷载法进行模拟,主要取决于索破坏时释放的弹性应变能对结构的冲击力大小。本章采用显式动力计算方法对图 5.7 所示的张弦结构进行进一步分析。

5.3　索失效的显式动力模拟方法

显式分析特别适合求解冲击、爆炸、倒塌等高速动力学问题,因为处理这些问题,隐式动力分析收敛比较困难。同时,显式分析不检查收敛性,因此对于结构响应的准确性没有一个硬性指标。而普通的建筑结构设计领域对结构响应的准确性有较高的要求,且涉及的动力分析一般不会使结构达到倒塌的程度。因此,普通建筑结构设计领域主要采用隐式积分算法。对于拉索失效的张弦结构连续倒塌分析,属于高速动力学问题,且索只能受拉,不能受压,撑杆在平面内可转动,索的任一截面失效,张弦结构的下部变为机构,故无法采用隐式算法进行计算。

5.3.1　显式动力计算方法

1) 动力分析的隐式积分算法与显式积分算法

结构动力问题的求解过程,是将未知函数(如位移、速度和加速度)在时间域内离散后,根据不同的差分方法求解动力微分方程的过程。依据差分形式的不同,积分算法分为隐式与显式两类。其中,隐式积分算法中差分假定是在当前时刻内建立的,计算时刻的未知位移、速度和加速度三者之间是耦合的;而显式积分算法的差分假定引入了前一时刻或多个时刻的场函数的求解,可令当前未知的场函数通过微分方程直接求解,即不与其他两个场函数耦合。显式就是可以直接通过自变量求得因变量的解,自变量和因变量可以分离在等式的两侧;隐式正好相反,因变量与自变量混合在一起,不能进行分离。结构工程动力分析时采用的典型隐式算法主要有线性加速度法、Newmark-β法、Willson-θ法,显式算法主要有中心差分法、中心差分结合单边差分的方法[2~5]。

对于非线性分析,显式分析的基本特点如下。

(1) 块质量矩阵需要简单转置。

(2) 方程非耦合,可直接求解。

(3) 无需转置刚度矩阵,所有非线性都包含在内力矢量中。

(4) 内力计算是主要的计算部分。

(5) 无需检查收敛。

2) ANSYS/LS-DYNA 软件介绍

ANSYS/LS-DYNA 软件是国际流行的集结构、热、流体、电磁和声学于一体的大型通用有限元软件,是将有限元分析、计算机图形学与优化技术相结合而完成的计算机辅助分析系统。

由 Hallquist 主持开发完成的 DYNA 系列程序被公认为是显式有限元程序的鼻祖和理论先导,是目前所有显式求解程序的基础代码,其主要目的是为武器设计提供分析工具。1996 年 LSTC(Livermore Software Technology Corporation)和 ANSYS 公司合作,将 LS-DYNA3D 与 ANSYS 前后处理器连接,形成计算模块 ANSYS/LS-DYNA。LS-DYNA3D 是一个显式非线性分析的通用有限元程序,能模拟真实世界的各种复杂问题,特别适合求解各种二维、三维非线性结构的高速碰撞、爆炸和金属成型等非线性动力冲击问题,同时可以求解传热、流体及流固耦合问题。在工程应用领域被广泛认为是最佳的分析软件包,经过无数次实验证明了其计算的可靠性。

而且,LS-DYNA 程序功能齐全,具有几何非线性(大位移、大转动和大应变)、材料非线性(140 多种材料动态模型)和接触非线性(50 多种)程序。它以 Lagrange 算法为主,兼有 ALE 和 Euler 算法;以显式求解为主,兼有隐式求解功能;以结构分析为主,兼有热分析、流体、结构耦合功能;以非线性动力分析为主,兼有静力分析功能(如动力分析前的预应力计算和薄板冲压成型后的回弹计算);是军用和民用相结合的通用结构分析非线性有限元程序[3,4]。

5.3.2　模拟方法介绍

1) 全动力等效荷载瞬时卸载法

Buscemi 等[6]根据单自由度分析模型,提出了三种动力反应的分析思路:瞬时刚度退化法、瞬时加载法和初始条件法。目前实际使用较多的模拟失效构件的方法有瞬时加载法、等效荷载瞬时卸载法和初始条件法[7~10]。根据上面分析,索由于施加预应力,产生初始变形,所以对张弦结构进行连续倒塌动力分析时必须在初始变形的基础上进行。

图 5.8 为考虑初始状态的等效荷载瞬时卸载法中荷载 P 的卸载曲线,根据此时程曲线,结构的动力响应分为两个阶段: $0 < t < t_0$ 为第一阶段,结构在原有静力荷载和等效荷载 P 的作用下发生强迫振动,其振幅在阻尼的作用下不断衰减,直至达到构件失效前整体结构在静力荷载下的初始状态; $t_0 < t < t_0 + t_p$ 为第二阶段,此为构件的失效阶段。

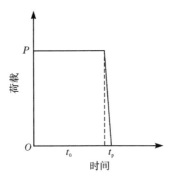

图 5.8　瞬时卸载法示意图

为了更好地模拟静力荷载的增长对结构的动力影响,在此方法基础上,提出考虑初始状态的全动力等效荷载瞬时卸载法[11,12],如图 5.9 所示。在等效荷载瞬时卸载法的基础上另外加入一新的时间段 t_1,在 t_1 时间段内,结构的原静力荷载和等效荷载 P 从 0 增长到最大。接下来的时间段意义与等效荷载瞬时卸载法一样。

因此,采用全动力等效荷载瞬时卸载法进行抗连续倒塌分析的步骤如下。

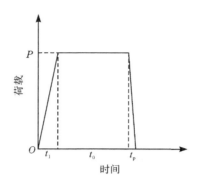

图 5.9　全动力等效荷载瞬时卸载法示意图

（1）通过静力分析，计算完整结构在相应荷载工况下的内力，提取完整结构中失效杆件的内力（考虑支座失效时提取支座反力）。

（2）将失效杆件移除，并将该杆件的内力作为等效荷载 P（包括轴力、弯矩、剪力）反作用于残余结构上。

（3）对残余结构进行模态分析，提取其自振周期和前两阶模态频率，用于计算残余结构的初始加载时间 t_1、持荷时间 t_0 以及阻尼。

加载时间 t_1 一般可取残余结构自振周期的 2 倍；持荷时间 t_0 的取值根据不同构件失效后残余结构的动力效应衰减时间确定，应保证时程分析过程中，整体结构有足够的时间将原有静力荷载和等效荷载 P 作用下产生的强迫振动衰减完全。一般当持荷时间 t_0 大于 20 倍自振周期时，结构的振动趋于稳定。

（4）按图 5.9 所示的时程曲线加载外部荷载和等效荷载，进行瞬态动力分析。

2）显式动力分析的计算参数

（1）单元。

弦杆、撑杆和下弦杆采用 BEAM161 梁单元（Hughes-Liu 算法，2X2 高斯积分点）；撑杆采用 LINK160 杆单元；索采用 LINK167 单元（仅拉伸杆单元）模拟。所有接触设为自动单面接触（ASSC）。

（2）材料本构[13,14]。

采用双线性随动强化模型 *MAT_PLASTIC_KINEMATYIC 模拟梁单元，采用索单元材料模型 *MAT_CABLE_BEAM 模拟索单元。

*MAT_PLASTIC_KINEMATYIC 主要的参数定义如下：密度为 7850kg/m^3；弹性模量为 200000MPa；泊松比为 0.3；屈服应力为 210MPa；切线模量为 0。

采用 Cowper-Symonds 方程考虑应变率的强化效应：

$$\sigma_y = \left[1 + \left(\frac{\dot{\varepsilon}}{C}\right)^{\frac{1}{p}}\right](\sigma_0 + \beta E_p \varepsilon_p^{\text{eff}}) \tag{5-38}$$

式中，C 取 40；P 取 5。

失效应变 ε_f 取 0.01,当满足 $\varepsilon > \varepsilon_f$ 时,单元失效并自动从计算模型中删除。

（3）阻尼。

在分析结构的动力响应时,阻尼的作用是不可忽略的,在进行非线性分析时,为了解耦,需要建立合理的比例阻尼矩阵。本书采用 Rayleigh 阻尼作为结构的比例黏滞阻尼[15]:

$$C = \alpha[M] + \beta[K] \qquad (5\text{-}39)$$

式中,比例系数由式(5-40)给出:

$$\begin{cases} \xi_i = \dfrac{\alpha}{2\omega_i} + \dfrac{\omega_i\beta}{2} \\[2mm] \xi_j = \dfrac{\alpha}{2\omega_j} + \dfrac{\omega_i\beta}{2} \end{cases} \qquad (5\text{-}40)$$

其中,ω_i、ω_j 分别为结构的第一和第二阶振型;ξ_i、ξ_j 为结构不同振型下的阻尼比。

对结构进行模态分析,取前两阶振型计算阻尼;阻尼比取 0.02。

（4）重启动[13,14]。

重启动意味着执行下一个分析,它是前一个分析的继续。重启动可以从前一个分析结束后开始,也可以从前一个分析的中断开始。一般情况下进行重启动的原因有:以前的分析被中断,或超过用户所定义的 CPU 时间;分析分阶段进行,在每个阶段的结束监控分析结果;诊断某个出错的分析;修改模型继续计算。

重启动功能为显式动态应用提供了极大的灵活性。重启动分析中,一个关键的文件就是求解中指定输出的重启动文件"d3dump",这个文件包括继续这个分析所需的全部信息,通过处理输出可以检查每阶段的结果,然后修改模型来继续这个分析。例如,可以删除那些不再重要的变形单元、材料或不再需要的接触;也可以改变荷载并考虑以前分析没有的材料;或者改变结构的阻尼。

重启动共分为 3 种类型:简单重启动、小型重启动和完全重启动。本节采用小型重启动分析来进行无阻尼的分析,即在索失效之前,模拟结构的初始静力状态,假定结构有一阻尼。当索开始失效时,将后续模型的阻尼值设为 0,进行无阻尼分析。

5.3.3　张弦桁架索失效的显式动力分析过程

选择跨中索 S1 失效,如图 5.10 所示,采用考虑初始状态的全动力等效荷载瞬时卸载法对张弦桁架结构进行拉索失效的动力时程分析。

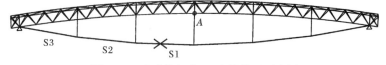

图 5.10　张弦桁架索 S1 失效位置示意图

取加载时间 $t_1=2s$，持荷时间 $t_0=8s$ 进行准静态分析，观察中间下弦节点 A 在分析中的竖向位移响应。节点 A 的的竖向位移时程曲线如图 5.11 所示。从图中可以看出，$0\sim2s$ 为荷载上升阶段，$2\sim10s$ 为结构持荷振动阶段。在 10s 时结构的振动已经非常微弱了，因此，将 10s 时的结构状态作为索失效前的初始状态。在 10s 之后，索 S1 失效，失效时间 $t_p=0.01s$。

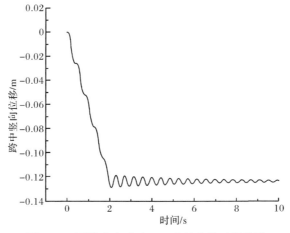

图 5.11　下弦节点 A 在 10s 内的位移时程曲线

计算荷载：节点荷载作用在上弦，分别选用 16kN、16.5kN、17kN、17.5kN、18kN 五个等级（从标准值到设计值之间变化）进行弹塑性动力分析。以 0.5kN 为节点荷载的增量，分级加载计算结构失效的临界荷载。当节点荷载达到 17kN 时，结构发生垮塌。

图 5.12 为节点荷载为 16kN 时 A 点的竖向位移时程曲线，图 5.13 为节点荷

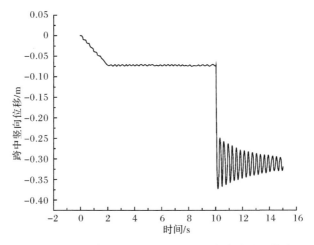

图 5.12　节点荷载为 16kN 时 A 点竖向位移时程曲线

载为 17kN 时 A 点的竖向位移时程曲线。图 5.14 为节点荷载为 17kN 时结构倒塌变形的全过程。从倒塌过程可以看出,随着拉索的断裂,拉索释放应力,拉索缩短,带动撑杆转动。跨中挠度增加,桁架下弦受拉,上弦受压。最后,拉杆拉断,压杆压溃,结构倒塌。

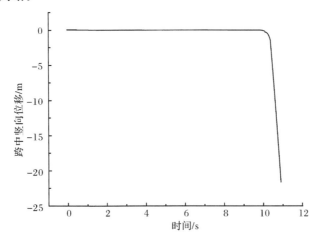

图 5.13　节点荷载为 17kN 时 A 点竖向位移时程曲线

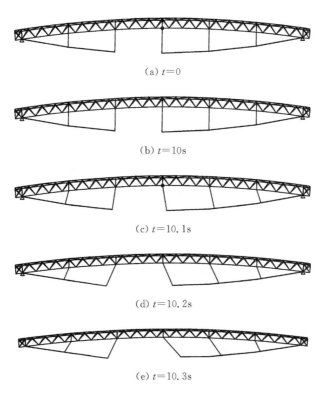

(a) $t=0$

(b) $t=10s$

(c) $t=10.1s$

(d) $t=10.2s$

(e) $t=10.3s$

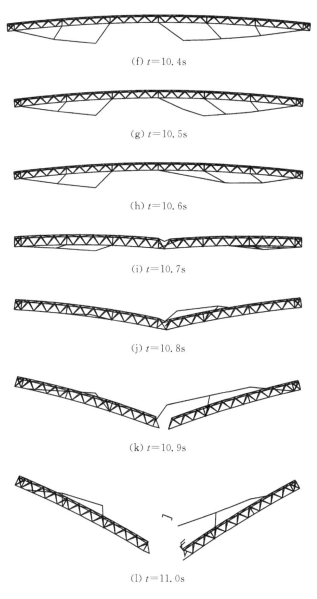

(f) $t=10.4s$

(g) $t=10.5s$

(h) $t=10.6s$

(i) $t=10.7s$

(j) $t=10.8s$

(k) $t=10.9s$

(l) $t=11.0s$

图 5.14　张弦桁架的倒塌过程

5.3.4　影响数值模拟的若干因素分析

1）考虑不同位置索的失效

实际情况中，索失效的位置可能是不同的。因此，需考虑失效索的位置对结构抗倒塌能力的影响。采用考虑初始状态的全动力等效荷载瞬时卸载法分别对张弦桁架结构进行索 S1、S2 和 S3 失效的动力时程分析。

图 5.15 和图 5.16 分别为节点荷载 16kN 下,索 S1、S2、S3 失效时 A 点的竖向位移时程曲线和 A 点竖向最大位移图。由图中可以看出,S1、S2 失效时,A 点的位移响应非常接近;S3 失效时,A 点的竖向位移较大。S3 不同于 S1、S2 的原因是 S3 有一端与支座相连,而支座在水平方向是弹性的,当 S3 失效时,索力对支座有一个直接冲击,所以 S3 失效比 S1、S2 失效的情况下位移更大,更不利一些,但差别很小。

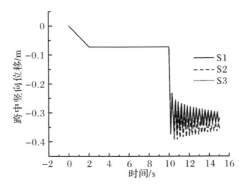

图 5.15　不同位置索失效时 A 点竖向位移时程曲线

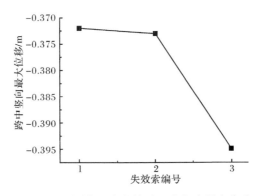

图 5.16　不同位置索失效时 A 点竖向最大位移

分级加载得到结构倒塌的临界荷载分别为:S1 和 S2 失效的临界荷载为 17kN;S3 失效的临界荷载为 16.5kN,如图 5.17 所示。

2) 阻尼对数值模拟的影响

在分析结构的动力响应时,阻尼的作用是不可忽略的,但如果过大地估计了阻尼又会使计算变得不保守。因此,对 S1 失效不考虑阻尼的结构响应进行计算,比较考虑阻尼和不考虑阻尼两种情况下的结构响应。

图 5.18 为在节点荷载 16kN 作用下,考虑阻尼与不考虑阻尼两种情况下 A 点

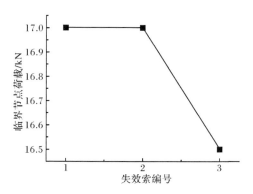

图 5.17　不同位置索失效后结构倒塌的临界荷载

竖向位移时程曲线。从图中可以看出,不考虑阻尼计算得到的结构响应比考虑阻尼的情况下大,但增大幅度很有限。不考虑阻尼情况下结构倒塌的临界荷载为16.5kN,比考虑阻尼的临界荷载小 2.94%。

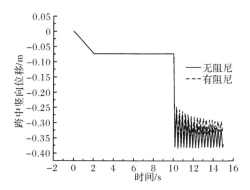

图 5.18　考虑阻尼和不考虑阻尼时 A 点竖向位移时程曲线

3)材料失效应变

材料失效应变与单元的尺寸及应变率等因素有关,失效应变取值越大,对倒塌越有利。本节取不同的失效应变(分别记为 $\varepsilon_f = 0.005, 0.01, 0.02, 0.05$)对索 S1 失效进行连续倒塌分析,研究材料失效应变对结构倒塌的影响。图 5.19 为不同失效应变对应的临界荷载。

由图 5.19 可见,随着材料失效应变的增加,结构倒塌的临界荷载也随之增加,当失效应变从 0.005 增加到 0.02 时,临界荷载增加很明显,接近线性关系,当失效应变超过 0.02 时,结构倒塌的临界荷载增长缓慢。说明失效应变超过 0.02后,对结构的倒塌已无多大影响。

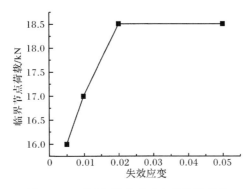

图 5.19　不同失效应变对应的临界荷载

5.4　预应力等效荷载法模拟索失效

　　显式动力分析被认为是目前进行连续倒塌分析最合适的计算方法。但是,由于显式计算方法主要用于武器设计等接触动力学方面,与隐式方法无论从单元定义、操作界面还是计算理论方面都截然不同,对于大多数土木工程设计人员还比较陌生。由于拉索只能受拉,不能受压,撑杆与桁架为铰接连接,若索的任一截面失效,则整根索失效,撑杆也跟着失效,因此,拉索失效后结构变成一个机构,无法采用隐式方法计算。

　　但如果采用预应力等效荷载法假定撑杆和索同时失效,以索和撑杆的等效荷载作用于相应节点,则可以采用隐式方法进行计算。对张弦结构采用预应力等效荷载法可能存在的两个问题上面已进行了分析,其中几何非线性和应力刚化的影响比较小,另外一个就是索破坏时对结构冲击力的影响。仍然采用上面的计算模型,首先对其进行预应力等效荷载法模拟索失效的显式分析。

5.4.1　预应力等效荷载法模拟索失效的显式分析

　　考虑撑杆与索同时失效,采用考虑初始状态的全动力等效荷载瞬时卸载法进行动力时程分析。分别选 16kN、16.5kN、17kN、17.5kN、18kN 五个等级(从标准值到设计值之间变化)进行弹塑性动力分析。以 0.5kN 为节点荷载的增量,计算得到结构失效的临界荷载。

　　节点荷载为 16kN 时,A 点的竖向位移时程曲线如图 5.20 所示,其中最大位移为 0.363m,为相同荷载直接模拟 S1 失效的最大位移(0.372m)的 97.6%,为 S2 失效的最大位移(0.375m)的 96.8%,为 S3 失效的最大位移(0.395m)的 91.8%。

　　节点荷载为 17.5kN 时,结构发生垮塌。该节点荷载为 S1 和 S2 失效的临界

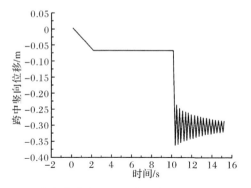

图 5.20　节点荷载为 16kN 时 A 点竖向位移时程曲线

荷载(17kN)的 102.9%,为 S3 失效的临界荷载(16.5kN)的 106.1%。节点 A 在节点荷载为 17.5kN 时的竖向位移时程曲线如图 5.21 所示。

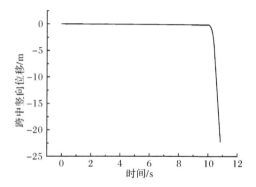

图 5.21　节点荷载为 17.5kN 时 A 点竖向位移时程曲线

图 5.22 为预应力等效荷载法考虑阻尼和不考虑阻尼在节点荷载 16kN 时的时程曲线,两者相差较小;不考虑阻尼的临界荷载为 17kN,为考虑阻尼(17.5kN)的 97.1%。

因此,无论从失效前的跨中位移、倒塌的临界荷载还是阻尼的影响等,都说明预应力等效荷载法的计算结果均稍大于直接模拟索失效的方法。进一步证明由于索中蕴藏的巨大的弹性应变能,当索破坏时,索向两端快速回弹,带动撑杆,会对上弦的破坏起到加速作用。但两者的计算结果除 S3 失效时的最大位移相差8.2%,其余均不超过 5%,说明这种作用的影响比较有限,故可采用预应力等效荷载法模拟拉索失效。

图 5.23 为采用预应力等效荷载法模拟索失效分析结构倒塌的整个过程,从图中可以看出,其倒塌过程与直接模拟索失效的倒塌过程一致。

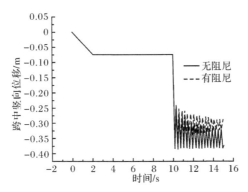

图 5.22　有阻尼和无阻尼时 A 点竖向位移时程曲线

（a）$t=0$ 分析的开始时间

（b）$t=10$s 倒塌分析的初始状态

（c）$t=10.1$s 索失效完成

（d）$t=10.2$s 上弦杆开始屈曲

（e）$t=10.3$s 上弦杆屈曲明显

（f）$t=10.4$s 下弦杆和腹杆断裂

（g）$t=10.5$s 下弦杆和腹杆断裂

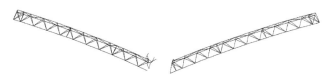

(h) t=10.6s 桁架完全断裂

图 5.23　结构倒塌全过程示意图

5.4.2　预应力等效荷载法模拟索失效的隐式分析

直接模拟索失效只能采用显式分析,由于显式算法较复杂,一般设计人员很难掌握。而采用预应力等效荷载法模拟索失效可以采用隐式分析,由于隐式分析无法定义材料的初始应变,但根据 5.3.4 节的分析,当失效应变大于 0.02 时,其对结构倒塌影响很小。

采用预应力等效荷载法的隐式算法对索失效进行连续倒塌分析得到倒塌时的临界荷载为 19kN,比材料失效应变为 0.01 时的临界荷载(17kN)大 11.7%,比材料失效应变为 0.02 时的临界荷载(18.5kN)大 2.7%;在节点力为 16kN 时跨中竖向位移为 0.425m,为相同荷载直接模拟 S1 失效的最大位移(0.372m)的 114.2%,为 S2 失效的最大位移(0.375m)的 113.3%,为 S3 失效的最大位移(0.395m)的 107.6%。

综上所述,虽然采用预应力等效荷载法模拟索失效的隐式分析的应力和位移计算结果略微偏大,但均控制在 15% 以内,且主要是由显式算法和隐式算法对材料失效应变定义不同引起的。故可采用预应力等效荷载法模拟张弦结构下弦索的失效进行剩余结构连续倒塌的隐式分析。

5.5　本 章 小 结

张弦结构的下弦拉索与刚性构件不同,具有高应力、只能受拉、不能受压等特点,且撑杆与上弦和索的连接均为铰接。所以当拉索的任一截面失效时,拉索将迅速释放应变能,整个拉索完全失效,而拉索的失效又将导致所有撑杆跟着转动而失效。因此,当拉索任一截面失效时,张弦结构将变成一个机构。故提出采用预应力等效荷载法模拟索失效,即同时移除索和撑杆,把索和撑杆的反力作用于上弦,对上弦进行该等效荷载在很短的时间内变为 0 的瞬态动力时程分析。本章首先对采用该方法可能存在的问题进行分析,得出该方法无法考虑索破坏时释放的弹性应变能对结构的冲击作用和索的几何非线性及应力刚化的影响。然后采用基于 Rayleigh-Ritz 法对预应力张弦结构的变形和内力进行分析,推导索中的弹性应变能和张弦结构的竖向刚度,得出下弦拉索中的弹性应变能很大,可能会对预应力等效荷载法的准确性产生影响;而张弦结构竖向刚度较大,几何非线性和应力刚化对该方法的准确性影响较小。并通过预应力等效荷载法与显式计算结果的分析比较进一步证明索中蕴藏着巨大的弹性应变能,当索破坏时,索向两端快速回弹,带动撑杆,会对上弦的破坏起到加速作用。但由于这种作用是有限的,可采用预应力等效荷载法来模拟张弦结构中索的失效。

通过显式算法对索失效的张弦桁架进行连续倒塌分析,得到索失效后残余结构的动力倒塌过程。并对影响数值分析的三个因素——索失效位置、阻尼比和材料失效应变进行参数分析,得到以下结论:①边跨索失效的临界荷载比中间跨索失效的临界荷载稍小;②考虑阻尼比不考虑阻尼的临界荷载稍大;③当材料失效应变小于 0.02 时,对倒塌的临界荷载影响明显;当材料失效应变大于 0.02 时,对倒塌的临界荷载几乎没有影响。

通过预应力等效荷载法模拟索失效的隐式计算结果与显式计算结果比较得出,采用预应力等效荷载法隐式分析的应力和位移计算结果略微偏大,但均控制在 15% 以内,且主要是由显式算法和隐式算法对材料失效应变定义不同引起的。故可采用预应力等效荷载法模拟张弦结构下弦索的失效进行剩余结构连续倒塌的隐式分析。

参 考 文 献

[1] 苏旭霖,刘晟,薛伟辰.基于瑞利-里兹法的预应力张弦梁变形与内力分析[J].空间结构, 2009,15(1):49—54.

[2] 胡帅领.张弦结构连续倒塌分析与抗倒塌设计[D].北京:北京工业大学,2010.

[3] 孙建运.爆炸冲击荷载作用下钢骨混凝土柱性能研究[D].上海:同济大学,2006.

[4] 潘学仕.火载荷与冲击载荷作用下钢柱的非线性分析[D].山东:山东建筑大学,2009.

[5] 王磊.桁梁结构体系的连续性倒塌试验与数值仿真研究[D].上海:同济大学,2010.

[6] Buscemi N, Marjanishvili S. SDOF model for progressive collapse analysis[C] // Metropolis & Beyond Proceedings of the 2005 Structures Congress and the 2005 Forensic Engineering Symposium, New York, 2005:1—12.

[7] 王蜂岚.索拱结构屋盖体系的连续性倒塌分析[D].南京:东南大学,2009.

[8] 张云鹏,剧锦三.考虑初始静力荷载效应的框架结构部分底层柱失效时的瞬时动力分析 [J].中国农业大学学报,2007,12(4):90—94.

[9] Murtha-Smith E A. Alternate path analysis of space trusses for progressive collapse[J]. Journal of Structural Engineering, 1988,114(9):1978—1999.

[10] 胡晓斌,钱稼茹.单层平面钢框架连续倒塌动力效应分析[J].工程力学,2008,25(6): 28—43.

[11] 王学斌. 斜拉网架结构的抗连续倒塌能力及设计方法研究[D]. 南京:东南大学,2012.

[12] 蔡建国,王蜂岚,冯健,等. 大跨空间结构连续倒塌分析若干问题探讨[J]. 工程力学,2012,
29(3):143－149.

[13] 赵海鸥. LS-DYNA 动力分析指南[M]. 上海:兵器工业出版社,2003.

[14] 尚晓江,苏建宇. ANSYS/LS-DYNA 动力分析方法与工程实例[M]. 2 版. 北京:中国水利
水电出版社,2008.

[15] Bergan P G. Solution algorithms for nonlinear structural problems[J]. Computers and
Structures,1980,12(10):497－509.

第6章　撑杆截面和间距对连续倒塌的影响

张弦结构由上弦刚性结构和下弦柔性结构通过撑杆连接而成,撑杆是刚性上弦和柔性下弦的纽带。撑杆对于张弦结构的作用是连接上弦刚性结构和下弦拉索,保证结构形态,形成整体刚度。根据5.2节对张弦结构整体刚度的推导,得出张弦结构的整体刚度主要与上、下弦的截面面积和结构的矢高有关;文献[1]～[3]对相关张弦桁架的参数化分析和本书4.2节对不同撑杆截面的极限承载力参数化分析,也表明当撑杆的数目保证张弦结构成形,形成整体刚度后,撑杆的数目对结构刚度的影响很小,只是对改变撑杆内力有影响,即撑杆数目多,相应的单根撑杆内力小,反之,单根撑杆内力大,总的撑杆内力和保持不变,与外荷载平衡。

由于撑杆的这种特性,在进行张弦结构设计时往往出现两种现象。

(1)由于撑杆与索和上弦的连接节点构造复杂,加工制作和施工安装的难度大,因此,在满足承载力和挠度的基础上,撑杆的数量尽可能少。

(2)由于上弦的用钢量占结构的最大比值,为了节约成本,控制用钢量,上弦的截面取得很小,刚度很低。因此,为了保证上弦承载力满足要求和结构成形,撑杆布置得很密。

以上两种张弦结构,承载力和位移等都满足规范要求,从常规设计的角度似乎没有问题。但是,这两种结构是否具有抗连续倒塌的能力,从抗连续倒塌的角度,对撑杆的截面和间距有无不同于常规设计的要求,本章将从撑杆失效入手进行研究。

6.1　撑杆失效对连续倒塌的影响

6.1.1　撑杆失效对张弦结构的力学性能影响

由于张弦结构是通过撑杆把上弦刚性结构和下弦柔性结构连接而成的一种组合结构,某根撑杆的破坏对上弦、其余撑杆、索以及结构矢高都将产生影响。故本章将从撑杆失效后对这四个方面的影响分析,研究撑杆失效后张弦结构各部分能否共同作用,结构的形态能否保证,结构的刚度和承载力将有何变化。

选取图6.1所示的张弦梁进行分析。张弦梁的跨度$L=40\text{m}$,撑杆之间间距$l=5\text{m}$,中间撑杆高度$h=4\text{m}$,下弦索采用圆弧形,受有均布荷载q。

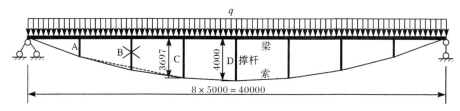

图 6.1　张弦梁示意图(单位:mm)

1) 撑杆失效对索的影响

张弦结构依靠撑杆保持形态,主要是因为拉索是柔性构件,必须通过撑杆支撑形成张力,才能对上弦提供弹性支撑。一旦撑杆失效,索将发生松弛,索中应力将降低。由于连续倒塌是研究结构的破坏状态,即结构的极限承载力,所以分析索中预应力与极限承载力的关系。

(1) 预应力对极限承载力的影响。

取张弦结构整体作为研究对象,对于图 6.1 所示的张弦梁,所受的外荷载为 q,索中的力属于结构内力。当索中施加预应力后,上弦起拱,下弦受拉;在外荷载作用下,上弦位移逐渐从反拱恢复到初始平衡状态再往下,直至上弦发生压弯破坏。由于张弦结构主要表现为上弦受弯引起的破坏,预应力只是增加了上弦的压应力和减少了结构的位移,对张弦结构的极限承载力影响很小,本书 4.2.1 节对张弦结构索中不同预应力取值的极限承载力分析的结论也证明了这点。故撑杆破坏后由于索松弛导致初始预应力减少,对结构的极限承载力影响较小。

(2) 预应力损失的大小。

根据以上分析,得出预应力对张弦结构的极限承载力影响较小,那么,某根撑杆破坏后,索松弛后预应力损失到底有多大,本节对图 6.1 所示的张弦梁进行定量分析。

假设从理论上要求下弦按圆弧线布置,由于索张拉后绷紧,实际工程中撑杆之间的索均为直线段。若撑杆 B 发生破坏,则 AC 之间的索将如图 6.1 中虚线所示,其余索的形状不变。因此,索松弛或变短主要为 AC 段索。设撑杆 B 破坏前总的索长为 l_0,支座到撑杆 A 的索长为 l_{0A},撑杆 A、B 之间的索长为 l_{AB},撑杆 B、C 之间的索长为 l_{BC},撑杆 C、D 之间的索长为 l_{CD};由于撑杆 B 破坏,撑杆 A、C 之间的索长将缩短,撑杆 A、C 之间的索长设为 l_{AC},缩短长度设为 Δl。根据对称性,有

$$l_0 = 2(l_{0A} + l_{AB} + l_{BC} + l_{CD}) = 2 \times (5311 + 5151 + 5053 + 5006) = 41042 \text{(mm)}$$
$$\Delta l = l_{AB} + l_{BC} - l_{AC} = 5151 + 5053 - 10192 = 12 \text{(mm)}$$

所以

$$\Delta \varepsilon = 12/41042 = 0.29‰$$

对于一般张弦结构,索的极限强度为 1670MPa,索的弹性模量为 1.8 ×

10^5 MPa。按设计强度 500～600MPa 考虑,索中的应变 ε 为 2.7‰～3.33‰,故失效应变不到总应变的 10%。由于索按圆弧线布置,其他撑杆失效后索长缩短均为 12mm,可见对于下弦为圆弧线的张弦结构,某根撑杆失效,索中应力损失不到 10%。对于按抛物线布置的下弦索,由于抛物线布置一般比圆弧线更平,其损失更小。而且,撑杆失效引起的动力效应又会使索力略有增加,最终导致索力变化很小。

(3) 结论。

一方面预应力的大小对结构的极限承载力影响较小,另一方面撑杆失效后索松弛损失的应力很小,加上撑杆失效引起的动力效应,又会使索力略有增加,最终导致索力变化很小。所以,撑杆破坏对索力的影响很小,对结构的极限承载力影响很小。

2) 撑杆失效对上弦的影响

撑杆对上弦提供弹性支撑,如果撑杆 B 发生破坏,则 A、C 之间的上弦由于缺少弹性支撑,跨度比其他撑杆之间的上弦增大一倍,故 A、C 之间的局部刚度约下降 4 倍。若上弦截面较小,则 A、C 撑杆之间的上弦局部刚度将小于完整结构的整体刚度,即不能保证张弦结构形态,张弦结构的承载力将由局部刚度决定,即由失效撑杆 B 处截面决定;若上弦截面较大,虽然上弦 A、C 之间的上弦局部刚度下降很多,但仍然大于完整结构的整体刚度,能保证张弦结构形态,张弦结构的承载力仍由整体刚度决定。

3) 撑杆失效对其他撑杆的影响

由于总的撑杆内力应与外荷载平衡,所以如果撑杆 B 发生破坏,则撑杆 B 的内力将转移给其他撑杆,导致其余撑杆内力增加。如果其余撑杆内力增加后没有破坏,则对连续倒塌不会产生影响;反之,则张弦结构将发生撑杆相继失稳破坏的连续倒塌。

4) 撑杆失效对矢高的影响

由于结构的矢高是影响张弦结构整体刚度的主要因素,应分析撑杆失效后对结构矢高的影响。如图 6.1 所示的张弦结构,撑杆 D 决定了张弦梁的矢高,撑杆 D 的失效对整体刚度影响很大。如撑杆 D 破坏,结构的矢高将从 4000mm 变为 3697mm。由于整体刚度与结构矢高成平方关系,撑杆 D 破坏后整体刚度的降低最大为 15%。又因为张弦结构的下弦一般采用圆弧线或抛物线,相邻撑杆之间的高度差都比较小,所以整体刚度的降低值一般不会超过 15%。考虑到连续倒塌的杆件失效是意外事件造成的,荷载的组合值小于标准组合值,故张弦结构不会发生由于撑杆失效导致整体刚度下降的连续倒塌。

由撑杆失效对张弦结构各部分力学性能影响的分析得出,撑杆破坏后引起索松弛的不利影响可以忽略不计;整体刚度的降低主要由矢高的降低引起,根据张弦结构的构成特征,整体刚度的降低不会发生连续倒塌破坏;但撑杆失效会导致其余撑杆的内力增加和撑杆失效处上弦局部刚度较低,发生撑杆接连失效的连续倒塌或上弦局部破坏的倒塌。

为了防止张弦结构发生由于撑杆初始失效导致撑杆接连破坏的连续倒塌或上弦局部破坏的倒塌,本节采用弹性连续梁模型对此进行进一步的分析。

6.1.2　弹性连续梁的受力模式

张弦结构的拉索通过撑杆对刚性上弦提供弹性支撑,可假定上弦为两端受有集中力的连续梁(拱)的受力模式。由于索力沿跨度方向变化很小,且不考虑撑杆长度对其刚度的影响,可假定撑杆对上弦梁的弹性支撑刚度 k 均相等。图 6.1 所示的张弦梁可等效为两端受有水平集中力 P 的弹性连续梁(索力的竖向分力作用于支座,故不考虑),如图 6.2 所示。图 6.2 中 1、2、3、4 为连续梁各跨的中点,A、B、C、D 为弹簧支座节点,即张弦结构的撑杆处。

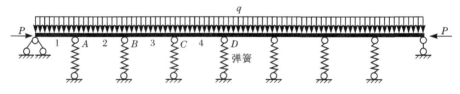

图 6.2　弹性连续梁

图 6.2 所示的弹性连续梁,可按式(6-1)和式(6-2)进行截面应力计算:

$$\sigma = \frac{M}{W} + \frac{N}{A} \leqslant [\sigma_0] \tag{6-1}$$

$$\tau = \frac{V}{A} \leqslant [\tau_0] \tag{6-2}$$

式中,M、N、V 分别为对应截面处弯矩、轴力和剪力;W、A 分别为梁的截面系数和截面积;σ、τ 分别为梁的正应力和剪应力;σ_0、τ_0 分别为容许正应力和剪应力。

当弹簧刚度 k 很大,接近刚性时,在均布荷载作用下,该连续梁的变形如图 6.3 所示;当弹簧刚度 k 很小,接近零时,则张弦结构的变形接近于跨度为 L 的简支梁的变形,如图 6.4 所示。实际工程中,绝大多数张弦结构介于完全弹性和刚性之间,因此,其变形介于二者之间。弹性连续梁截面的弯矩、剪力和轴力将按以下规律变化。

(1)弯矩变化。

当弹簧刚度很大时,支座破坏前,张弦结构的变形如图 6.3 所示。负弯矩的最大值出现在支座处,正弯矩的最大值出现在两个支座中间。由于连续倒塌研究的是结构破坏状态,根据塑性铰原理,破坏时弯矩的最大值 M_{max} 将转移到支座中

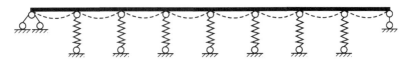

图 6.3　弹簧刚度较大时梁的变形图

图 6.4　弹簧刚度较小时梁的变形图

间,如图 6.2 中 1、2、3、4 处,M_{max} 的值为 $ql^2/8$。同理,如果某个支座破坏,则弯矩的最大值 M_{max} 将位于失效支座处,M_{max} 的值为 $ql^2/2$,增长了 3 倍。随着弹簧刚度的降低,张弦结构将发生图 6.4 所示的变形,将发生整体破坏,上弦截面弯矩均不会超过 $ql^2/2$。因此,M_{max} 的值为 $ql^2/2$。

(2) 剪力变化。

当弹簧刚度很大时,支座破坏前,由于支撑刚度相等,可认为各个支座处的剪力相等,均为 $ql/2$,若某个支座破坏,则剪力的最大值将位于与失效支座相邻的两个支座处,V_{max} 的值为 $3ql/2$,增长了 50%。随着弹簧刚度的降低,虽然由于支撑刚度相等,各个支座处的剪力相等,但值越来越小,小于 $ql/2$。因此,V_{max} 的值为 $3ql/2$。

(3) 轴力变化。

由于撑杆失效使得索松弛引起的索力损失较小,且动力响应还会使得索力有所放大,最终索力变化很小,所以可认为轴力 $N=P$ 保持不变。

根据以上分析,不管弹性还是刚性,可得到防止张弦结构上弦发生局部破坏的充分条件:如果上弦截面在内力($M=ql^2/2$,$V=3ql/2$,$N=P$)作用下满足式(6-1)和式(6-2),则撑杆破坏后不会发生局部破坏;防止撑杆发生连锁破坏的充分条件:选择撑杆时应保证在轴力 $3ql/2$ 作用下不发生失稳破坏。

对于 q 的取值,根据 GSA 规范,动力分析的荷载组合采用($L_D+0.25L_L$),静力分析的荷载组合采用 $2(L_D+0.25L_L)$。但根据本书研究,撑杆失效的动力放大系数一般不超过 1.5,所以 q 的取值为 $1.5(L_D+0.25L_L)$。

6.1.3　计算模型的选择

为了证明以上理论推导的正确性以及深入了解张弦结构撑杆失效的动力响应,本章选择不同的张弦结构模型进行撑杆失效的动力分析。

1) 上弦刚度较大的张弦桁架模型

根据撑杆失效的整体刚度分析，如果上弦刚度较大，某根撑杆失效后，张弦结构不会发生局部破坏，则撑杆破坏引起的索松弛对整体刚度影响很小，整体刚度的降低主要是由结构矢高的降低引起的，且整体刚度的降低不会超过15%。认为按照 GSA 规范中的 $(L_D + 0.25L_L)$ 荷载组合进行动力分析，张弦结构不会发生撑杆失效的连续倒塌，故本章选用上弦刚度较大的张弦桁架模型进行验证。

2) 上弦刚度较小的张弦梁模型

根据撑杆失效的局部刚度分析，如果上弦刚度较小，某根撑杆失效后，张弦结构可能会发生局部破坏。但如果撑杆破坏后相邻撑杆之间的上弦截面在内力 $[M = ql^2/2, V = 3ql/2, N = P, q = 1.5(L_D + 0.25L_L)]$ 作用下满足式(6-1)和式(6-2)，则撑杆失效后该张弦结构不会局部破坏，否则，可能会发生局部破坏。故本章选用上弦刚度较小的张弦梁模型进行验证。

3) 不同撑杆截面模型

由于撑杆为两端受弹性支撑的压杆，按照《钢结构设计规范》(GB 50017—2003)，压杆考虑长细比、初始应力和初始偏心后承载力会下降很多。由于撑杆失效后一方面会导致相邻撑杆承担的荷载增加50%左右；另一方面由于动力放大效应，撑杆的内力会增加很多。但如果撑杆在轴力 $3ql/2[q = 1.5(L_D + 0.25L_L)]$ 作用下不发生失稳破坏，则撑杆失效后该张弦结构不会发生撑杆接连破坏的连续倒塌。否则，可能会发生撑杆接连破坏的连续倒塌。故对以上张弦桁架和张弦梁的不同撑杆截面模型进行撑杆失效的动力分析。

6.1.4 撑杆失效的模拟方法

撑杆为两端受集中压力的二力杆，其受力与框架结构中柱的受力类似。因此，撑杆的失效模拟可参考框架结构柱的失效模拟方法。张弦结构通过撑杆把上弦结构和下弦索连接而成，由于下弦的柔性索没有初始刚度，必须施加预应力才能形成刚度，且索中的应力与外荷载相关，外荷载越大，索中应力越大。索中的应力程度又反过来影响张弦结构形状。因此，撑杆失效后对张弦结构进行连续倒塌动力分析时必须在初始变形的基础上进行。根据第 5 章的分析，采用全动力等效荷载瞬时卸载法进行撑杆失效的连续倒塌动力分析[4~9]。

采用全动力等效荷载瞬时卸载法进行抗连续倒塌分析，加载曲线中各个时间段(图 5.9)的取值以移除相应失效构件的残余结构的前两阶模态频率为基准，具体取值如下。

(1) 加载时间取为残余结构自振周期的 2 倍。

(2) 持荷时间保证时程分析过程中，整体结构有足够的时间将恒载(L_D)、活载(L_L)和等效荷载(P)作用下产生的强迫振动衰减完全。

（3）根据《建筑抗震设计规范》（GB 50011—2010），结构的阻尼比取值为 0.02。

（4）撑杆失效时间取 0.01s，约为残余结构竖向自振周期的 1/10，同时不大于 10ms[5]。迭代时间增量步取为 0.002[8]，采用直线态的荷载增长模拟方法。

（5）荷载组合取 $1.0L_D + 0.25L_L$[7,8]。

6.2　计算模型分析

6.2.1　上弦刚度较大的张弦桁架模型

采用 5.2.4 节的张弦桁架模型，上弦为刚度较大的倒三角形桁架。根据计算模型的对称性，取不同位置的撑杆共计三根，依据其位置分别命名为撑杆 1、撑杆 2 和撑杆 3。撑杆选取如图 6.5 所示。

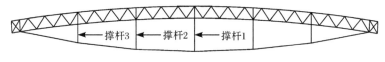

图 6.5　失效撑杆的选取

1）撑杆 1 断裂失效

采用考虑初始状态的全动力等效荷载卸载法对撑杆 1 断裂失效后的结构进行非线性动力分析。结构的模型如图 6.6 所示，其中节点编号分别为节点 1～节点 3。

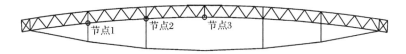

图 6.6　撑杆 1 失效后的局部模型

动力时程分析表明结构没有发生连续倒塌，得到相关节点的位移时程曲线如图 6.7 所示。从图中可以看出，在初始时刻由于预应力的作用，结构出现反拱，位移向上。在 0～1s 内，节点的位移随着荷载的逐步增加而稳定增大；在 1～6s 内，撑杆失效，节点位移呈现出明显的振动，并且在接下来的时间段内，由于结构阻尼的存在，振幅开始衰减，并逐渐趋于稳定。

结构在动力响应达到最大时，断撑杆处上弦杆的最大应力达到 122MPa，比完整结构下（104MPa）增加 16%，其余撑杆最大应力为 60MPa，比完整结构下（29MPa）增加 107%，未达到钢材的屈服强度。断撑杆处索最大应力为 493MPa，比完整结构下（488MPa）仅增加 1%，处于索力的安全范围内。结构的变形局限在断撑杆处，结构最大竖向位移为 79.9mm，位于跨中节点处，比完整结构下（71mm）

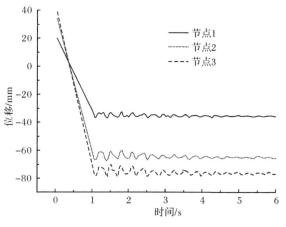

图 6.7　节点竖向位移时程曲线

大 12.5%。

2) 撑杆 2 断裂失效

下面进行撑杆 2 断裂失效后结构的抗连续倒塌能力分析,结构的局部模型如图 6.8 所示。

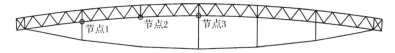

图 6.8　撑杆 2 失效后的局部模型

动力时程分析表明结构没有发生连续倒塌,得到相关节点的位移时程曲线如图 6.9 所示。从图中可以看出,在初始时刻由于预应力的作用,结构出现反拱,位移向上。在 0~1s 内,节点的位移随着荷载的逐步增加而稳定增大;在 1~6s 内,撑杆失效,节点位移呈现出明显的振动,并且在接下来的时间段内,由于结构阻尼的存在,振幅开始衰减,并逐渐趋于稳定。

结构在动力响应达到最大时,断撑杆处上弦杆的最大应力达到 117.8MPa,比完整结构下(104MPa)增加 13.2%,其余撑杆最大应力为 60.3MPa,比完整结构下(29MPa)增加 108%,未达到钢材的屈服强度。断撑杆处索的最大应力为 492MPa,比完整结构下(488MPa)仅增加 1%,处于索力的安全范围内。结构最大竖向位移为 78mm,位于跨中节点处,比完整结构下(71mm)大 9.8%。

3) 撑杆 3 断裂失效

下面进行撑杆 3 断裂失效后结构的抗连续倒塌能力分析,结构的模型如图 6.10 所示。

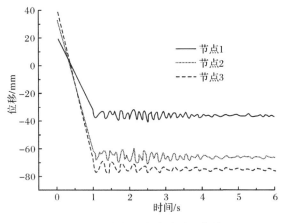

图 6.9　节点竖向位移时程曲线

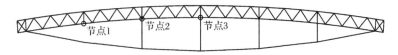

图 6.10　撑杆 3 失效后的局部模型

动力时程分析表明结构没有发生连续倒塌,得到相关节点的位移时程曲线如图 6.11 所示。从图中可以看出,在初始时刻由于预应力的作用,结构出现反拱,位移向上。在 0~1s 内,节点的位移随着荷载的逐步增加而稳定增大;在 1~6s 内,撑杆失效,节点位移呈现出明显的振动,并且在接下来的时间段内,由于结构阻尼的存在,振幅开始衰减,并逐渐趋于稳定。

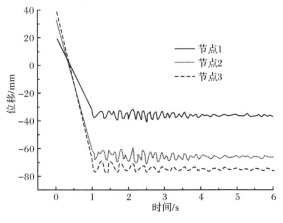

图 6.11　节点位移时程曲线

结构在动力响应达到最大时,断撑杆处上弦杆的最大应力达到 119MPa,比完整结构下(104MPa)增加 14.4%,其余撑杆最大应力为 59.4MPa,比完整结构下(29MPa)增加 104%,未达到钢材的屈服强度。断撑杆处索最大应力为 489MPa,比完整结构下(488MPa)仅增加 0.2%,处于索力的安全范围内。结构的最大竖向位移为 76.5mm,位于跨中节点处,比完整结构下(71mm)大 7.7%。

4) 结论

根据张弦桁架模型撑杆 1~撑杆 3 分别失效后进行的动力响应分析,结果表明以下几点。

(1) 3 种撑杆失效后索的应力变化都很小,仅比完整结构增大 1%,索松弛使得索力变小,动力响应使得索力放大,但最终变化很小,说明本节推导的撑杆失效后对索力影响很小是正确的。

(2) 本例撑杆 1 处张弦桁架高度为 5.361m,撑杆 1 失效后张弦桁架高度变为 5.104m,整体刚度与张弦桁架高度的平方相关,故整体刚度约下降$[1-(5.104/5.361)^2]$=10%。撑杆 1 失效后竖向位移下降最大,比完整结构增大 12.5%;杆件应力比完整结构增大 16%。跨中竖向位移和杆件最大应力增大均与整体刚度的降低相一致,由于动力放大效应,其值略大。说明本节对撑杆失效后整体刚度的推导是正确的。

(3) 撑杆失效后导致相邻撑杆的内力增加均远大于 50%,最大达到 107%。说明撑杆失效后一方面相邻撑杆承担的荷载增加;另一方面由于动力放大效应,最终导致相邻撑杆的内力增加很多。

6.2.2　上弦刚度较小的张弦梁模型

采用如图 6.12 所示的单榀张弦梁,跨度为 40m,上弦分别采用圆钢管 ϕ300mm×14mm(模型 a)和 ϕ350mm×14mm(模型 b),两侧支座同高。撑杆采用圆钢管,选用 ϕ121mm×5mm,均匀地布置 7 根,中间撑杆高度为 4m。下弦索采用半平行钢丝束,采用 73ϕ5mm。钢材的弹性模量为 $2×10^5$ N/mm²,屈服强度为 210MPa。索的弹性模量为 $1.8×10^5$ N/mm²,极限强度为 1670MPa。支座沿跨度向可滑动,其余方向刚度为无穷大。

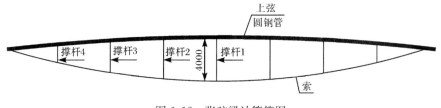

图 6.12　张弦梁计算简图

荷载为恒载(1.0kN/m²)与活载(0.5kN/m²)的组合,以均布线荷载的形式作用于上弦。在标准组合下线荷载为 12kN/m,在设计组合下线荷载为 15.2kN/m。表 6.1 为模型 a 和模型 b 分别在标准组合和设计组合作用下各部分杆件的应力和跨中位移。

表 6.1　模型 a 和模型 b 分别在标准组合和设计组合作用下各部分杆件的应力和跨中位移

模型	标准组合			设计组合		
	钢管应力比	索应力/MPa	跨中位移/跨度	钢管应力比	索应力/MPa	跨中位移/跨度
模型 a	0.40	481	1/580	0.54	595	1/317
模型 b	0.34	482	1/588	0.47	596	1/323

两种模型的上弦刚度都非常小,当某根撑杆失效后,撑杆之间的最大距离变为 10m,模型 a 的上弦截面不满足式(6-1),模型 b 的上弦截面刚好满足式(6-1)。计算结果如下。

首先按 10m 跨度计算上弦截面的相关内力为

$$q = 1.5(1 + 0.25 \times 0.5) \times 8 = 13.5(\text{kN/m})$$
$$M = (13.5 \times 10^2)/8 = 169(\text{kN} \cdot \text{m})$$
$$N = 595 \times 1432 = 852(\text{kN})$$
$$V = 13.5 \times 10 = 135(\text{kN})$$

然后将 M、N、V 代入式(6-1)和式(6-2),进行两种截面承载力验算。

对于模型 a:$W = 853350\text{mm}^3$,$A = 12600\text{mm}^2$,$\sigma_{\max} = 258\text{MPa} > 210\text{MPa}$,不满足式(6-1);$\tau_{\max} = 11\text{MPa} < 125\text{MPa}$,满足式(6-2)。

对于模型 b:$W = 1201000\text{mm}^3$,$A = 14822\text{mm}^2$,$\sigma_{\max} = 193\text{MPa} < 210\text{MPa}$,满足式(6-1);$\tau_{\max} = 9\text{MPa} < 125\text{MPa}$,满足式(6-2)。

1)撑杆 1 断裂失效

结构的模型如图 6.13 所示,其中节点编号分别为节点 1~节点 4。采用考虑初始状态的全动力等效荷载卸载法对撑杆 1 断裂失效后的结构进行非线性动力分析表明,模型 a 和模型 b 均未出现倒塌。

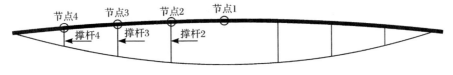

图 6.13　撑杆 1 失效后的局部模型

(1)模型 a 的计算结果。

模型 a 在 2.14s 达到位移和杆件应力的最大值,撑杆 1 失效前后节点位移的变化见表 6.2,撑杆 1 失效前后杆件应力的变化见表 6.3。

表 6.2　撑杆 1 失效前后模型 a 节点位移变化　　　　　　（单位:mm）

节点	节点 1	节点 2	节点 3	节点 4
失效前	69	64	50	30
失效后	159	109	49	19.4
(失效后/失效前)/%	230	170	98	64.7

表 6.3　撑杆 1 失效前后模型 a 杆件应力变化　　　　　（单位:MPa）

杆件	压应力	拉应力	索	撑杆 1	撑杆 2	撑杆 3	撑杆 4
失效前	−86	—	481	27.4	27.5	28.0	29.6
失效后	−192	83	496	—	46	26.4	28.9
(失效后/失效前)/%	223	—	103.1	—	167.3	94.3	97.6

由表 6.2 可以看出,由于撑杆 1 的失效,导致节点 1 的位移增加 130%,节点 2 的位移增加 70%;节点 3 和节点 4 位移变化较小。说明由于撑杆 1 的失效,一方面结构的整体刚度下降;另一方面撑杆 2 之间的梁局部刚度下降很多,导致该处局部变形很大。

从表 6.3 的杆件应力变化更能说明问题,撑杆 1 失效前上弦圆钢管没有出现拉应力,全长均为受压。由于撑杆 1 的失效,导致撑杆 1 附近的圆钢管变成受弯为主的梁,上表面受压,下表面受拉,特别是上表面的压应力达到 192MPa,比失效前增加 129%;索的应力变化较小,仅比失效前增加 3.1%;由于撑杆 1 的失效,原来撑杆 1 承担的力分给撑杆 2,导致撑杆 2 的压应力增加 67.3%;撑杆 3 和撑杆 4 的应力变化很小。

(2) 模型 b 的计算结果。

模型 b 在 2.12s 达到位移和杆件应力的最大值,撑杆 1 失效前后节点位移的变化见表 6.4,撑杆 1 失效前后杆件应力的变化见表 6.5。

表 6.4　撑杆 1 失效前后模型 b 节点位移变化　　　　　　（单位:mm）

节点	节点 1	节点 2	节点 3	节点 4
失效前	68	63	49	29
失效后	127	98	57	27
(失效后/失效前)/%	187	155	116	93

表 6.5　撑杆 1 失效前后模型 b 杆件应力变化　　（单位：MPa）

杆件	压应力	拉应力	索	撑杆 1	撑杆 2	撑杆 3	撑杆 4
失效前	−71	—	483	27.5	27.6	28.2	29.6
失效后	−141	46	502	—	45	28.1	29.9
（失效后/失效前）/%	198	—	103.9	—	163	99.6	101

从表 6.4 和表 6.5 可以看出，不管节点位移变化还是圆钢管的应力变化，模型 b 比模型 a 均有明显改善。说明上弦刚度增加后，张弦结构的整体刚度和局部刚度均有明显增加，如撑杆 1 失效后，模型 a 和模型 b 在撑杆 1 失效前上弦的最大应力比分别为 0.41 和 0.34；而失效后的应力比分别为 0.91 和 0.67。两个模型中撑杆应力变化和索力变化接近，说明撑杆 1 失效时上弦刚度变化对撑杆和索的影响较小。

对结构进行动力时程分析，得到两种模型相关节点的位移时程曲线如图 6.14 所示。从图中可以看出，在初始时刻由于预应力的作用，结构出现反拱，位移向上（正值）。在 0～2s 内，节点的位移随着荷载的逐步增加而稳定增大；在 2～4s 内，撑杆失效，节点位移呈现出明显的振动，并且在接下来的时间段内，由于结构阻尼的存在，振幅开始衰减，并逐渐趋于稳定。

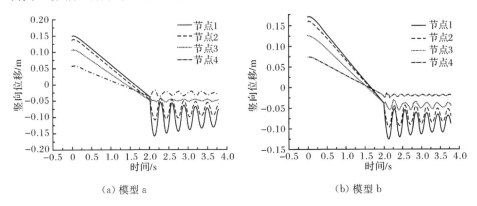

（a）模型 a　　　　　　　　　　　　　　（b）模型 b

图 6.14　撑杆 1 失效后相关节点竖向位移时程曲线

2）撑杆 2 断裂失效

下面进行撑杆 2 断裂失效后结构的抗连续倒塌能力分析，结构的模型如图 6.15 所示，其中节点编号分别为节点 1～节点 4。计算结果表明，模型 a 和模型 b 均未出现倒塌。

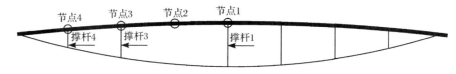

图 6.15　撑杆 2 失效后的局部模型

（1）模型 a 的计算结果。

模型 a 在 2.74s 达到位移和杆件应力的最大值,撑杆 2 失效前后节点位移的变化见表 6.6,撑杆 2 失效前后杆件应力的变化见表 6.7。

表 6.6　模型 a 撑杆 2 失效前后节点位移变化　　　　　　（单位:mm）

节点	节点 1	节点 2	节点 3	节点 4
失效前	69	64	50	30
失效后	105	134	86	37
（失效后/失效前）/%	152	209	172	123

表 6.7　模型 a 撑杆 2 失效前后杆件应力变化　　　　　　（单位:MPa）

杆件	压应力	拉应力	索	撑杆 1	撑杆 2	撑杆 3	撑杆 4
失效前	−86	—	481	27.4	27.5	28.0	29.6
失效后	−162	56	485	44.1	—	44.5	28.2
（失效后/失效前）/%	188	—	101	161	—	159	95.3

由表 6.6 可以看出,由于撑杆 2 失效,导致节点 1 的位移增加 52%,节点 2 的位移增加 109%,节点 3 的位移增加 72%,节点 4 的位移增加 23%。说明由于撑杆 2 的失效,一方面结构的整体刚度下降;另一方面撑杆 1 和撑杆 3 之间的梁局部刚度下降很多,导致该处局部变形很大,张弦梁的最大位移从跨中的节点 1 变为节点 2。

从表 6.7 的杆件应力变化更能说明问题,撑杆 2 失效前上弦圆钢管没有出现拉应力,全长均为受压。由于撑杆 2 失效,导致撑杆 2 附近的圆钢管变成受弯为主的梁,上表面受压,下表面受拉,特别是上表面的压应力达到 162MPa,比失效前增加 88%。索的应力变化较小,仅比失效前增加 1%;由于撑杆 2 失效,原来撑杆 2 承担的力分给撑杆 1 和撑杆 3,导致撑杆 1 和撑杆 3 的压应力分别增加 61% 和 59%;撑杆 4 的应力变化很小。

（2）模型 b 的计算结果。

模型 b 在 2.164s 达到位移和杆件应力的最大值,撑杆 2 失效前后节点位移的变化见表6.8,撑杆2失效前后杆件应力的变化见表6.9。

表6.8 模型b撑杆2失效前后节点位移变化 （单位:mm）

节点	节点1	节点2	节点3	节点4
失效前	68	63	49	29
失效后	100	117	77	33
(失效后/失效前)/%	147	186	157	114

表6.9 模型b撑杆2失效前后杆件应力变化 （单位:MPa）

杆件	压应力	拉应力	索	撑杆1	撑杆2	撑杆3	撑杆4
失效前	−71	—	483	27.5	27.6	28.2	29.6
失效后	−138	46.5	491	44.1	—	44.5	28.7
(失效后/失效前)/%	194	—	101.6	160	—	158	97

从表6.8和表6.9可以看出,不管节点位移变化还是圆钢管的应力变化,模型b比模型a均有明显改善。说明上弦刚度增加后,张弦结构的整体刚度和局部刚度均有明显增加,如撑杆2失效后,模型a和模型b在失效前上弦的最大应力比分别为0.41和0.34;而失效后的应力比分别为0.77和0.66。两个模型中撑杆应力变化和索力变化接近,说明撑杆2失效时上弦刚度变化对撑杆和索的影响较小。

对结构进行动力时程分析,得到两种模型相关节点的位移时程曲线如图6.16所示。从图中可以看出,在初始时刻由于预应力的作用,结构出现反拱,位移向上(正值)。在0~2s内,节点的位移随着荷载的逐步增加而稳定增大;在2~4s内,撑杆失效,节点位移呈现出明显的振动,并且在接下来的时间段内,由于结构阻尼的存在,振幅开始衰减,并逐渐趋于稳定。

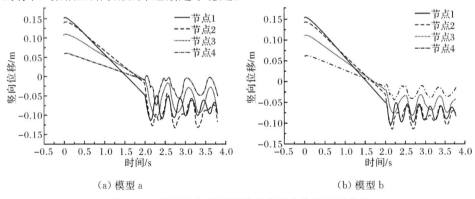

(a) 模型a　　　　　　　　　　　　(b) 模型b

图6.16 撑杆2失效后相关节点竖向位移时程曲线

3) 撑杆3断裂失效

下面进行撑杆3断裂失效后结构的抗连续倒塌能力分析,结构的模型如

图 6.17 所示,其中节点编号分别为节点 1～节点 4。计算结果表明,模型 a 在 2.314s 倒塌,模型 b 没有倒塌。

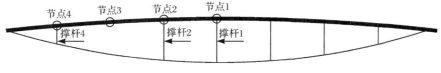

图 6.17　撑杆 3 失效后的局部模型

(1) 模型 a 的计算结果。

模型 a 撑杆 3 失效前后节点位移和杆件应力的变化见表 6.10 和表 6.11。

表 6.10　模型 a 撑杆 3 失效前后节点位移变化　　　　　(单位:mm)

节点	节点 1	节点 2	节点 3	节点 4
失效前	69	64	50	30
失效后	62	191	293	179
(失效后/失效前)/%	90	298	586	597

表 6.11　模型 a 撑杆 3 失效前后杆件应力变化　　　　　(单位:MPa)

杆件	压应力	拉应力	索	撑杆 1	撑杆 2	撑杆 3	撑杆 4
失效前	−86	—	481	27.4	27.5	28.0	29.6
失效后	−210	210	516	24.9	53.9	—	59.6
(失效后/失效前)/%	244	—	107	91	196	—	201

由表 6.10 可以看出,由于撑杆 3 的失效,导致节点 1 的位移减少 10%,节点 2 的位移增加 200%;节点 3 的位移增加 486%,节点 4 的位移增加 497%。说明由于撑杆 3 的失效,一方面结构的整体刚度下降;另一方面撑杆 1 和撑杆 3 之间的梁局部刚度下降很多,导致该处局部变形很大,张弦梁的最大位移从跨中的节点 1 变为节点 3。

从表 6.11 的杆件应力变化更能说明问题,撑杆 3 失效前上弦圆钢管没有出现拉应力,全长均为受压。由于撑杆 3 失效,导致撑杆 3 附近的圆钢管变成受弯为主的梁,上表面受压,下表面受拉,且全截面屈服,压应力和拉应力均达到 210MPa。索的应力变化较小,仅比撑杆 3 失效前增加 7%;由于撑杆 3 的失效,原来撑杆 3 承担的力分给撑杆 2 和撑杆 4,导致撑杆 2 和撑杆 4 的压应力分别增加 96% 和 101%;撑杆 1 的应力变化很小。

(2) 模型 b 的计算结果。

模型 b 没有发生倒塌,在 2.676s 达到位移和杆件应力的最大值,撑杆 3 失效前后节点位移的变化见表 6.12,撑杆 3 失效前后杆件应力的变化见表 6.13。

表 6.12　模型 b 撑杆 3 失效前后节点位移变化　（单位：mm）

节点	节点 1	节点 2	节点 3	节点 4
失效前	69	64	50	30
失效后	85	148	179	111
（失效后/失效前）/%	123	231	358	370

表 6.13　模型 b 撑杆 3 失效前后杆件应力变化　（单位：MPa）

杆件	压应力	拉应力	索	撑杆 1	撑杆 2	撑杆 3	撑杆 4
失效前	−86	—	481	27.4	27.5	28.0	29.6
失效后	−205	107	520	28	50.1	—	53.6
（失效后/失效前）/%	238	—	108	102	182	—	181

由表 6.12 可以看出，由于撑杆 3 失效，导致节点 1 的位移增加 23%，节点 2 的位移增加 131%；节点 3 的位移增加 258%，节点 4 的位移增加 270%。说明由于撑杆 3 失效，一方面结构的整体刚度下降；另一方面撑杆 2 和撑杆 4 之间的梁局部刚度下降很多，导致该处局部变形很大，张弦梁的最大位移从跨中的节点 1 变为节点 3。

从表 6.13 的杆件应力变化更能说明问题，撑杆 3 失效前上弦圆钢管没有出现拉应力，全长均为受压。由于撑杆 3 失效，导致撑杆 3 附近的圆钢管变成受弯为主的梁，上表面受压，下表面受拉，特别是上表面的压应力达到 205MPa，比失效前增加 138%。索的应力变化较小，仅比失效前增加 8%；由于撑杆 3 失效，原来撑杆 3 承担的力分给撑杆 2 和撑杆 4，导致撑杆 2 和撑杆 4 的压应力分别增加 82% 和 81%；撑杆 4 的应力变化很小。

对结构进行动力时程分析，得到两种模型相关节点的位移时程曲线如图 6.18 所示。从图中可以看出，在初始时刻由于预应力的作用，结构出现反拱，位移向上（正值）。在 0～2s 内，节点的位移随着荷载的逐步增加而稳定增大；在 2～4s 内，撑杆失效，模型 a 逐渐倒塌；模型 b 的节点位移呈现出明显的振动，并且在接下来的时间段内，由于结构阻尼的存在，振幅开始衰减，并逐渐趋于稳定。

4）撑杆 4 断裂失效

下面进行撑杆 4 断裂失效后结构的抗连续倒塌能力分析，结构的模型如图 6.19 所示，其中节点编号分别为节点 1～节点 4。计算结果表明，模型 a 在 2.136s 倒塌，模型 b 没有倒塌。

（1）模型 a 的计算结果。

模型 a 在 2.136s 倒塌，撑杆 4 失效前后节点位移和杆件应力的变化见表 6.14 和表 6.15。

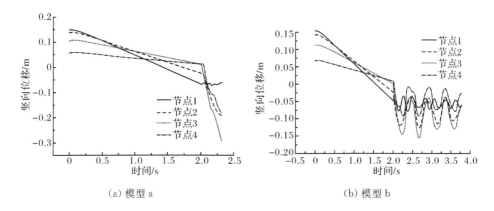

(a) 模型 a　　　　　　　　　　　(b) 模型 b

图 6.18　撑杆 3 失效后相关节点竖向位移时程曲线

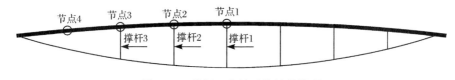

图 6.19　撑杆 4 失效后的局部模型

表 6.14　模型 a 撑杆 4 失效前后节点位移变化　　　（单位：mm）

节点	节点 1	节点 2	节点 3	节点 4
失效前	69	64	50	30
失效后	58	92	134	146
(失效后/失效前)/%	84	144	268	487

表 6.15　模型 a 撑杆 4 失效前后杆件应力变化　　　（单位：MPa）

杆件	压应力	拉应力	索	撑杆 1	撑杆 2	撑杆 3	撑杆 4
失效前	−86	—	481	27.4	27.5	28.0	29.6
失效后	−210	161	511	26.7	27.8	53.2	—
(失效后/失效前)/%	244	—	106	97	101	190	—

　　由表 6.14 可以看出，由于撑杆 4 失效，导致节点 1 的位移减少 16%，节点 2 的位移增加 44%；节点 3 的位移增加 168%，节点 4 的位移增加 387%。说明由于撑杆 4 的失效，一方面结构的整体刚度下降；另一方面撑杆 3 和支座之间的梁局部刚度下降很多，导致该处局部变形很大，张弦梁的最大位移从跨中的节点 1 变为节点 4。

　　从表 6.15 的杆件应力变化更能说明问题，撑杆 4 失效前上弦圆钢管没有出现拉应力,全长均为受压。由于撑杆 4 失效,导致撑杆 2 附近的圆钢管变成受弯为主的梁,上表面受压,下表面受拉,特别是上表面达到屈服,下表面接近屈服。索的应力变化较小,仅比失效前增加 6%;由于撑杆 4 的失效,原来撑杆 4 承担的力分给撑杆 3 和支座,导致撑杆 3 的压应力增加 90%;撑杆 1 和撑杆 2 的应力变化很小。

(2) 模型 b 的计算结果。

模型 b 在 2.276s 达到位移和杆件应力的最大值,撑杆 4 失效前后节点位移的变化见表 6.16,撑杆 4 失效前后杆件应力的变化见表 6.17。

表 6.16　模型 b 撑杆 4 失效前后节点位移变化　　　　　(单位:mm)

节点	节点 1	节点 2	节点 3	节点 4
失效前	69	64	50	30
失效后	51	92	135	125
(失效后/失效前)/%	74	144	270	417

表 6.17　模型 b 撑杆 4 失效前后杆件应力变化　　　　　(单位:MPa)

杆件	压应力	拉应力	索	撑杆 1	撑杆 2	撑杆 3	撑杆 4
失效前	−86	—	481	27.4	27.5	28.0	29.6
失效后	−210	136	477	25.3	26.8	49.5	—
(失效后/失效前)/%	244	—	99	92	97	177	—

由表 6.16 可以看出,由于撑杆 4 失效,导致节点 1 的位移降低 26%,节点 2 的位移增加 44%;节点 3 的位移增加 170%,节点 4 的位移增加 317%。说明由于撑杆 4 失效,一方面结构的整体刚度下降;另一方面撑杆 3 和支座之间的梁局部刚度下降很多,导致该处局部变形很大,张弦梁的最大位移从跨中的节点 1 变为节点 4。

从表 6.17 的杆件应力变化更能说明问题,撑杆 4 失效前上弦圆钢管没有出现拉应力,全长均为受压。由于撑杆 4 失效,导致撑杆 4 附近的圆钢管变成受弯为主的梁,上表面受压,下表面受拉,特别是上表面的压应力达到 210MPa,已屈服,下表面的拉应力也较大,达到 136MPa,说明结构也接近倒塌的临界点。索的应力变化较小,比失效前减少 1%;由于撑杆 4 失效,原来撑杆 4 承担的力分给撑杆 3 和支座,导致撑杆 3 的压应力增加 77%;撑杆 1 和撑杆 2 的应力变化很小。

对结构进行动力时程分析,得到两种模型相关节点的位移时程曲线如图 6.20 所示。从图中可以看出,在初始时刻由于预应力的作用,结构出现反拱,位移向上(正值)。在 0~2s 内,节点的位移随荷载的逐步增加而稳定增大;在 2~4s 内,撑杆失效,模型 a 逐渐倒塌;模型 b 的节点位移呈现出明显的振动,并且在接下来的时间段内,由于结构阻尼的存在,振幅开始衰减,并逐渐趋于稳定。

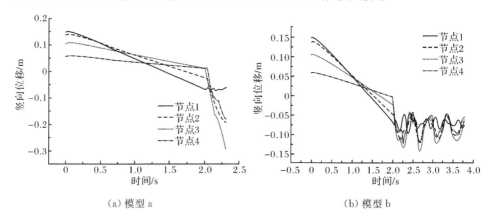

(a) 模型 a　　　　　　　　　　　　(b) 模型 b

图 6.20　撑杆 4 失效后相关节点竖向位移时程曲线

5) 结论

根据张弦梁模型 a 和模型 b 的分析比较得出如下结论。

(1) 由于模型 a 不满足式(6-1),当撑杆 3 和撑杆 4 失效时结构发生连续倒塌;模型 b 刚好满足式(6-1),所有撑杆失效均没有发生连续倒塌,说明式(6-1)用来作为张弦结构撑杆失效不发生局部破坏的充分条件是成立的。

(2) 两种模型的竖向位移和杆件最大应力比较得出,上弦刚度越低,上弦对撑杆的依赖性越大,由于动力放大效应,撑杆失效的影响越明显;撑杆破坏后索力的变化都很小,最大为 8%,进一步证明了撑杆破坏对索力影响很小。

(3) 两种模型撑杆失效后导致相邻撑杆的内力变化与张弦桁架模型一致,相邻撑杆内力增加均远大于 50%,最大达到 82%。说明撑杆失效后由于动力放大效应会导致相邻撑杆的内力增加很多,因此,防止撑杆发生连锁破坏的连续倒塌是很有必要的。

(4) 对于撑杆失效后上弦截面的受弯破坏,可以通过增加撑杆数目、减少撑杆间距或增强上弦刚度来防止。根据以上模型的分析以及参照《钢结构设计规范》(GB 50017—2003)和《建筑抗震设计规范》(GB 50011—2010)的相关规定,对于一般张弦结构,当撑杆失效后的相邻撑杆之间上弦的跨高比控制在 15~20 以内,一般不会发生连续倒塌。即张弦结构抗连续倒塌设计时,完整结构的相邻撑杆之间上弦的跨高比宜控制在 10 以内。

6.2.3　撑杆不同截面模型

根据以上分析,当张弦结构的上弦刚度较小,索和撑杆对上弦提供的支撑刚度较大时,撑杆的内力为 $ql/2$,若某个撑杆破坏,则失效撑杆相邻的两个撑杆的内力将增加很多,但最大值不超过 $3ql/2$;随着上弦刚度增大,索和撑杆对上弦提供的支撑刚度较小时,撑杆的内力小于 $ql/2$,且越来越小。若某个撑杆破坏,则失效撑杆相邻的两个撑杆的内力将增加很多,但最大值小于 $3ql/2$。因此提出防止撑杆发生连锁破坏的充分条件:撑杆应保证在轴力 $3ql/2$ 作用下不发生失稳破坏,q 的取值为 $1.5(L_D+0.25L_L)$。

为了论证上述理论推导的正确性,本节选用上弦刚度较大的张弦桁架和刚度较小的张弦梁进行不同撑杆截面的连续倒塌动力分析。

1) 张弦桁架模型

采用 5.2.4 节的张弦桁架模型,撑杆截面选用 $\phi102mm\times4mm$、$\phi95mm\times4mm$、$\phi89mm\times4mm$ 和 $\phi83mm\times4mm$ 四种,对应每种模型的每根撑杆的长细比和考虑杆件初始缺陷的屈服强度见表 6.18,对应每种模型在 $3ql/2$ 作用下的撑杆应力见表 6.18。

表 6.18　不同撑杆截面模型的计算参数和 $3ql/2$ 作用下的撑杆应力

计算模型	撑杆编号	撑杆截面/(mm×mm)	长细比	屈服强度/MPa	$3ql/2$ 作用下应力/MPa
模型 1	撑杆 1	$\phi102\times4$	115	93	165
	撑杆 2	$\phi102\times4$	102	114	165
	撑杆 3	$\phi102\times4$	63	166	165
模型 2	撑杆 1	$\phi95\times4$	123	85	178
	撑杆 2	$\phi95\times4$	110	98	178
	撑杆 3	$\phi95\times4$	68	160	178
模型 3	撑杆 1	$\phi89\times4$	131	77	191
	撑杆 2	$\phi89\times4$	117	91	191
	撑杆 3	$\phi89\times4$	73	146	191
模型 4	撑杆 1	$\phi83\times4$	141	68	205
	撑杆 2	$\phi83\times4$	126	81	205
	撑杆 3	$\phi83\times4$	79	139	205

注:$q=1.5(L_D+0.25L_L)$。

从表 6.18 可以看出,对应每种模型在 $3ql/2$ 作用下撑杆应力都比较大,已经超过四种模型所有撑杆的屈服强度。这不是撑杆截面参数选择有问题,而是因为上弦刚度越大,索和撑杆对上弦提供的弹性支撑越弱,撑杆内力越小,在完整结构设计时该撑杆截面承载力都满足要求。例如,完整结构中模型 1～模型 4 在设计荷载作用下的撑杆应力分别为 41.6MPa、44.8MPa、48.0MPa 和 51.6MPa,均小于四种模型的撑杆屈服强度。

　　下面采用考虑初始状态的全动力等效荷载卸载法分别对表 6.18 的四种模型进行分析。

　　(1) 撑杆 1 断裂失效。

　　撑杆 1 破坏的局部模型如图 6.6 所示,其中节点编号分别为节点 1~节点 3。

　　当撑杆 1 失效时,模型 1~模型 3 撑杆均未发生破坏,且跨中节点位移相同,而模型 4 中撑杆 2 达到屈服强度 81MPa,结构位移不断增大,计算不收敛,结构发生连续倒塌。

　　如图 6.21 所示,随着撑杆截面面积不断减小,结构在发生连续倒塌之前,结构的响应保持一致,其表现为跨中节点竖向位移相同,拉索,上、下弦杆及腹杆的应力保持不变。当模型 4 中的撑杆 2 达到屈服强度发生破坏时,跨中位移不断增大,从而发生连续倒塌,倒塌前其余杆件应力均未发生明显变化。

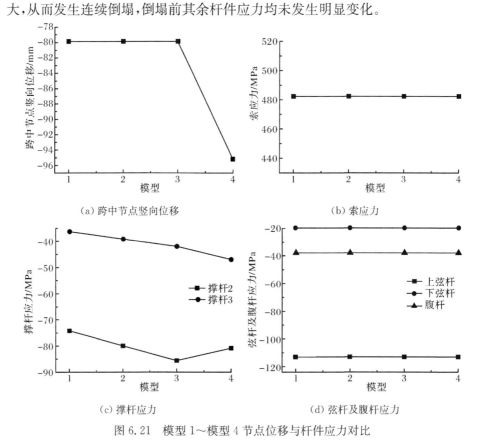

(a) 跨中节点竖向位移　　　　　　　　　(b) 索应力

(c) 撑杆应力　　　　　　　　　　(d) 弦杆及腹杆应力

图 6.21　模型 1~模型 4 节点位移与杆件应力对比

　　(2) 撑杆 2 断裂失效。

　　撑杆 2 破坏的局部模型如图 6.8 所示,其中节点编号分别为节点 1~节点 3。

　　当撑杆 2 破坏时,模型 1 和模型 2 的撑杆未发生破坏,其跨中节点位移相同,没有发生连续倒塌；而模型 3 和模型 4 的撑杆 1 均达到屈服强度，分别为 77MPa 与 68MPa，结构位移不断增大，计算不收敛，结构发生连续倒塌。

　　如图 6.22 所示，随着撑杆截面面积不断减小，结构在发生连续倒塌之前，结构的响应保持一致，其表现为跨中节点竖向位移相同，拉索，上、下弦杆及腹杆的应力保持不变。当撑杆 2 达到屈服强度发生破坏时，模型 3 和模型 4 的跨中位移不断增大，从而发生连续倒塌，倒塌前其余杆件应力未发生明显的变化。

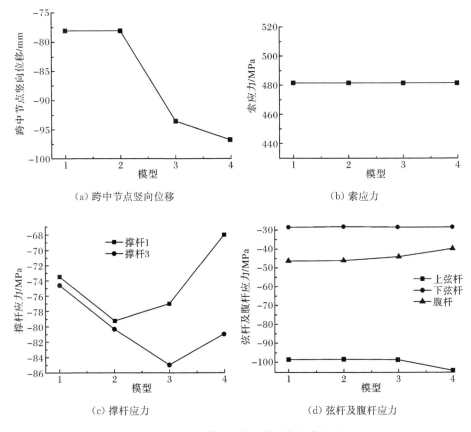

（a）跨中节点竖向位移　　　　　　　　（b）索应力

（c）撑杆应力　　　　　　　　（d）弦杆及腹杆应力

图 6.22　模型 1～模型 4 节点位移与杆件应力对比

（3）撑杆 3 断裂失效。

　　撑杆 3 破坏的局部模型如图 6.10 所示，其中节点编号分别为节点 1～节点 3。

　　当撑杆 3 破坏时，模型 1～模型 3 撑杆均未发生破坏，其跨中节点位移相同，没有发生连续倒塌；而模型 4 中撑杆 2 达到屈服强度 81MPa，结构位移不断增大，计算不收敛，结构发生连续倒塌。

　　由图 6.23 可知，随着撑杆截面面积不断减小，结构在发生连续倒塌之前，结构的响应保持一致，其表现为跨中节点竖向位移相同，拉索，上、下弦杆及腹杆的应力保持不变。当撑杆2达到屈服强度发生破坏时,模型4的跨中位移不断增大,从而发生连续倒塌,倒塌前其余杆件应力未发生明显的变化。

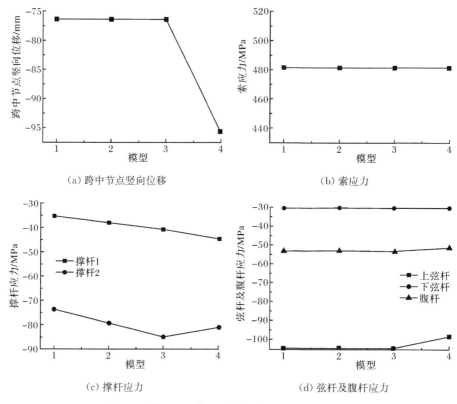

(a) 跨中节点竖向位移　　　　　　　　(b) 索应力

(c) 撑杆应力　　　　　　　　(d) 弦杆及腹杆应力

图 6.23　模型 1～模型 4 节点位移与杆件应力对比

2) 张弦梁模型

采用 6.2.2 节的张弦梁模型,为了防止发生上弦局部破坏,上弦截面采用 $\phi400mm\times16mm$。撑杆截面选用 $\phi102mm\times4mm$、$\phi95mm\times4mm$、$\phi89mm\times4mm$ 和 $\phi83mm\times4mm$ 四种,对应每种模型的每根撑杆的长细比和考虑杆件初始缺陷的屈服强度见表 6.19,对应每种模型在 $3ql/2$ 作用下撑杆应力见表 6.19。

表 6.19　不同撑杆截面模型的计算参数和 $3ql/2$ 作用下的撑杆应力

计算模型	撑杆编号	撑杆截面 /(mm×mm)	长细比	屈服强度 /MPa	$3ql/2$ 作用下 应力/MPa
模型 1	撑杆 1	$\phi102\times4$	115	93	82
	撑杆 2	$\phi102\times4$	108	101	82
	撑杆 3	$\phi102\times4$	87	128	82
	撑杆 4	$\phi102\times4$	57	165	82

续表

计算模型	撑杆编号	撑杆截面 /(mm×mm)	长细比	屈服强度 /MPa	$3ql/2$ 作用下 应力/MPa
模型 2	撑杆 1	$\phi95\times4$	124	83	88
	撑杆 2	$\phi95\times4$	117	91	88
	撑杆 3	$\phi95\times4$	94	119	88
	撑杆 4	$\phi95\times4$	61	160	88
模型 3	撑杆 1	$\phi89\times4$	133	75	95
	撑杆 2	$\phi89\times4$	125	82	95
	撑杆 3	$\phi89\times4$	100	111	95
	撑杆 4	$\phi89\times4$	65	156	95
模型 4	撑杆 1	$\phi83\times4$	143	67	102
	撑杆 2	$\phi83\times4$	134	74	102
	撑杆 3	$\phi83\times4$	108	101	102
	撑杆 4	$\phi83\times4$	70	150	102

注：$q=1.5(L_D+0.25L_L)$。

由表 6.19 可以看出，与张弦桁架模型相比，对应每种模型在 $3ql/2$ 作用下的撑杆应力都较小，与撑杆的屈服强度接近。说明上弦刚度越小，索和撑杆对上弦提供的弹性支撑越强，撑杆内力接近刚性连续梁的支座反力。

下面采用考虑初始状态的全动力等效荷载卸载法分别对表 6.19 的四种模型进行分析。

(1) 撑杆 1 断裂失效。

撑杆 1 破坏后的局部模型如图 6.13 所示，其中节点编号分别为节点 1～节点 4。

当撑杆 1 失效时，模型 1 和模型 2 中撑杆均未发生破坏，结构未发生连续倒塌。模型 3 和模型 4 分别在 2.074s 和 2.024s 时，撑杆 2 分别达到屈服强度 82MPa 和 74MPa 后，结构位移不断增大，计算不收敛，结构发生连续倒塌。此时上弦应力都比较小，模型 3 的最大应力为 109MPa，模型 4 的最大应力为 75MPa。

图 6.24(a)、(b)为模型 1 和模型 2 的节点 1 的竖向位移时程曲线；图 6.24(c)、(d)为模型 3 和模型 4 倒塌前节点 1 的竖向位移时程曲线。从图 6.24 中可以看出，模型 1 和模型 2 的振动形式完全一样。模型 3 和模型 4 在失效前的振动与模型 1 和模型 2 也一致。这是因为撑杆作为上弦的支承点，其支承刚度主要与索的刚度有关，撑杆截面的变化对其影响很小。因此，撑杆截面的改变，只是表现在撑杆应力的变化，而撑杆的轴力相同。

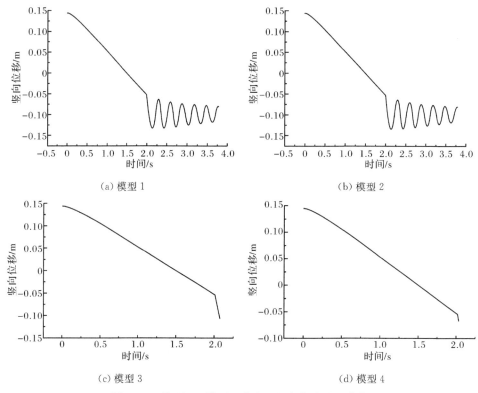

图 6.24　模型 1～模型 4 节点 1 竖向位移时程曲线

（2）撑杆 2 断裂失效。

撑杆 2 破坏后的局部模型如图 6.15 所示，其中节点编号分别为节点 1～节点 4。

当撑杆 2 失效时，模型 1 中撑杆未发生破坏，结构未发生连续倒塌。模型 2～模型 4 分别在 2.112s、2.056s 和 2.114s 时，撑杆 1 分别达到屈服强度 83MPa、75MPa 和 67MPa 后，结构位移不断增大，计算不收敛，结构发生连续倒塌。此时上弦应力都比较小，模型 2 的最大应力为 113MPa，模型 3 的最大应力为 103MPa，模型 4 的最大应力为 121MPa。

图 6.25（a）为模型 1 中节点 1、节点 2 的竖向位移时程曲线；图 6.25（b）～（d）为模型 2～模型 4 倒塌前节点 1、节点 2 的竖向位移时程曲线。从图 6.25 可以看出，撑杆失效前，模型 1～模型 4 的振动形式完全一样。

（3）撑杆 3 断裂失效。

撑杆 3 破坏后的局部模型如图 6.17 所示，其中节点编号分别为节点 1～节点 4。

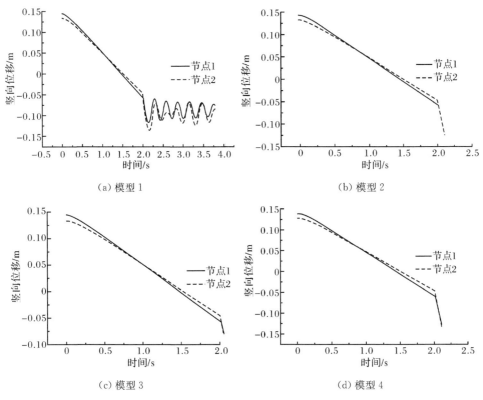

图 6.25　模型 1～模型 4 节点 1 和节点 2 竖向位移时程曲线

　　当撑杆 3 失效时,模型 1 中撑杆未发生破坏,结构未发生连续倒塌。模型 2～模型 4 分别在 2.936s、2.08s 和 2.002s 时,撑杆 2 分别达到屈服强度 91MPa、82MPa 和 74MPa 后,结构位移不断增大,计算不收敛,结构发生连续倒塌。此时上弦应力都比较小,模型 2 的最大应力为 131MPa,模型 3 的最大应力为 110MPa,模型 4 的最大应力为 82MPa。

　　图 6.26(a)为模型 1 中节点 1 和节点 3 的竖向位移时程曲线;图 6.26(b)～(d)为模型 2～模型 4 倒塌前节点 1 和节点 3 的竖向位移时程曲线。从图 6.26 可以看出,撑杆失效前,模型 1～模型 4 的振动形式完全一样。

　　(4) 撑杆 4 断裂失效。

　　撑杆 4 破坏后的局部模型如图 6.19 所示,其中节点编号分别为节点 1～节点 4。

　　当撑杆 4 失效时,模型 1～模型 4 中撑杆均未发生破坏,四种结构均未发生连续倒塌。

　　图 6.27 为四种模型中节点 1 和节点 4 的竖向位移时程曲线。从图中可以看出,

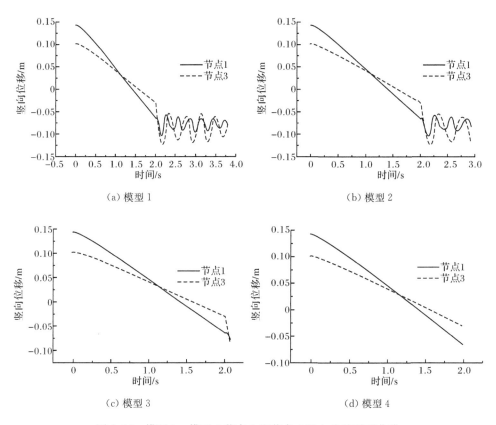

(a) 模型 1　　　　　　　　　　　　　　(b) 模型 2

(c) 模型 3　　　　　　　　　　　　　　(d) 模型 4

图 6.26　模型 1～模型 4 节点 1 和节点 3 竖向位移时程曲线

模型 1～模型 4 的振动形式完全一样。进一步证明撑杆作为上弦的支承点,其支承刚度主要与索的刚度有关,撑杆截面的变化对其影响很小。撑杆截面的改变只是表现在撑杆应力的变化,而撑杆的轴力相同。

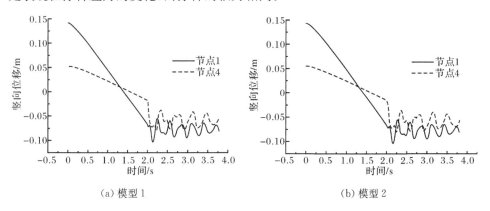

(a) 模型 1　　　　　　　　　　　　　　(b) 模型 2

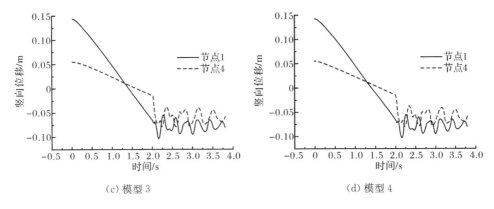

（c）模型 3　　　　　　　　　　　　　（d）模型 4

图 6.27　模型 1～模型 4 节点 1 和节点 4 竖向位移时程曲线

3）结论

根据张弦桁架和张弦梁不同撑杆截面的连续倒塌的动力分析,得出以下结论。

（1）当张弦结构的上弦刚度较小,索和撑杆对上弦提供的支撑刚度较大时,撑杆的内力接近 $ql/2$;当上弦刚度较大,索和撑杆对上弦提供的支撑刚度较小时,撑杆的内力小于 $ql/2$,且支撑刚度越小,撑杆内力越小。若某个撑杆破坏,则失效撑杆相邻的两个撑杆的内力将增加很多,一是由于撑杆承担的荷载增加;二是动力放大的影响。故本章提出防止撑杆发生连锁破坏的充分条件是正确的,即撑杆应保证在轴力 $3ql/2$ 作用下不发生失稳破坏,q 的取值为 $1.5(L_D+0.25L_L)$。

（2）张弦结构的撑杆为两端受轴心力的受压杆,可按两端铰接压杆进行稳定计算[2],其承载力主要与长细比有关。根据以上计算结果,当撑杆的长细比小于110 时,不易出现撑杆接连破坏的连续倒塌。结合《钢结构设计规范》(GB 50017—2003)和《建筑抗震设计规范》(GB 50011—2010)对压杆的长细比要求,提出进行连续倒塌设计时,张弦结构的撑杆长细比应控制在 100 以内。

6.3　参数对数值计算结果的影响

为了进一步了解撑杆失效的动力影响以及验证上述分析的准确性,本节对张弦桁架模型的阻尼比、撑杆失效时间、迭代时间增量步 3 个不同参数进行分析。

假定结构跨中的一根撑杆断裂失效,然后取较为重要的弦杆内力、撑杆内力、拉索内力和节点竖向位移作为对比。在结构振动过程中,处于正向振动(振动方向与竖向位移一致)最大振幅处的状态定义为状态 A,反向振动(振动方向与竖向位移相反)最大振幅处的状态定义为状态 B。相关的弦杆、撑杆、索、节点的选取如

图 6.28 所示,图中所示为张弦桁架跨中位置断撑杆的模型示意图,弦杆一共选取三根,选取的杆件均为上弦受压杆件,且沿跨度方向均匀分布;撑杆选取两根;拉索一共选取三根;节点一共选取三个,位于撑杆支撑点处。

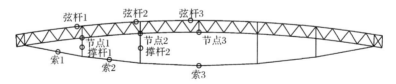

图 6.28　弦杆、撑杆、索及节点的选取

6.3.1　阻尼比对数值计算结果的影响

1) 不同阻尼比对竖向位移时程曲线的影响

为了解不同阻尼比对计算结果的影响[9],取不同的阻尼比($C=0$、0.005、0.01、0.015、0.02)对结构进行考虑初始状态的全动力等效荷载瞬时卸载法的动力时程分析。取张弦桁架结构的节点 3,观察此节点在不同阻尼比下的竖向位移反应。在初始时刻由于预应力的作用,结构出现反拱,位移向上(正值)。在 0~1s 内,在荷载上升阶段以及结构持荷振动阶段,阻尼比的大小对此节点的位移影响不大,位移随着时间的增长不断增大。而在 1s 之后,撑杆断裂,阻尼比的影响开始显现出来。选取节点 3 对应不同阻尼比在 1s 之后的竖向位移时程曲线如图 6.29 所示,选取跨中索节点在不同阻尼比下的竖向位移时程曲线如图 6.30 所示。

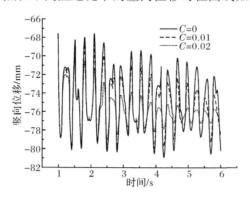

图 6.29　不同阻尼比下节点 3 的竖向位移时程曲线

当结构的阻尼比 $C=0$ 时,结构呈现明显的振动现象。虽然振动具有明显的周期性,但是也具有明显的不规则性,每次正向振动和负向振动振幅的大小都不尽相同,且结构振动的振幅并不随着时间的增长而衰减。由于撑杆破坏后,节点 3 和索 3 的竖向振动不再一致,分别各自振动,且上部桁架的振动受到索振动影响,

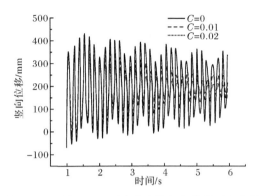

图 6.30　不同阻尼比下索中点的竖向位移时程曲线

随着时间的推移,节点 3 的振动幅度变大,而索 3 的振动变化较小,如图 6.29 和 6.30 所示。

当结构的阻尼比 $C=0.005$ 时,结构正向振动的振幅与负向振动的振幅分别出现在撑杆破坏后的第二次和第三次振动中,并不在第一次振动中出现。结构的振动振幅随着时间的增长开始衰减。当结构的阻尼比 $C=0.01$ 时,结构的正向振动振幅随着时间的增长而逐渐衰减,负向振动振幅在第二次振动时振幅比第三次振动时的振幅小,这一现象在 $C=0.015$ 时也存在。当结构的阻尼比 $C=0.02$ 时,结构呈现出典型的振幅随时间衰减的振动现象。

2)不同阻尼比对竖向位移的影响

为了进一步了解结构的阻尼比对计算结果的影响,不同阻尼比下结构在状态 A 和 B 下的节点竖向位移对比如图 6.31 所示。由图 6.31 可以看出,状态 A 下结构的节点竖向位移随着阻尼比的增大而逐渐降低,但降低的幅度很小。状态 B 下结构的节点竖向位移随着阻尼比的增大而逐渐增大,增大的幅度也很小。

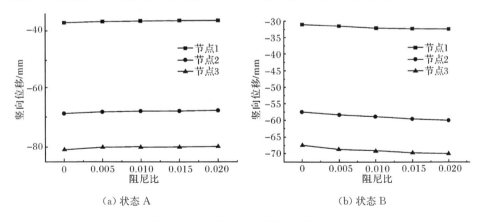

(a)状态 A　　　　　　　　　　　　　(b)状态 B

图 6.31　不同阻尼比下节点位移对比

取其中竖向位移最大的节点3进行分析比较,此节点在阻尼比$C=0$时,状态A和B下的竖向位移分别为-81.0mm和-67.5mm;当阻尼比增大到0.005时,其值为-80.0mm和-68.7mm;当阻尼比增大到0.015时,其值为-80.0mm和-69.7mm;当阻尼比增大到0.02时,其值为-79.9mm和-70.0mm。分析可知,当结构的阻尼比从0增大到0.005时,状态A下节点3的竖向位移减少了1.0mm,减少幅度为1.25%;状态B下节点3的竖向位移增大了1.2mm,增大幅度为1.8%。当结构的阻尼比从0.015增大到0.02时,状态A下节点3的竖向位移减少了0.1mm,减少幅度为0.125%;状态B下节点3的竖向位移增大了0.25mm,增大幅度为0.36%。

说明阻尼对结构振动的影响是,随着时间的推移,阻尼会使得振动幅度衰减,振动停止;由于最大位移发生在杆件初始失效时,所以阻尼对最大位移影响较小。

3) 不同阻尼比对杆件应力的影响

图6.32显示了阻尼比对索应力的影响,状态A下拉索应力随着阻尼比的增大而逐渐减少,但减少的幅度很小。状态B下索应力随着阻尼比的增大而逐渐增加,但增加的幅度也很小。

以其中应力最大的索3为例,此拉索在阻尼比$C=0$时,状态A和B下的应力分别为502MPa和447MPa;当阻尼比增大到0.005时,其值为500MPa和453MPa;当阻尼比增大到0.015时,其值495MPa和455MPa;当阻尼比增大到0.02时,其值为493MPa和456MPa。分析可知,当阻尼比从0增大到0.005时,状态A下索3的应力减少了2MPa,减小幅度为0.4%;状态B下索3的应力增加了6MPa,增加幅度为1.34%。当阻尼比从0.015增大到0.02时,状态A下索3的应力减小了2MPa,减小幅度为0.41%;状态B下增加了1MPa,增加幅度为0.22%。

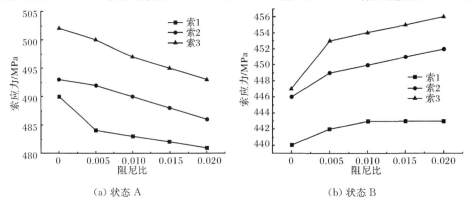

(a) 状态A　　　　　　　　　(b) 状态B

图6.32　不同阻尼比下索应力对比

图6.33和图6.34显示了阻尼比对撑杆和弦杆应力的影响,同前面分析的索

应力一样,状态 A 下杆件应力随着阻尼比的增大而逐渐降低,但降低的幅度很小。状态 B 下杆件应力随着阻尼比的增大而逐渐增大,但增大的幅度很小。

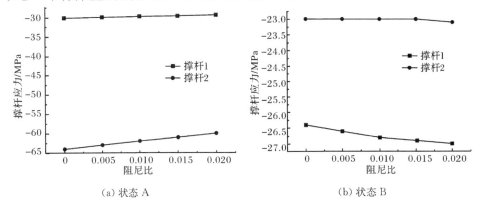

（a）状态 A　　　　　　　　　　（b）状态 B

图 6.33　不同阻尼比下撑杆应力对比

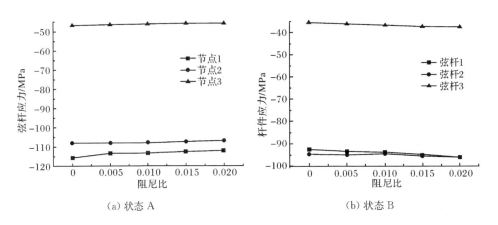

（a）状态 A　　　　　　　　　　（b）状态 B

图 6.34　不同阻尼比下弦杆应力对比

4）不同阻尼比分析结论

综上分析可知,阻尼比对计算结果的影响主要体现在以下两个方面。

（1）由于阻尼的作用,杆件突然失效后剩余结构的振动会随着时间推移越来越小,直到停止,但对结构的最大动力响应（最大位移、杆件最大应力等）影响较小。

（2）如果不考虑阻尼,撑杆破坏后,下弦索和上弦结构的竖向振动不再一致,分别各自振动,且上部桁架的振动受到索振动的影响,随着时间的推移,上弦结构的振动不会减少,甚至变大。这一现象随着阻尼比的增加而迅速消减。

故对结构采用合适的阻尼比,是计算能够得到精确结果的一个重要保证。本书在进行撑杆间距和撑杆截面影响分析时,取阻尼比 0.02 是可行的。

6.3.2　撑杆失效时间对数值计算结果的影响

　　等效荷载瞬时卸载法计算结果的准确性依赖于荷载 P 卸载时间的大小。美国 GSA 规范要求在采用 AP 法进行动力分析时,必须在小于剩余结构自振周期 1/10 的时间段内"拿掉"模拟失效的承重构件,显然,构件的失效时间越短对剩余结构的影响越不利[7~10]。

　　1)撑杆失效时间对竖向位移时程曲线的影响

　　为了解撑杆失效时间对结构计算的影响,取不同的撑杆失效时间(即等效荷载卸载法的荷载时程曲线中 t_p 时间段,$t_p=0.5s$、$0.1s$、$0.01s$、$0.005s$、$0.001s$)对结构进行动力时程分析。取前面分析中张弦桁架结构的节点 3,观察此节点在不同撑杆失效时间下的竖向位移。图 6.35 为选取节点 3 对应撑杆不同失效时间在 1s 之后的竖向位移时程曲线。

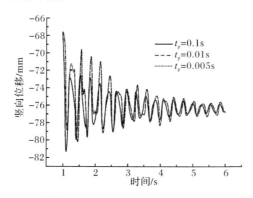

图 6.35　不同撑杆失效时间下节点 3 的竖向位移时程曲线

　　在 0~1s 内,在荷载上升阶段以及结构持荷振动阶段,撑杆失效时间的大小对此节点的位移影响很小。而在 1s 之后,撑杆断裂,撑杆失效时间的影响开始显现。当撑杆失效时间 $t_p=0.1s$ 时,结构开始呈现出明显的振动形态,节点 3 的竖向位移增大,同时振动幅度相应有所增加。当撑杆失效时间 $t_p=0.01s$ 时,节点 3 的竖向位移继续增大,同时振动幅度也明显增加。当撑杆失效时间 $t_p=0.005s$ 时,可以看出节点 3 的位移时程曲线与 $t_p=0.01s$ 时的位移时程曲线基本重合在一起。

　　2)撑杆失效时间对竖向位移的影响

　　为了进一步了解撑杆失效时间对计算结果的影响,取不同撑杆失效时间 t_p 下结构在状态 A 和 B 下的节点竖向位移进行对比,比较结果如图 6.36 所示(横坐标的 1、2、3、4、5 分别代表撑杆失效时间 $t_p=0.5s$、$0.1s$、$0.01s$、$0.005s$、$0.001s$)。

　　由图 6.36 可以看出,状态 A 下节点竖向位移随着撑杆失效时间的减小变化不大。状态 B 下节点竖向位移随着撑杆失效时间的增大略有降低,特别是失效时间从 0.5s 变为 0.1s 时出现明显的拐点。随着撑杆失效时间的进一步减小,降低的趋势有所变缓。

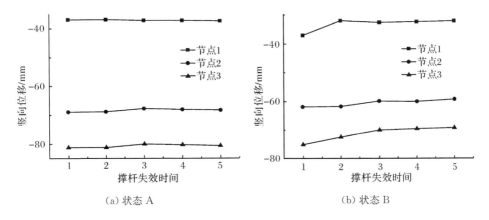

图 6.36　不同撑杆失效时间下节点位移对比

取其中竖向位移最大的节点 3 来进行分析比较,此节点在撑杆失效时间 $t_p=$ 0.5s 时,状态 A 和 B 下的竖向位移分别为 $-81.2mm$ 和 $-75.0mm$。当撑杆失效时间 $t_p=0.1s$ 时,其值为 $-80.0mm$ 和 $-72.4mm$,当撑杆失效时间 $t_p=0.01s$ 时,其值为 $-79.9mm$ 和 $-70.0mm$。当撑杆失效时间 t_p 继续减小时,这一数字基本上不再变化。可见当撑杆失效时间 t_p 大于 0.1s 时,失效时间对节点竖向位移的影响较大;当撑杆失效时间 t_p 小于 0.1s 时,失效时间对节点竖向位移的影响很小,基本可以忽略。

3) 撑杆失效时间对杆件应力影响

图 6.37 显示了撑杆失效时间对索应力的影响,同前面的分析一样,状态 A 下索应力随着撑杆失效时间的减小而逐渐增大,这一现象在撑杆失效时间 $t_p=$ 0.5~0.1s 时十分明显,随着撑杆失效时间的进一步减小,增加的趋势有所变缓。同样,状态 B 下索应力随着撑杆失效时间的减小而逐渐降低。

图 6.38 和图 6.39 显示了撑杆失效时间对撑杆及弦杆应力的影响,状态 A 下撑杆 1 的应力随着撑杆失效时间的减小变化不大,而撑杆 2 的应力随着撑杆失效时间的减小而增大,随着撑杆失效时间的进一步减小,增大的趋势有所变缓;弦杆应力随着撑杆失效时间的减小变化不大。状态 B 下撑杆应力随着撑杆失效时间的减小而逐渐降低,这一现象在撑杆失效时间 $t_p=0.5~0.1s$ 时十分明显,随着撑杆失效时间的进一步减小,降低的趋势有所变缓;弦杆应力随着撑杆失效时间的减小变化不大。可见当撑杆失效时间 t_p 大于 0.1s 时,失效时间对撑杆应力的影响较大;当撑杆失效时间 t_p 小于 0.1s 时,失效时间对杆件应力的影响很小,基本可以忽略。

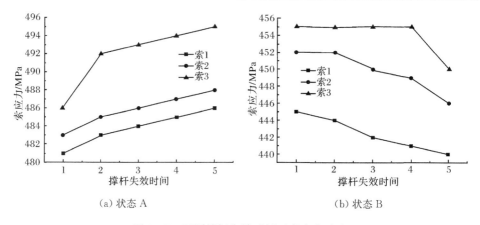

（a）状态 A　　　　　　　　　（b）状态 B

图 6.37　不同撑杆失效时间下索应力对比

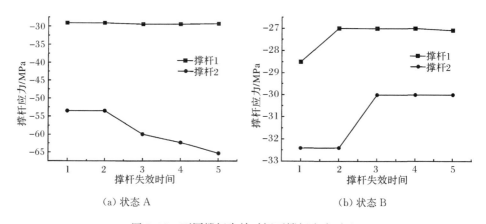

（a）状态 A　　　　　　　　　（b）状态 B

图 6.38　不同撑杆失效时间下撑杆应力对比

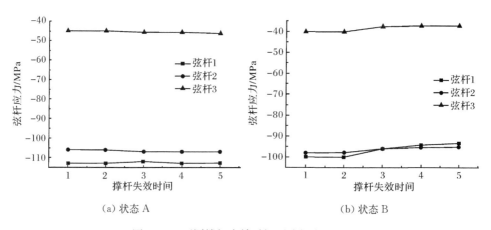

（a）状态 A　　　　　　　　　（b）状态 B

图 6.39　不同撑杆失效时间下弦杆应力对比

4) 撑杆失效时间分析结论

综上分析可知,由于张弦桁架上弦刚度较大,总体来讲撑杆失效对张弦桁架的动力影响(跨中位移和杆件应力)较小。但从不同失效时间的跨中节点竖向位移时程曲线和杆件应力变化仍然可以看出,当撑杆失效时间 t_p 大于 0.1s 时,失效时间对结构动力响应的影响比较明显;当撑杆失效时间 t_p 小于 0.1s 时,失效时间对计算结果的影响较小,基本可以忽略。而注意到结构撑杆失效后的第一周期为0.33s,因此根据 GSA 规范,撑杆失效时间 t_p 应小于结构竖向振动周期的 1/10。

本书在进行撑杆间距和撑杆截面影响分析时,撑杆失效时间 t_p 均取 0.01s,都小于结构竖向振动周期的 1/10,因此计算结果是准确的。

6.3.3　迭代时间增量步对数值计算结果的影响

在动力分析中,荷载的迭代时间增量步是非常重要的一个参数,是动力计算中的积分时间步长,只有对其进行严格控制,才能保证计算中的数值稳定和精度要求。为了了解迭代时间增量步对结构计算结果的影响,取不同的迭代时间增量步(S 分别为 0.1、0.05、0.01、0.005)对结构进行考虑初始状态的全动力等效荷载瞬时卸载法的动力时程分析。

1) 迭代时间增量步对竖向位移时程曲线影响

首先取张弦桁架结构的节点 3,来观察此节点在不同迭代时间增量步下的竖向位移反应。在 0~1s 内,在荷载上升阶段以及结构持荷振动阶段,迭代时间增量步的大小对此节点的位移影响不大。而在 1s 后,结构的撑杆断裂,迭代时间增量步的影响开始显现。当迭代时间增量步 $S=0.1$ 时,振动的周期性开始显现,振动的振幅也明显增大。当迭代时间增量步 $S=0.05$ 以及更小时,振动的振幅略微减小。节点的位移时程曲线基本重合在一起,迭代时间增量步对计算结果的影响已经微乎其微,可以忽略。图 6.40 为选取节点 3 对应不同迭代时间增量步在 1s 后的竖向位移时程曲线。

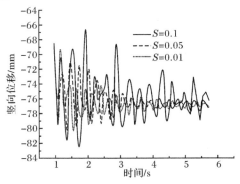

图 6.40　不同迭代时间增量步下节点竖向位移时程曲线

2）迭代时间增量步对竖向位移的影响

为了进一步了解迭代时间增量步对计算结果的影响,取不同迭代时间增量步下结构在状态 A 和 B 下的节点竖向位移进行对比,如图 6.41 所示(横坐标的 1、2、3、4 分别代表了迭代时间增量步 S 的取值为 0.1、0.05、0.01、0.005)。由图 6.41 可以看出,状态 A 下结构的节点竖向位移随着迭代时间增量步的减小而逐渐增大,增大的趋势在迭代步为 0.05 时变得平缓。状态 B 下结构的节点竖向位移随着迭代时间增量步的减小而逐渐减小,减小的趋势在迭代步为 0.05 时变得平缓。在迭代时间增量步小于 0.05 后,节点的竖向位移基本一致。

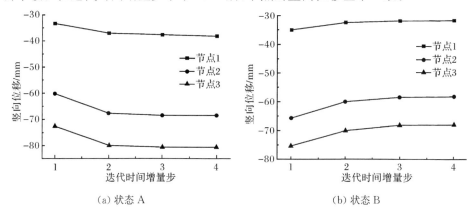

(a) 状态 A　　　　　　　　　　(b) 状态 B

图 6.41　不同迭代时间增量步下节点位移对比

3）迭代时间增量步对杆件应力影响

图 6.42 显示了迭代时间增量步对拉索应力的影响。同前面分析的节点位移一样,状态 A 下拉索应力随着迭代时间增量步的减小而逐渐增大,增大的趋势在迭代步为 0.05 时变得平缓。状态 B 下拉索应力随着迭代时间增量步的减小而逐

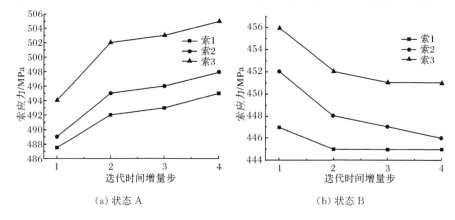

(a) 状态 A　　　　　　　　　　(b) 状态 B

图 6.42　不同迭代时间增量步下索应力对比

渐降低,降低的趋势在迭代步为 0.05 时变得平缓。在迭代时间增量步小于 0.05 后,拉索的应力基本一致。

　　图 6.43 和图 6.44 显示了迭代时间增量步对撑杆及弦杆应力的影响。同前面分析的节点位移一样,状态 A 下杆件的应力随着迭代时间增量步的减小而逐渐增大,增大的趋势在迭代步为 0.05 时变得平缓。状态 B 下杆件的应力随着迭代时间增量步的减小而逐渐减小,减小的趋势在迭代步为 0.05 时变得平缓。在迭代时间增量步小于 0.05 后,杆件的应力基本一致。

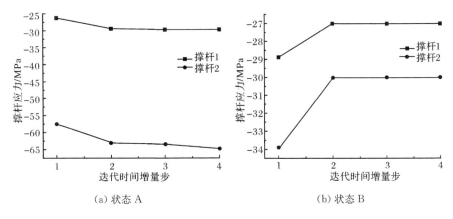

(a) 状态 A　　　　　　　　　　　　(b) 状态 B

图 6.43　不同迭代时间增量步下撑杆应力对比

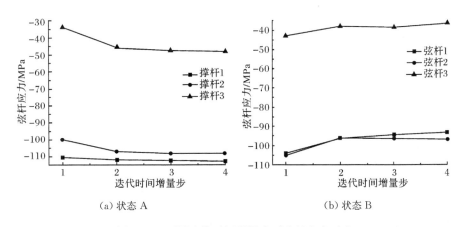

(a) 状态 A　　　　　　　　　　　　(b) 状态 B

图 6.44　不同迭代时间增量步下弦杆应力对比

4) 迭代时间增量步分析结论

　　综合分析可知,在迭代时间增量步为 0.1 的情况下,并不能得到较为稳定的计算结果。在迭代时间增量步为 0.05 时,得到的结果已经可以满足需要的精度要求,迭代时间增量步的进一步减小对计算结果基本无影响,而且更小的迭代时间增量步会增大计算量,需要耗费更多的计算内存和计算时间。本书在进行撑杆间距和撑杆截面影响分析时,迭代时间增量步均取 0.05,满足计算精度的要求。

6.4 本 章 小 结

首先通过撑杆失效对张弦结构各部分力学性能的影响进行分析,得出撑杆失效会导致索松弛,从而引起预应力损失,但由于预应力大小对张弦结构的极限承载力影响较小,且撑杆破坏引起的索力变化很小,撑杆破坏导致索松弛对连续倒塌的不利影响可以忽略不计;撑杆破坏会导致矢高降低,是影响整体刚度降低的主要因素,根据张弦结构的构成特征,得出整体刚度的降低值一般不会超过 15%,撑杆失效导致整体破坏的概率很小;撑杆失效对张弦结构的影响主要是导致其余撑杆内力增加和撑杆失效处上弦局部刚度降低,从而发生撑杆接连失效的连续倒塌或上弦局部破坏的倒塌。又根据张弦结构的受力特点,假定张弦结构为两端受集中力的弹性连续梁(拱)模型,通过对该模型的内力分析,得到防止张弦结构上弦发生局部破坏的充分条件是上弦截面在内力($M=ql^2/2,V=3ql/2,N=P$)作用下满足式(6-1)和式(6-2);防止张弦结构撑杆发生连锁破坏的充分条件是撑杆在轴力 $3ql/2$ 作用下不发生失稳破坏;q 的取值均为 $1.5(L_D+0.25L_L)$。

然后采用上弦刚度较大的张弦桁架模型和上弦刚度较小的张弦梁模型以及两种上弦刚度的不同撑杆截面模型进行撑杆失效的连续倒塌的动力分析,分析结果证明以上理论推导是正确的。并通过分析结果的比较和总结,参照《钢结构设计规范》(GB 50017—2003)和《建筑抗震设计规范》(GB 50011—2010)中的相关规定,提出张弦结构抗连续倒塌时,完整结构的相邻撑杆之间上弦的跨高比宜控制在 10 以内,撑杆长细比应控制在 100 以内。

最后选取阻尼比、撑杆失效时间和迭代时间增量步 3 个不同参数对张弦桁架模型进行撑杆破坏的连续倒塌的参数分析,得出以下结论。

(1)阻尼比的影响主要体现在张弦结构的振动形式上,对结构的最大响应(节点位移、拉索应力、撑杆及弦杆应力)影响不大。

(2)结构的最大响应(节点位移、拉索应力、撑杆及弦杆应力)随着撑杆失效时间的减少而有所增大,在撑杆失效时间小于结构竖向基本周期的 1/10 左右时,结构的响应基本无变化,建议撑杆失效时间取值小于结构竖向基本周期的 1/10。

(3)荷载的迭代时间增量步若采用程序默认的自由迭代则会造成不准确的结果,为了得到精确的结果及不必要的时间和内存的耗费,采取合适的时间增量步是十分必要的。

参 考 文 献

[1] 田炜,崔家春,李承铭. 张弦梁关键问题研究[J]. 建筑结构,2009,(增刊):73—78.

[2] 熊伟,吴敏哲,李青宁. 形态优化张弦桁架撑杆与稳定设计[J]. 西安建筑科技大学学报:自然科学版,2006,38(1):115—119.

[3] 姚国红,刘树堂,康丽萍. 单榀张弦桁架结构各因数的影响分析[J]. 河南科技大学学报:自然科学版,2008,29(2):65—70.

[4] Buscemi N,Marjanishvili S. SDOF model for progressive collapse analysis[C]//Metropolis& Beyond Proceedings of the 2005 Structures Congress and the 2005 Forensic Engineering Symposium,New York,2005:1—12.

[5] 王蜂岚. 索拱结构屋盖体系的连续倒塌分析[D]. 南京:东南大学,2009.

[6] 张云鹏,剧锦三. 考虑初始静力荷载效应的框架结构部分底层柱失效时的瞬时动力分析[J]. 中国农业大学学报,2007,12(4):90—94.

[7] Murtha-Smith E A. Alternate path analysis of space trusses for progressive collapse[J]. Journal of Structural Engineering,1988,114(9):1978—1999.

[8] 王学斌. 斜拉网架结构的抗连续倒塌能力及设计方法研究[D]. 南京:东南大学,2012.

[9] 蔡建国,王蜂岚,冯健,等. 大跨空间结构连续倒塌分析若干问题探讨[J]. 工程力学,2012,29(3):143—149.

[10] General Services Administration. Progressive Collapse Analysis and Design Guidelines for New Federal Office Buildings and Major Modernization Projects[S]. Washington DC:General Services Administration,2003.

第7章 应力比值法研究张弦结构的动力放大系数

对于结构连续倒塌过程中的动力特性通常有两种考虑方式:一是采用直接动力计算的分析方法;二是通过荷载动力放大系数将荷载放大进行静力计算,从而间接模拟结构的动力响应。由于直接动力分析方法比较复杂,因此通过动力放大系数将荷载放大,进行静力分析可使计算量大大减小。考虑到空间结构荷载动力放大系数的文献较少,本章对张弦结构的动力放大系数进行研究。

7.1 应力比值法分析动力放大系数

Biggs[1]于 1964 年提出采用 DIF$=V_{max}/V_s$ 来反映结构动力响应与静力响应的关系,以简化结构体系的动力响应。其中,V_{max} 为结构在动力计算下的最大位移;V_s 为结构的静位移。此后不断有研究人员对结构的动力放大系数的取值进行研究,如美国两大连续倒塌设计规范——GSA 规范和 UFC 规范中均取 DIF 值为 2.0[2]。国内外学者通过对多种框架结构的动力放大系数进行研究,认为按照 GSA 规范和 UFC 规范的荷载取值,对于线性静力计算,DIF 取 2.0 也许是可行的,但考虑到材料非线性因素的不确定性,也有可能是偏小的,对于非线性静力计算,DIF 取 2.0 是偏于保守的[3~5]。国内学者胡晓斌等[6,7]认为当结构屈服进入塑性状态后,动力放大效应还与需求能力比 DCR(DCR=剩余结构上的竖向分布荷载/剩余结构极限竖向分布荷载)有关,动力放大系数随着 DCR 的增大而增大,直至结构出现动力发散,因此,DIF 取 2.0 也有可能是偏小的。以上关于动力放大系数的观点为什么会出现如此大的差异,本书首先采用单自由度体系的简单模型进行动力响应分析,研究影响单自由度质点动力放大系数的因素。

7.1.1 影响动力放大系数的因素

如图 7.1(a)所示的模型,简支梁跨中有一质点,质量为 m,在集中力 P_0 和柱支撑作用下处于平衡状态。简支梁的刚度为 k,不考虑简支梁的重量。

假定柱的轴向刚度无穷大,则可以等效为图 7.1(b)所示模型,且 $P=P_0$。因此,在柱失效前,可以认为质点所受荷载为 0。当柱突然失效,失效时间为 t_0,则 P 在 t_0 时间内将从 P_0 减小到 0。因此,质点将发生初始位移和初始速度为 0 的振动,所受的荷载为 $P(t)$,如式(7-1)和图 7.2 所示。

$$P(t) = \begin{cases} \dfrac{t}{t_0}P_0, & 0 < t < t_0 \\ P_0, & t > t_0 \end{cases} \tag{7-1}$$

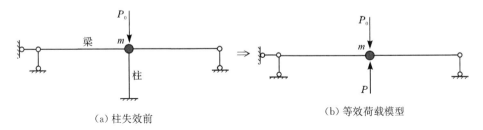

(a) 柱失效前   (b) 等效荷载模型

图 7.1 结构简图

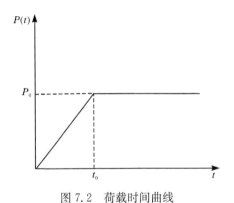

图 7.2 荷载时间曲线

由图 7.2 可知，质点在 $P(t)$ 作用下的位移响应可以分为 $(0, t_0)$ 和 (t_0, t) 两个阶段进行，不考虑阻尼的影响，则这两个阶段的动力响应可采用 Duhamel 积分[8]。

1) 第一阶段 $(0 < t < t_0)$

$$\begin{aligned} y(t) &= \frac{1}{m\omega} \int_0^t P(\tau) \sin\omega(t-\tau) \mathrm{d}\tau \\ &= \frac{P_0}{m\omega t_0} \int_0^t \tau \sin\omega(t-\tau) \mathrm{d}\tau \\ &= \frac{P_0}{k} \left(\frac{t}{t_0} - \frac{1}{\omega t_0} \sin\omega t \right) \end{aligned} \tag{7-2}$$

2) 第二阶段 $(t > t_0)$

$$\begin{aligned} y(t) &= \frac{1}{m\omega} \int_0^t P(\tau) \sin\omega(t-\tau) \mathrm{d}\tau \\ &= \frac{1}{m\omega} \int_0^{t_0} P(\tau) \sin\omega(t-\tau) \mathrm{d}\tau + \frac{1}{m\omega} \int_{t_0}^t P(\tau) \sin\omega(t-\tau) \mathrm{d}\tau \end{aligned}$$

$$= \frac{P_0}{k} \{ \cos\omega(t-t_0) + \frac{1}{\omega t_0} [\sin\omega(t-t_0) - \sin\omega t] \}$$

$$+ \frac{P_0}{k} [1 - \cos\omega(t-t_0)]$$

$$= \frac{P_0}{k} \left\{ 1 + \frac{1}{\omega t_0} [\sin\omega(t-t_0) - \sin\omega t] \right\} \qquad (7\text{-}3)$$

式中,k 为简支梁的弹性刚度;ω 为质点的振动圆频率,等于 $2\pi/T$,T 为质点的自振周期。

3) 动力放大系数讨论

式(7-2)和式(7-3)中的 $\frac{P_0}{k}$ 为静力位移,如图 7.3 中静力平衡位置,设 $y_{st} =$

$\frac{P_0}{k}$。假定简支梁的振动为弹性振动,即整个振动过程中简支梁的刚度保持不变。

则式(7-2)中的 $\frac{t}{t_0} - \frac{1}{\omega t_0}\sin\omega t$ 和式(7-3)中的 $1 + \frac{1}{\omega t_0}[\sin\omega(t-t_0) - \sin\omega t]$ 分别为两个阶段的动力放大系数,下面分别对这两个系数的最大值进行分析。

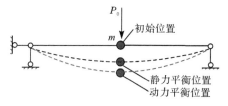

图 7.3　振动位移曲线

设

$$R_1 = \frac{t}{t_0} - \frac{1}{\omega t_0}\sin\omega t$$

由于 R_1 是增函数,其极大值发生在第一阶段末 $t=t_0$ 处,所以

$$R_{1max} = 1 - \frac{1}{\omega t_0}\sin\omega t_0 \qquad (7\text{-}4)$$

设

$$R_2 = 1 + \frac{1}{\omega t_0}[\sin\omega(t-t_0) - \sin\omega t]$$

$$= 1 - \frac{1}{\omega t_0}[\sin\omega t(1-\cos\omega t_0) + \cos\omega t \sin\omega t_0]$$

$$= 1 - \frac{|\sin(\omega t_0/2)|}{\omega t_0/2}\sin(\omega t + \beta)$$

其中,$\tan\beta = \frac{1-\cos\omega t_0}{\sin\omega t_0}$。

故 R_2 的极大值为

$$R_{2\max} = 1 + \frac{|\sin(\omega t_0/2)|}{\omega t_0/2} \tag{7-5}$$

由于其极大值总是可以取到,发生极大值的时刻与(ωt_0)的大小有关。故动力放大系数为

$$\mu = \max(R_{1\max}, R_{2\max}) \tag{7-6}$$

由式(7-4)~式(7-6)可知,动力放大系数与(ωt_0)或(t_0/T)有关。对式(7-4)~式(7-6)进行 MATLAB 数值分析,可以得到动力放大系数 μ 随(t_0/T)变化的曲线,如图 7.4 所示。

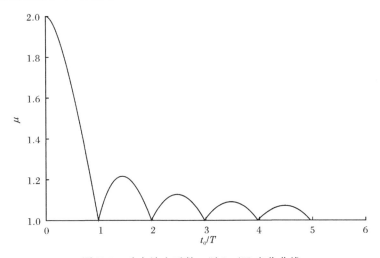

图 7.4　动力放大系数 μ 随(t_0/T)变化曲线

从图 7.4 可以看出,动力放大系数 μ 随着(t_0/T)的增大而减小;当 t_0 为 0 时,动力放大系数达到最大值 2.0;在 $t_0 \gg T$ 时,出现的峰值较小。当 $t_0 > 3T$ 时,动力放大系数趋于 1.0,即没有动力放大效应。因此可以认为,荷载是慢慢加在体系上的,产生的动力效应很小,可以近似地作静载处理。一般情况下,实际结构中构件失效时间很短,可取为移除失效构件后剩余结构基本周期的 $1/10$[9]。

以上关于动力放大系数的讨论是基于线弹性为基础的,即认为在整个动力过程中,结构的刚度保持不变。然而由于初始杆件的失效,会导致残余结构进入塑性。图 7.1 中柱失效后的简支梁模型,如果不考虑柱失效的动力影响,在 P_0 作用下简支梁有可能保持为弹性或进入部分塑性。如果考虑动力的影响,会出现下列三种情况。

(1)静力荷载下为弹性,考虑动力影响,简支梁仍然为弹性,即刚度 k 保持不变,为弹性振动。

（2）静力荷载下为弹性，考虑动力影响，简支梁出现部分塑性，刚度 k 变小。

（3）静力荷载下部分塑性，考虑动力影响，简支梁的塑性进一步发展，刚度 k 下降较大。

根据式（7-2）和式（7-3），如果结构进入塑性后 k 变小，则动力放大系数将变大，甚至有可能超过 2.0。实际结构特别是空间结构，某些关键构件失效后，残余结构容易进入塑性。故只是基于线弹性研究动力放大系数是不充分的。

另外，实际结构的倒塌动力响应，由于阻尼的存在，会导致振动逐渐减弱，对最大动力响应会有所减少，但影响较小。例如，对于钢结构，阻尼比取为 0.02，计算得到单自由度体系的动力放大系数为 1.92；对于钢筋混凝土结构，阻尼比取 0.05，计算得到单自由度体系的动力放大系数为 1.84[6]。

7.1.2　动力放大系数的适用条件

通过以上分析，当失效时间取剩余结构基本周期的 1/10 后，动力放大系数主要与残余结构是否进入塑性以及塑性化程度有关。因此，以上文献关于动力放大系数的观点差异，其实并不矛盾，主要是由考虑结构塑性程度不同引起的。

1）关于线性和非线性

现有规范对线性静力计算与非线性静力计算采用同样的动力放大系数显然是不合理的。对于线性静力计算，荷载的动力放大系数应同时考虑结构的动力效应与材料的非线性因素。而对于非线性静力计算，荷载的动力放大系数就是单纯的 DIF。因此，对于线性，DIF 取 2.0 有可能偏小；对于非线性，DIF 取 2.0 是偏于保守的。

2）关于需求能力比 DCR

胡晓斌等[6,7]以需求能力比 DCR 进行框架结构的动力放大系数研究，得出动力放大系数随 DCR 的增大而增大。由于 DCR＝剩余结构上的竖向分布荷载/剩余结构极限竖向分布荷载，因此，DCR 的大小由剩余结构上的竖向分布荷载和剩余结构极限竖向分布荷载两个因素决定。前者指的是荷载大小，后者指的是残余结构的塑性化程度或极限承载力大小。胡晓斌等[6,7]主要通过前者变化来进行动力放大系数研究，即通过考虑荷载变化进行动力放大系数研究，荷载越大，构件破坏后结构的塑性化程度越大，结构的动力放大系数越大。

而在 GSA 规范中，对动力计算采用（L_D＋0.25L_L）的荷载组合方式，对静力计算采用 2（L_D＋0.25L_L）的荷载组合方式，其中 L_D 为恒荷载，L_L 为活荷载；在 UFC 规范中，对动力计算采用［（0.9 或 1.2）D＋（0.5L 或 0.2S）］＋0.2W 的荷载组合，对静力计算采用 2［（0.9 或 1.2）D＋（0.5L 或 0.2S）］＋0.2W 的荷载组合施加在移除构件的相邻跨度范围内，其余部分则采用［（0.9 或 1.2）D＋（0.5L 或 0.2S）＋0.2W］的荷载组合，其中 D 为恒荷载，L 为活荷载，S 为雪荷载，W 为风荷载。

故大多数学者进行框架结构动力放大系数研究时,都是基于以上的荷载组合进行线性和非线性研究的,按照以上荷载组合得出的荷载值,残余结构的塑性化程度不是很大,因而,动力放大系数不会达到 2.0。

但是 DCR 的影响却说明,如果荷载相同,剩余结构极限竖向分布荷载对动力放大系数也有影响,而剩余结构极限竖向分布荷载与初始结构的设计有关。如果初始设计结构的鲁棒性较好或抗连续倒塌能力较强,剩余结构极限竖向分布荷载也较大。但通常进行动力放大系数研究都是指没有进行专门抗连续倒塌设计而是按照常规设计方法设计的结构。而且,由于各个结构工程师对结构安全度的把握原则的差异,按照常规设计的剩余结构极限承载力会有差异。

因此,进行张弦结构动力放大系数的研究,应满足如下两个条件。

(1) 静力分析和动力分析是否都考虑几何非线性和材料非线性。

(2) 考虑 DCR 的影响,即包括剩余结构竖向荷载的大小和剩余结构极限竖向荷载的大小。

由于张弦结构用于大跨空间结构,相对于框架结构,刚度较低,非线性影响较大。故不管动力分析还是静力分析,都应考虑非线性;对于 DCR 的影响,本章采用应力比值法来考虑其影响。

7.1.3　应力比值法的定义

连续倒塌是由于杆件初始失效而造成连锁破坏,而杆件的初始失效是由意外事件造成的,这种意外事件可能是施工误差、焊接缺陷、环境腐蚀或爆炸等造成的,结构的外荷载并不是特别大。故现行规范采用比荷载标准组合略小的荷载组合进行连续倒塌的动力分析是合适的。根据胡晓斌等[6,7]对框架结构的研究,对于线弹性结构,动力放大系数最大不会超过 2.0;当结构屈服进入塑性状态后,动力放大效应与 DCR 有关,即杆件初始破坏后,剩余结构的塑性化程度越高,动力放大系数越大;反之,动力放大系数越小。因此,从抗连续倒塌的角度,关键构件、塑性化及动力放大系数这三者是恶性循环的过程,越是关键构件,失效后残余结构塑性化程度越严重,引起的动力放大效应越大;同时,动力效应又促使结构进一步塑性化,甚至出现倒塌。

同理,对于空间结构,外部荷载不同或杆件破坏后剩余结构的塑性化程度不同,动力放大系数都会不同。在空间结构实际工程的设计过程中,设计人员通常依靠设计软件,以完整结构杆件的应力与材料屈服强度的比值作为设计的重要控制指标,如杆件的最大应力比值控制在 0.9 或 0.85 之内。对于任一结构,结构工程师在进行设计时,在满足规范要求的前提下,对结构安全度的把握程度是不一样的。例如,有的结构工程师相对保守一些,可能把最大应力比值控制在 0.7 之内,有的则可能控制到 0.9,甚至 0.95。在相同设计荷载下,当应力比值不同时,反映的是杆件截面的不同;从抗连续倒塌的角度,反映的是杆件破坏后剩余结构的塑性化程度和极限承载力。

必须强调的是,本节所说的控制结构的最大应力比值为 0.9 或 0.8,不是对截面应力最大的几根杆件进行调整,从而把最大应力比值往下调,而是把所有杆件的截面加大,从而控制完整结构的最大应力。因为在完整结构设计时,把杆件的最大应力比值从 0.9 调到 0.85,一般有两种做法:一是把应力最大的几根杆件截面加大,从而把最大应力降低,但平均应力变化不大,用钢量几乎不变;另一种是把所有杆件截面都加大,最大应力降低,平均应力也降低,会稍微增加用钢量。有的设计人员往往会倾向于第一种降低最大应力的方法,对于空间结构,现有的软件一般都具有优化功能,能够很好地实现这一目标。但是,由于空间结构多为大跨结构,起控制作用的荷载都为竖向荷载组合(恒载+活载)。因此,设计软件对结构进行优化时,考虑的荷载组合就相对简单,主要是竖向荷载,不像框架结构有地震荷载、风荷载等水平荷载,所优化出来的结构在承担竖向荷载方面往往没有问题。一旦某些构件意外失效,受力模式发生变化,原来的拉杆变成压杆,原来不重要的构件变成关键构件,结构特别容易出现破坏。国内近几年网架工程多次出现倒塌事故,与这方面不无关系。而控制结构的平均应力水平虽然会略微增加用钢量,但由于不仅能提高完整结构的安全度,而且能提高结构的抗连续倒塌能力,特别是目前国内规范在关于大跨空间结构抗连续倒塌方面的相关要求还比较缺乏的情况下,对于一些重要工程,控制结构的平均应力水平还是非常有必要的。

由以上分析得出,对于一个没有专门进行抗连续倒塌设计的空间结构,从本质上来说,杆件平均应力的大小能直观地反映 DCR 的大小。对于同种结构,如果截面相同,杆件的平均应力反映的是外部荷载的大小;如果荷载相同,杆件的平均应力反映的是杆件平均截面的大小和剩余结构的极限承载力。所以,本章采用应力比值法研究张弦结构的动力放大系数,其主要思路如下。

在设计荷载组合下控制结构不同的平均应力比值,得到不同构件截面大小的结构模型,然后对这些模型进行动力放大系数的研究。同时,考虑到荷载的离散性,进行连续倒塌动力分析的荷载取值不是按照规范中要求的一种荷载组合,而是取($L_D + 0.25L_L$)和($1.2L_D + 1.4L_L$)这段区间内的不同荷载值,以反映荷载大小对动力放大系数的影响。

7.1.4 动力放大系数的定义

Biggs 给出的 DIF 是指相同荷载作用下的位移放大系数。然而,根据以上分析,当结构屈服进入塑性状态后,动力放大效应与剩余结构的塑性化程度有关,越是关键构件,失效后残余结构塑性化程度越严重,引起的动力放大效应越大;同时,动力效应又促使结构进一步塑性化,甚至出现倒塌。同理,如果构件失效后,残余结构在静力荷载作用下进入塑性状态,在静力荷载增加不大的情况下,位移可能增加很多。特别是空间结构,刚度较低,出现塑性后这种现象可能更厉害。所以采用相同荷载作用下的动力位移与静力位移的比值作为动力放大系数也许不是很合理,应该对产生相同位移时的静力荷载与动力荷载的比值也进行分析比较。故本章采用放大的荷载进行静力计算代替动力响应,在相同位移的条件下,分析等效静力荷载与动力荷载的关系。故定义荷载动力放大系数 β:

$$\beta = load_D / load_L \tag{7-7}$$

式中,$load_D$ 为结构产生相同位移的等效静力荷载;$load_L$ 为结构产生相同位移的动力荷载。

故本章研究的动力放大系数包括位移放大系数 DIF 和荷载放大系数 β。

7.1.5　计算模型和说明

选用两种计算模型:模型 1 选用 6.2.2 节的张弦梁模型,代表上弦刚度较低的一类张弦结构,撑杆失效后会导致上弦杆件出现不同程度的塑性,但索破坏后结构即发生倒塌;模型 2 选用 5.2.4 节的张弦桁架模型,代表上弦刚度较大的一类张弦结构,撑杆失效对张弦结构影响很小,索破坏结构并不一定倒塌,且能分析上弦各个杆件破坏的影响。故模型 1 用来研究撑杆失效的动力放大系数;模型 2 用来研究上弦各部分杆件失效和索失效的动力放大系数。

由于空间结构主要承受竖向荷载,所以以恒载+活载的设计荷载组合下的上弦杆件的最大应力比值为研究对象,根据不同应力比调整上弦杆件截面,其余杆件截面不变。同时考虑荷载的变化,选取($L_D + 0.25L_L$)和($1.2L_D + 1.4L_L$)区间范围内的不同荷载值。

7.2　荷载动力放大系数分析

要研究荷载动力放大系数,采用放大的静力荷载代替动力荷载,首先,应分析在相同荷载作用下动力响应与静力响应的关系,采用位移放大系数 DIF 来表示相同荷载下动力位移与静力位移的比值。其次,研究采用放大的荷载进行静力计算代替动力响应,分析等效静力荷载与动力荷载的关系,得到荷载动力放大系数 β。

7.2.1　模型 1 的动力放大系数分析

模型 1 为张弦梁结构,由上弦圆钢管、撑杆和下弦索组成,如图 6.12 所示。由于上弦刚度较低,撑杆破坏对张弦结构影响较大,用来研究不同撑杆破坏后的动力放大系数。张弦梁的最大应力比通过调整圆钢管杆的截面来控制,其余杆件截面不变。上弦圆钢管分别选用 $\phi 300\text{mm} \times 14\text{mm}$、$\phi 350\text{mm} \times 14\text{mm}$、$\phi 400\text{mm} \times$

16mm 三种类型,由于上弦刚度较低,在恒载+活载的设计荷载组合下的最大应力比值较低,分别为 0.53、0.45 和 0.38 三种。

上弦线荷载取 10kN/m、12kN/m、14kN/m、16kN/m 四个等级,荷载标准值组合为 12kN/m,荷载设计值组合为 15.2kN/m。

1) 竖向位移弹性动力放大系数

由于应力较大的结构,杆件失效后更容易进入塑性。为了比较材料弹性和塑性的影响,分别计算不同应力比值的张弦梁模型在相同荷载作用下和相同应力比值的张弦梁模型在不同荷载作用下的竖向位移弹性放大系数和塑性放大系数。设 DIF_t=跨中竖向弹性动力位移/跨中竖向弹性静力位移,DIF_s=跨中竖向塑性动力位移/跨中竖向塑性静力位移。

图 7.5 为撑杆 1~撑杆 4 失效后竖向位移弹性动力放大系数与荷载变化曲线。

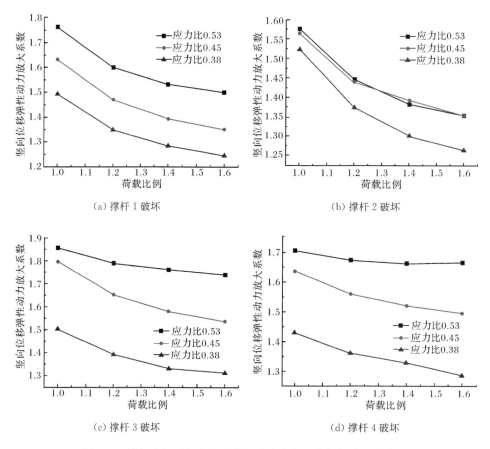

(a) 撑杆 1 破坏　　　　　　　　　(b) 撑杆 2 破坏

(c) 撑杆 3 破坏　　　　　　　　　(d) 撑杆 4 破坏

图 7.5　撑杆破坏后竖向位移弹性动力放大系数与荷载变化曲线

从图 7.5 中可以看出以下几点。

(1) 在相同荷载作用下,相对于低应力比的结构,高应力比结构的完整结构和残余结构的刚度都较低,故杆件失效引起的振动越明显,弹性动力放大系数也相对较大。

(2) 对于同一应力比的结构,弹性动力放大系数随着荷载增加呈下降趋势,变化幅度很明显。这是由于张弦梁刚度较低,应力刚化和几何非线性的影响较大。

(3) 撑杆 1~撑杆 4 失效后引起的弹性动力放大系数均较大,但各撑杆破坏的弹性动力放大系数区别比较明显,如撑杆 1 破坏的弹性动力放大系数最大为 1.77,撑杆 2 为 1.56,撑杆 3 为 1.86,撑杆 4 为 1.71。

2) 竖向位移塑性动力放大系数

图 7.6 为撑杆 1~撑杆 4 失效后竖向位移塑性动力放大系数与荷载变化曲线。对于高应力比的结构,当荷载比较大时,结构发生倒塌破坏。故图中没有画出倒塌破坏后的动力放大系数,余下类同。

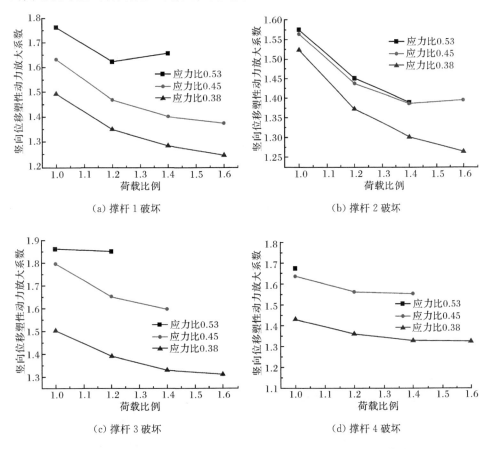

(a) 撑杆 1 破坏　　　　　　　　　(b) 撑杆 2 破坏

(c) 撑杆 3 破坏　　　　　　　　　(d) 撑杆 4 破坏

图 7.6　撑杆破坏后竖向位移塑性动力放大系数与荷载变化曲线

从图 7.6 中可以看出以下几点。

（1）在相同荷载作用下，相对于低应力比的结构，高应力比结构的完整结构和残余结构的刚度较低，故杆件失效引起的振动越明显，塑性动力放大系数也相对较大。这与弹性动力放大系数一致。

（2）对于同一应力比的结构，塑性动力放大系数随荷载增加出现两种趋势，当残余结构没有出现塑性或塑性程度很低时，塑性动力放大系数随荷载增加而减少，与弹性动力放大系数的变化一致；当残余结构塑性程度较高时，塑性动力放大系数随荷载增加而增大，甚至出现发散。这是因为杆件失效后引起残余结构振动，导致残余结构部分杆件进入塑性，由于材料塑性导致残余结构刚度进一步降低，位移下降加速。

（3）在应力比为 0.53 时，撑杆 1 和撑杆 2 的最大塑性动力放大系数分别为 1.77 和 1.56，当线荷载为 16kN/m 时两种结构均发生倒塌；撑杆 3 的最大塑性动力放大系数为 1.86，线荷载为 14kN/m 和 16kN/m 时均发生倒塌；撑杆 4 的最大塑性动力放大系数为 1.68，只有在线荷载为 10kN/m 时没有发生倒塌。而在应力比为 0.38 时，四种撑杆破坏的最大塑性动力放大系数均小于 1.55，均没有出现倒塌，且只有在撑杆 4 失效时出现塑性。

3）荷载动力放大系数

下面计算不同应力比值的张弦结构模型的荷载动力放大系数，即通过把静力荷载放大，使得静力位移与动力位移相同。

图 7.7 为撑杆 1～撑杆 4 失效后荷载动力放大系数与荷载变化曲线。

从图 7.7 中可以看出以下几点。

（1）对于同一应力比的结构，荷载动力放大系数的变化规律较为复杂。当杆件破坏残余结构没有进入塑性时，β 随荷载的增加基本不变，如图中应力比为 0.38 的结构；当杆件进入塑性后，β 随荷载的增加呈下降趋势，如应力比为0.53和0.45

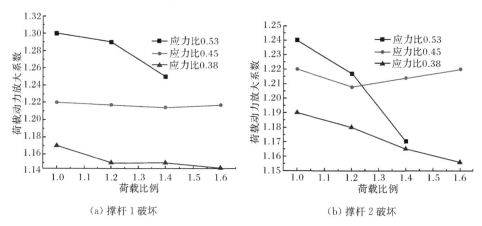

(a) 撑杆 1 破坏　　　　　(b) 撑杆 2 破坏

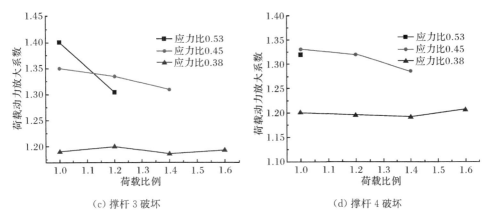

(c) 撑杆 3 破坏　　　　　　　　　　　　(d) 撑杆 4 破坏

图 7.7　撑杆破坏后荷载动力放大系数与荷载变化曲线

的结构。这是由于撑杆破坏后,残余结构的承载力降低或出现塑性,荷载的增加促使这种塑性快速发展,导致残余结构承载力快速下降。这与动力放大造成残余结构塑性发展的原因一致。这充分说明随着荷载的增加,构件发生初始失效,由于塑性的影响,DIF_s 值越大,而 β 越小。

(2) 在相同荷载作用下,相对于低应力比的结构,高应力比结构的完整结构和残余结构的刚度较低,故杆件失效引起的振动越明显,荷载动力放大系数也相对较大。但荷载动力放大系数 β 均远小于位移塑性放大系数 DIF_s,如应力比为 0.38 的结构,四种撑杆破坏的荷载动力放大系数最大为 1.20,小于最大的 DIF_s(1.55);应力比为 0.45 的结构,四种撑杆破坏的荷载动力放大系数最大为 1.35,小于最大的 DIF_s(1.8);应力比为 0.53 的结构,四种撑杆破坏的荷载动力放大系数最大为 1.40,小于最大的 DIF_s(1.86)。

7.2.2　模型 2 的动力放大系数分析

模型 2 为张弦桁架结构,由上弦管桁架、撑杆和下弦索组成,如图 7.8 所示。模型 2 的最大应力杆件位于管桁架的跨中上弦杆,故通过调整上弦杆的截面来控

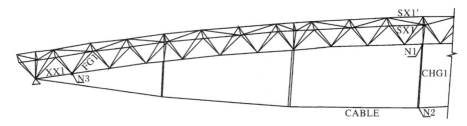

图 7.8　张弦桁架布置图(根据对称性,画出一半)

制张弦桁架的最大应力比,其余杆件截面不变。上弦杆件分别选用 $\phi194mm\times$ 8mm、$\phi212mm\times9mm$、$\phi230mm\times10mm$ 三种类型,在恒载+活载的设计荷载组合下的最大应力比值分别为 0.8、0.7 和 0.6 三种。

荷载取 16kN、19kN、21kN、23kN 四个等级,其中 16kN 是荷载标准值组合,21kN 是荷载设计值组合。

一方面采用变换荷载路径法逐根移除上部桁架各根杆件进行连续倒塌的静力分析,得到初始破坏对张弦结构抗连续倒塌影响较大的杆件分别为:靠近跨中区域的上弦构件、靠近支座区域的下弦构件以及支座区域的腹杆[10];另一方面根据完整结构静力荷载作用下各杆件的受力大小,最终选取跨中上弦杆件(SX1)、下弦杆件(XX1)、腹杆(FG1)、跨中撑杆(CHG1)和索(CABLE)作为移除构件(图 7.8),进行动力响应分析。

1)竖向位移弹性动力放大系数

图 7.9 为 SX1 破坏、XX1 破坏、跨中撑杆和索失效后竖向位移弹性动力放大系数与荷载变化曲线。

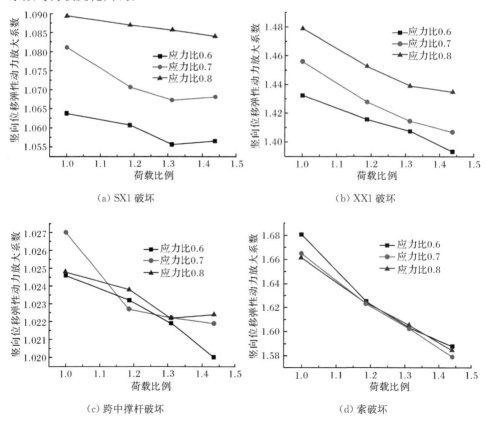

(a) SX1 破坏

(b) XX1 破坏

(c) 跨中撑杆破坏

(d) 索破坏

图 7.9　杆件破坏后竖向位移弹性动力放大系数与荷载变化曲线

从图 7.9 可以看出以下几点。

(1) 在相同荷载作用下,相对于低应力比的结构,高应力比结构的完整结构和残余结构的刚度较低,故杆件失效引起的振动越明显,弹性动力放大系数也相对较大。

(2) 对于同一应力比的结构,由于应力刚化和几何非线性的影响,弹性动力放大系数随着荷载增加呈下降趋势,但变化幅度较小,说明由于模型 2 上弦刚度较大,几何非线性和应力刚化的影响比模型 1 要小。

(3) 上弦杆和撑杆的破坏对弹性动力放大系数影响很小,均小于 1.1;下弦杆 XX1 和索的破坏对弹性动力放大系数影响较大,最大分别达到 1.48 和 1.68。

2) 竖向位移塑性动力放大系数

图 7.10 为 SX1 破坏、XX1 破坏、跨中撑杆和索失效后竖向位移塑性动力放大系数与荷载变化曲线。

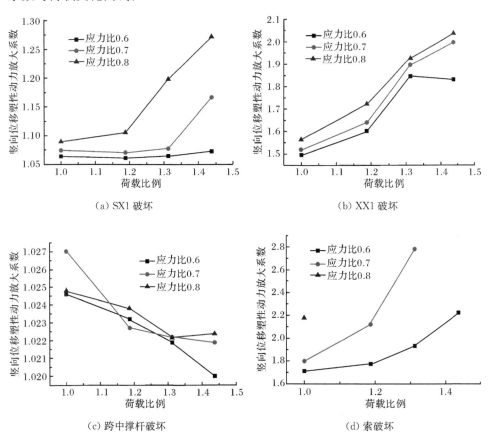

(a) SX1 破坏

(b) XX1 破坏

(c) 跨中撑杆破坏

(d) 索破坏

图 7.10 杆件破坏后竖向位移塑性动力放大系数与荷载变化曲线

从图 7.10 中可以看出以下几点。

（1）与弹性动力放大系数一致，高应力比结构的塑性动力放大系数也相对较大。

（2）对于同一应力比的结构，除撑杆破坏外，塑性动力放大系数随着荷载增加呈上升趋势，且变化幅度较大。这与弹性动力放大系数完全不同，这是因为杆件失效后引起残余结构振动，导致残余结构部分杆件进入塑性，由于材料塑性导致残余结构刚度进一步降低，位移下降加大。

（3）撑杆的破坏并没有引起残余结构进入塑性，其塑性动力放大系数曲线与弹性动力放大系数曲线相同。对于上弦杆 SX1 的破坏，在应力比或外荷载均较小时，由于残余结构没有进入塑性或塑性化较低，塑性动力放大系数较小。但随着应力比的增加或外荷载的增大，塑性动力放大系数呈加大趋势，在应力比为 0.8、节点荷载为 23kN 时，塑性动力放大系数达到 1.3。对于下弦杆和索的破坏，在低应力比或较小荷载时，残余结构均较早进入塑性，塑性动力放大系数增长迅速，如下弦杆破坏的最大塑性动力放大系数达到 2.1；索破坏的最大塑性动力放大系数达到 2.8，且在应力比为 0.7 时，残余结构在节点荷载为 23kN 时发生倒塌，在应力比为 0.8 时，残余结构只有在节点荷载为 16kN 时没有发生倒塌。

3）荷载动力放大系数

图 7.11 为 SX1 破坏、XX1 破坏、跨中撑杆和索失效后荷载动力放大系数与荷载变化曲线。

从图 7.11 中可以看出以下几点。

（1）对于同一应力比的结构，β 的变化规律较为复杂。当杆件破坏残余结构没有进入塑性时，β 随荷载的增加基本不变，如图 7.11 中撑杆破坏和低应力比的上弦杆 SX1 破坏；当杆件从弹性进入塑性时，β 随荷载的增加而增大，如应力比为 0.8 的上弦杆 SX1 破坏；当杆件进入塑性后，β 随荷载的增加呈下降趋势，如 XX1 和

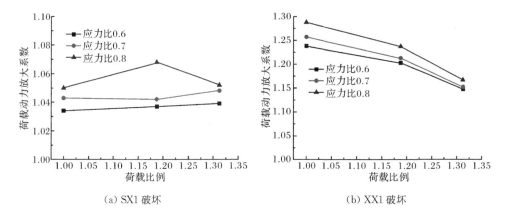

（a）SX1 破坏　　　　　　　　　　（b）XX1 破坏

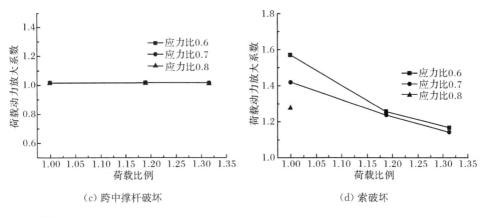

（c）跨中撑杆破坏　　　　　　　　（d）索破坏

图 7.11　杆件破坏后荷载动力放大系数与荷载变化曲线

索的破坏。这是由于下弦和索破坏后，残余结构的承载力降低或出现塑性，荷载的增加促使这种塑性快速发展，导致残余结构承载力快速下降。这与动力放大造成残余结构塑性发展的原因一致。这充分说明随着荷载的增加，构件发生初始失效，由于塑性的影响，DIF_s 值越大，而 β 越小。

（2）在相同荷载作用下，相对于低应力比的结构，高应力比结构的完整结构和残余结构的刚度较低，故杆件失效引起的振动越明显，荷载动力放大系数也相对较大。但荷载动力放大系数 β 均远小于塑性位移放大系数 DIF_s，如撑杆和上弦杆 SX1 的破坏对荷载动力放大系数影响很小，均小于 1.07；下弦杆 XX1 破坏的荷载动力放大系数最大为 1.30，小于最大的 DIF_s（2.1）；索破坏的荷载动力放大系数最大为 1.60，小于最大的 DIF_s（2.8）。

7.2.3　动力放大系数建议取值

根据前面的分析，相同荷载作用下初始构件失效引起的弹性动力放大系数 DIF_s 最大不超过 2.0。但是由于塑性的发展，塑性动力放大系数 DIF_s 有可能超过 2.0。竖向位移动力放大系数值与结构构件最大应力比和荷载大小有关。随着最大应力比的增大或荷载的增加，杆件失效后残余结构容易进入塑性。由于塑性程度的增加，导致残余结构刚度进一步降低，位移变大，塑性动力放大系数增大。故研究空间结构的动力放大系数必须以一定的荷载和结构设计的最大应力比为基础。

当采用荷载动力放大系数 β 把荷载放大，通过静力计算模拟动力荷载时，随着最大应力比的增大或荷载的增加，荷载动力放大系数 β 与塑性动力放大系数 DIF_s 变化相反，逐渐变小。这是因为杆件失效后残余结构进入塑性后，残余结构刚度进一步降低，只要稍微增加静力荷载，就能使得静力位移增加很多。

因此,对于空间结构,若采用荷载动力放大系数静力模拟一些关键构件失效的动力计算,等效动力放大系数取 2.0 比较保守。这是因为对于任一结构,其关键构件越重要,弹性或塑性动力放大系数越大,则该构件失效后残余结构越容易进入塑性,其荷载动力放大系数 β 越小。所以,对于张弦结构,建议索破坏的荷载动力放大系数 β 取 1.6~1.8,其他重要构件破坏的荷载动力放大系数 β 取 1.3~1.5。

7.3　影响动力放大系数的其他参数

为了验证上述动力放大系数分析的准确性,本节对阻尼比、撑杆失效时间、材料非线性等参数对模型 2 结构的杆件失效的动力响应进行进一步分析比较。

模型 2 完整结构在标准组合下考虑大变形和应力刚化的静力计算结果为:跨中竖向最大位移为 71mm,第一阶竖向振动频率为 4.42Hz,自振周期为 0.23s,各部分杆件的最大应力见表 7.1。

表 7.1　各部位杆件最大应力及编号

杆件部位	上弦杆	管桁架下弦杆	腹杆	撑杆	索
杆件编号	SX1、SX1′	XX1	FG1	CHG1	CABLE
应力/MPa	105	75	44	29	488

结构的动力响应分析分为三个阶段:$0 \leqslant t \leqslant t_0$ 为第一阶段,结构在原有静力荷载和等效荷载 P 的作用下发生强迫振动,为保证构件失效前整体结构达到在静力荷载下的初始状态,取 $t_0 = 4\mathrm{s}$;$t_0 \leqslant t \leqslant t_0 + t_\mathrm{p}$ 为第二阶段,为构件的失效阶段;$t \geqslant t_0 + t_\mathrm{p}$ 为第三阶段,为构件失效后残余结构的自由振动阶段。

7.3.1　阻尼对动力响应的影响

分别对该张弦结构进行无阻尼和有阻尼的连续倒塌动力响应分析。杆件失效时间均取 $t_\mathrm{p} = 0.01\mathrm{s}$,采用 Releigh 阻尼假定[11]。

1) 跨中上弦杆件(SX1)初始破坏

(1) 不考虑阻尼的弹性动力响应。

杆件 SX1 发生初始破坏后,考虑大变形和应力刚化的弹性静力作用下结构跨中最大竖向位移为 80.6mm,应力最大杆件为上弦杆 SX1′(图 7.8),大小为 168MPa,撑杆应力为 29MPa,索应力为 496MPa。第一阶竖向振动频率为 4.27Hz,自振周期为 0.23s。

失效时间 $t_\mathrm{p} = 0.01\mathrm{s}$ 时的弹性动力响应结果如下:跨中最大竖向位移为

88.5mm,比静力分析增大 10%。SX1′ 的应力增大 14%,撑杆应力增大 10%,索应力增大 4%。由于撑杆在水平向能转动,所以节点 N1 和节点 N2(节点编号如图 7.8所示)的水平向时程曲线不一致,而竖向时程曲线基本一致,其主要差别在于撑杆的压缩变形。SX1 破坏后节点 N1 竖向位移时程曲线如图 7.12 所示。

(2)考虑阻尼的弹性动力响应。

考虑阻尼时 SX1 破坏后节点 N1 竖向位移时程曲线如图 7.12 所示。跨中上弦杆件 SX1 破坏后桁架跨中最大位移为 85.7mm,比不考虑阻尼时降低 3.4%,杆件最大应力比不考虑阻尼时降低约 7.3%。

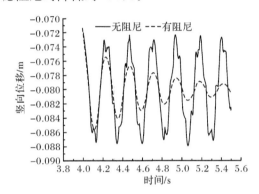

图 7.12　SX1 破坏后节点 N1 竖向位移时程曲线

2) 支座下弦杆件(XX1)初始破坏

(1)不考虑阻尼的弹性动力响应。

杆件 XX1 发生初始破坏后,考虑大变形和应力刚化的弹性静力作用下结构跨中最大竖向位移为 142mm,应力最大的杆件为靠近破坏杆件 XX1 上方的上弦杆,大小为 357MPa,撑杆应力为 31MPa,索应力为 497MPa。第一阶竖向振动频率为 3.32Hz,自振周期为 0.3s。

失效时间 $t_p = 0.01s$ 时的弹性动力响应结果如下:跨中最大竖向位移为 209mm,比静力分析增大 48%。XX1 上方的上弦杆件应力增大 35%,撑杆应力增大 56%,索应力增大 31%。节点 N1 和节点 N3 的水平向时程曲线基本一致,且节点 N3 的水平向振动幅度为节点 N1 的 2 倍,说明横向振动由支座处向跨中传递;两节点由于竖向刚度不一致,导致竖向的位移时程曲线不同。XX1 破坏后节点 N1 竖向位移时程曲线如图 7.13 所示。

(2)考虑阻尼的弹性动力响应。

考虑阻尼时 XX1 破坏后节点 N1 竖向位移时程曲线如图 7.13 所示。支座下弦杆件 XX1 破坏后跨中最大位移为 200.6mm,比不考虑阻尼时降低 4%。杆件最大应力比不考虑阻尼时降低约 5.2%。

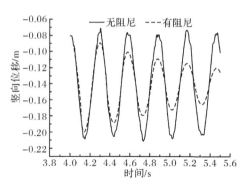

图 7.13　XX1 破坏后节点 N1 竖向位移时程曲线

3) 支座处腹杆(FG1)的破坏

(1) 不考虑阻尼的弹性动力响应。

腹杆 FG1 发生初始破坏后,考虑大变形和应力刚化的弹性静力作用下结构跨中最大竖向位移为 71.3mm,应力最大的杆件为上弦杆 S12 和 S12′(杆件编号如图 7.8所示),大小为 105MPa,撑杆应力为 29MPa,索应力为 488MPa。第一阶竖向振动频率为4.41Hz,自振周期为 0.23s。

失效时间 t_p＝0.01s 时的动力响应结果如下:跨中最大位移为 75.3mm,比静力分析增大 5.6%,上弦杆 S12 和 S12′的应力增大 8%,撑杆应力增大 3%,索应力增大 5%。腹杆位于支座区域,故引起支座区域的竖向位移较大,比静力位移增大约 15%,而引起跨中的竖向位移增大 6%。因此大跨结构的振动应特别注意与破坏杆件邻近区域杆件的振动情况。FG1 破坏后节点 N1 竖向位移时程曲线如图 7.14所示。

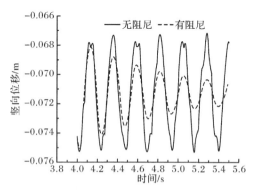

图 7.14　FG1 破坏后节点 N1 竖向位移时程曲线

(2) 考虑阻尼的弹性动力响应。

考虑阻尼时 FG1 破坏后节点 N1 竖向位移时程曲线如图 7.14 所示。支座腹杆 FG1 破坏后跨中最大位移为 74.4mm,比不考虑阻尼时降低约 1.2%。杆件应力比不考虑阻尼时降低约 3.5%。

4) 撑杆(CHG1)初始破坏

(1) 不考虑阻尼的弹性动力响应。

撑杆 CHG1 发生初始破坏后,考虑大变形和应力刚化的弹性静力作用下结构跨中最大竖向位移为 80.7mm,上部桁架应力最大的杆件为跨中上弦杆 SX1 和 SX1′,大小为 105MPa,撑杆应力为 41MPa,索应力为 488MPa。第一阶竖向振动频率为 3.05Hz,自振周期为 0.33s。

失效时间 $t_p = 0.01s$ 时的动力响应结果如下:跨中最大竖向位移为 88.7mm,比静力分析增大 10%,索跨中最大竖向位移为 451mm,比静力分析增大 136%。上弦杆 SX1 和 SX1′的应力增大 45%,撑杆应力增大 54%,索应力增大 1%。由于撑杆破坏后,节点 N1 和节点 N2 的竖向振动不再一致,分别各自振动,且上部桁架的振动受到索振动影响,随着时间的推移,节点 N1 的振动幅度越来越大,而节点 N2 的振动保持不变。CHG1 破坏后节点 N1 和节点 N2 的竖向位移时程曲线如图 7.15 和图 7.16 所示。

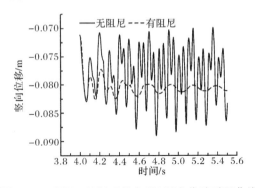

图 7.15　CHG1 破坏后节点 N1 竖向位移时程曲线

(2) 考虑阻尼的弹性动力响应。

考虑阻尼时 CHG1 破坏后节点 N1 和节点 N2 的竖向位移时程曲线如图 7.15 和图 7.16 所示。跨中撑杆 CHG1 破坏后桁架跨中最大位移为 82.73mm,比不考虑阻尼时小 6.7%,索跨中最大位移为 400.5mm,比不考虑阻尼时小 11.2%。杆件最大应力比不考虑阻尼时降低约 20%。

5) 索初始破坏

(1) 不考虑阻尼的弹性动力响应。

索发生断裂时,任一截面失效将导致整根索失效,故索的任一截面破坏时假定所有撑杆同时失效。索发生初始破坏后,考虑大变形和应力刚化的弹性静力作用下跨中最大竖向位移为 194.5mm,应力最大的杆件为跨中上弦杆 S12 和 S12′,

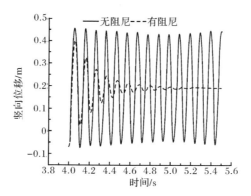

图 7.16　CHG1 破坏后节点 N2 竖向位移时程曲线

大小为 207MPa。第一阶竖向振动频率为 3.73Hz,自振周期为 0.27s。

　　失效时间 t_p＝0.01s 时的动力响应结果如下:跨中最大位移为 325mm,比静力分析增大 67%。上弦杆 SX1 和 SX1′的应力增大 72%,下弦杆 XX1 应力增大 74%,腹杆应力增大 51%。索破坏后节点 N1 的竖向位移时程曲线如图 7.17 所示。

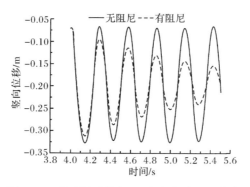

图 7.17　索破坏后节点 N1 竖向位移时程曲线

　　(2) 考虑阻尼的弹性动力响应。

　　考虑阻尼时索破坏后节点 N1 的竖向位移时程曲线如图 7.17 所示。索破坏后跨中最大位移为 310mm,比不考虑阻尼时降低 4.6%。杆件最大应力比不考虑阻尼时降低约 6%。

　　由以上计算可以看出,考虑阻尼和不考虑阻尼对结构的最大振幅影响较小。考虑阻尼时,结构最初的振动幅度很大,与无阻尼比较接近,但随着时间推移越来越弱,最终趋于静止。

7.3.2　失效时间对动力响应影响

根据 7.1.1 节对单自由度无阻尼体系的弹性动力分析表明,构件失效引起的动力反应与失效时间和结构自振周期 T 有关,动力系数介于 1～2,如果失效时间很短,如小于 $T/10$,则动力系数 β 接近于 2.0,即相当于突加荷载的情况。如果失效时间很长,如大于 $3T$,则动力系数 β 接近 1.0,即相当于静荷载的情况。显然,构件的失效时间越短,对剩余结构的影响越不利。

美国 GSA 规范[11]要求在采用变换荷载路径法(AP 法)进行动力分析时,必须在小于剩余结构自振周期的 1/10 的时间段内“拿掉”模拟失效的承重构件。胡晓斌[6]和张志忠[12]通过一定的理论研究及有限元模拟,建议框架结构构件失效时间应小于结构竖向自振周期的 1/10,同时不大于 10ms。谢甫哲等[13]对多层刚架移除钢柱的连续倒塌分析中得出柱失效时间不应大于剩余结构竖向振动周期的 1/5,建议取剩余结构竖向振动周期的 1/10。

张弦结构属于半刚性结构,其振动模态比较复杂,振动密集。对于张弦结构的连续倒塌,主要是竖向倒塌,因此,与之相对应的应是结构发生竖向振动的模态。故本章采用竖向振动的模态周期来判断。以相关节点竖向位移的弹性放大系数作为动力效应指标,计算得到 $\mathrm{DIF_t}$ 与杆件失效时间 τ 之间的变化关系如图 7.18 所示。

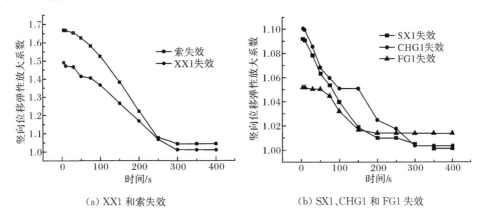

(a) XX1 和索失效　　　　　　　(b) SX1、CHG1 和 FG1 失效

图 7.18　竖向位移放大系数 $\mathrm{DIF_t}$ 与杆件失效时间 τ 的关系曲线

对于每个模型,主要考虑以下几种失效时间:5ms、10ms、30ms、50ms、75ms、100ms、150ms、200ms、250ms、300ms、350ms、400ms。由图 7.19 可以得到以下几点。

(1) $\mathrm{DIF_t}$ 随时间 τ 的增加,开始迅速减小,当 τ 达到某一值(约为剩余结构竖向振动周期的 1/5)时,曲线出现拐点。此后 $\mathrm{DIF_t}$ 的变化趋于平缓,这主要是由于随着杆件失效时间的增加,杆件失效引起的动力效应逐渐降低。

(2)随着 τ 的减小,剩余结构的动力效应放大系数趋于收敛。当 τ 取 $T/10$ 时所产生的 DIF_t 与更短的失效时间($\tau=5ms$ 或 $10ms$)产生的 DIF_t 很接近,所以 τ 取 $T/10$ 基本可以反映剩余结构的最大动力效应。因此,在采用 AP 法对张弦结构进行连续倒塌分析时,参照 GSA[11]中的规定和本章计算结果,建议取剩余结构竖向振动周期的 $1/10$。

7.3.3　材料非线性对动力响应的影响

结构连续倒塌时材料通常会进入塑性或屈服,如模型 2 中的下弦杆和索破坏后,一部分杆件已进入塑性。由于动力的影响,造成残余结构的塑性进一步发展。本节分别取荷载 15kN、16kN、17kN、19kN、21kN、23kN 六个等级(从标准值到设计值之间变化)进行不考虑阻尼的弹塑性动力分析,研究竖向位移动力放大系数随荷载的变化关系,失效时间均取 $t_p=0.01s$,动力放大系数与荷载变化关系如图 7.19 所示。

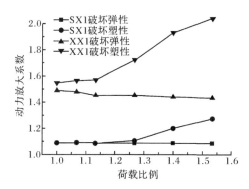

图 7.19　竖向位移动力放大系数与荷载变化曲线

从图 7.19 可以看出,弹性动力放大系数受荷载变化的影响较小;而塑性动力放大系数随着荷载的增加与结构是否进入塑性有关,当进入塑性后,随着塑性程度的增加而增加。因此材料非线性对连续倒塌的动力影响与杆件破坏后结构的塑性程度有关;在杆件的破坏过程中,由于动力的影响,造成残余结构的塑性进一步发展,因此,残余结构的振动不再以弹塑性静力计算的最大位移为中心点上下振动,有可能振动的平衡位置处对应的位移远大于弹塑性静力计算的最大位移。表 7.2 为在节点荷载 23kN 时 SX1 破坏、节点荷载 19kN 时 XX1 破坏和节点荷载 16kN 时索破坏时的弹性和塑性计算结果。

表 7.2　弹塑性位移计算结果

初始破坏杆件	静力位移/mm		动力位移/mm		动力放大系数	
	①弹性	②塑性	③弹性	④塑性	③/①	④/②
SX1	143	180	155	229	1.084	1.272
XX1	179	209	260	360	1.453	1.722
CABLE	195	195	324	425	1.662	2.179

从表 7.2 可以看出,塑性位移动力放大系数比弹性位移放大系数增加很多。特别是在节点荷载 16kN 索发生破坏时,弹性静力位移和塑性静力位移相等,说明在静力作用下,剩余结构仍然在弹性范围之内,由于动力影响,结构进入塑性。特别是当节点荷载为 18.4kN 时,索破坏后的残余结构的动力位移为 0.72m,是塑性静力位移的 3 倍,结构已进入倒塌破坏阶段。进一步说明动力响应加剧了残余结构的倒塌破坏。图 7.20～图 7.22 是各个杆件破坏后节点 N1 弹性和塑性的竖向位移时程曲线。

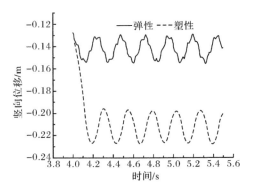

图 7.20　SX1 破坏后节点 N1 的竖向位移时程曲线

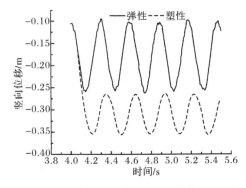

图 7.21　XX1 破坏后节点 N1 的竖向位移时程曲线

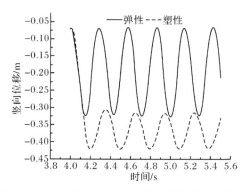

图 7.22　索破坏后节点 N1 的竖向位移时程曲线

　　根据以上分析,阻尼的存在能降低结构的动力响应,但对初期的动力响应影响较小,对后期的动力响应影响较大,故总的说来对动力放大系数影响较小;失效时间选取是计算精度的问题,取剩余结构竖向振动周期的 1/10 可满足计算精度要求;材料非线性对动力放大系数影响较大,且由于动力的影响,会造成残余结构的塑性进一步发展。而材料非线性是否起作用,与残余结构是否进入塑性以及塑性程度有关。残余结构的塑性程度又与完整结构设计时杆件的平均应力情况有关。如果设计比较保守,杆件平均应力取值比较低,则某根杆件失效后残余结构的塑性程度就较低;反之,塑性程度就较高。因此,进一步证明了采用应力比值法分析空间结构连续倒塌的动力放大系数的正确性和必要性。

7.4　本 章 小 结

　　首先通过杆件失效后的单自由度体系的动力响应分析说明剩余结构是否进入塑性以及塑性化程度对动力放大系数影响较大且具有不确定性。而剩余结构屈服后的塑性化程度与需求能力比 DCR(剩余结构所受的外部荷载/剩余结构的极限承载力)有关,考虑到空间结构常以杆件的应力比值作为设计的控制指标,且杆件平均应力的大小能直观地反映 DCR 的大小。所以,本章采用应力比值法研究张弦结构的动力放大系数,其方法为:在设计荷载组合下控制结构不同的平均应力比值,得到不同构件截面大小的结构模型,然后对这些模型进行动力放大系数的研究。同时,考虑到荷载的离散型,进行连续倒塌动力分析的荷载取值不是按照规范中要求的一种荷载组合,而是取$(L_D+0.25L_L)$和$(1.2L_D+1.4L_L)$这段区间内的不同荷载值,以反映荷载大小对动力放大系数的影响。

　　由于构件失效后,剩余结构在静力荷载作用下进入塑性状态,在静力荷载增加不大的情况下,位移可能增加很多。特别是空间结构,刚度较低,出现塑性后这

种现象可能更厉害。所以本章定义了两种动力放大系数:位移动力放大系数 DIF
＝相同荷载作用下动力位移与静力位移的比值,荷载动力放大系数 β＝相同位移
时的静力荷载与动力荷载的比值,并对这两种动力放大系数进行讨论,得到如下
结论。

(1) 相同荷载作用下初始构件失效引起的弹性动力放大系数 DIF_t 最大不超
过 2.0。由于塑性的发展,塑性动力放大系数 DIF_s 有可能超过 2.0。竖向位移动
力放大系数值与结构构件最大应力比和荷载大小有关。随着最大应力比的增大
或荷载的增加,杆件失效后残余结构容易进入塑性。由于塑性程度的增加,导致
残余结构刚度进一步降低,位移变大,塑性动力放大系数增大。故研究空间结构
的动力放大系数必须以一定的荷载和结构设计的最大应力比为基础。

(2) 当采用荷载动力放大系数 β 把荷载放大,通过静力计算模拟动力荷载时,
随着最大应力比的增大或荷载的增加,荷载动力放大系数 β 逐渐变小。这是因为
杆件失效后残余结构进入塑性后,残余结构刚度进一步降低,只要稍微增加静力
荷载,就能使静力位移增加很多。对于空间结构,若采用荷载动力放大系数静力
模拟一些关键构件失效的动力计算,等效动力放大系数取 2.0 比较保守。这是因
为对于任一结构,其关键构件越重要,该构件失效后残余结构越容易进入塑性,其
荷载动力放大系数 β 越小。所以,对于如张弦结构之类的空间结构,建议索破坏的
荷载动力放大系数 DIF 取 1.6~1.8,其他重要构件破坏的荷载动力放大系数 β 取
1.3~1.5。

(3) 通过对影响张弦桁架动力放大系数的其他参数分析,得出几何非线性和
阻尼对动力放大系数影响较小。由于动力的影响,会造成残余结构的塑性进一步
发展,材料非线性对动力放大系数影响较大。在采用 AP 法对张弦结构进行连续
倒塌分析时,取剩余结构竖向振动周期的 1/10 可满足计算精度的要求。

参 考 文 献

[1] Biggs J M. Introduction to Structural Dynamics[M]. New York:McGraw-Hill,1964.

[2] McKay A. Alternate Path Method in Progressive Collapse Analysis:Variation of Dynamic and Non-Linear Load Increase Factors[D]. San Antonio: University of Texas,2007.

[3] Ruth P,Marchand K A,Williamson E B. Static equivalency in progressive collapse alternate path analysis:Reducing conservatism while retaining structural integrity[J]. Journal of Performance of Constructed Facilities,2006,20(4):349—364.

[4] Stevens D. Unified progressive collapse design requirements for DOD and GSA[C]∥Structures Congress 2008,Part of Structures Congress 2008:Crossing Borders Proceedings of the 2008 Structures Congress,Vancouver,2008.

[5] 陈俊岭,黄鑫,马人乐. 钢框架结构连续倒塌分析中荷载动力系数的研究[J]. 特种结构,

2011,28(5):67—73.

[6] 胡晓斌,钱稼茹. 单层平面钢框架连续倒塌动力效应分析[J]. 工程力学,2008,25(6):28—43.

[7] 胡晓斌,钱稼茹. 多层平面钢框架连续倒塌动力效应分析[J]. 地震工程与工程振动,2008,28(2):8—14.

[8] 李耀庄,管品武. 结构动力学及应用[M]. 合肥:安徽科学技术出版社,2005.

[9] Department of Defense. Design of Buildings to Resist Progressive Collapse[S]. Washington DC:Department of Defense,2005.

[10] Zhu Y F,Feng J. Statical analysis of progressive collapse in string truss structure[C]∥International Conference on Electric Technology and Civil Engineering,Lushan,2011:5463—5467.

[11] US General Services Administration(GSA). Progressive Collapse Analysis and Design Guide Lines for New Federal OffIce Buildings and Major Modernization Projects[S]. Washington DC:GSA,2003.

[12] 张志忠. 结构抗连续倒塌设计理论与方法研究[D]. 深圳:深圳大学,2007.

[13] 谢甫哲,舒赣平,凤俊敏. 基于抽柱法的钢框架连续倒塌分析[J]. 东南大学学报:自然科学版,2010,40(1):154—159.

第8章　提高结构抗连续倒塌性能的措施

从风险及概率论的角度出发,可将结构的连续倒塌定义为[1]

$$P(C) = P(C|LD)P(LD|H)P(H) \tag{8-1}$$

式中,$P(C)$ 为结构连续倒塌的概率;$P(C|LD)$ 为局部破坏下结构连续倒塌的概率;$P(LD|H)$ 为意外事件下局部破坏发生的概率;$P(H)$ 为意外事件发生的概率。

由上述定义可知,降低结构发生连续倒塌的概率可从以下三个方面入手:一是降低意外事件的发生概率 $P(H)$;二是降低意外事件下局部破坏发生的概率 $P(LD|H)$;三是降低局部破坏下结构连续倒塌的概率 $P(C|LD)$。本章分别从这三个方面出发,提出一些提高结构抗连续倒塌性能的措施。

8.1　加强结构地基基础设计

Gross[2] 将结构有可能遭受的意外事件进行了分类:第一类是指爆炸事故;第二类是指意外撞击事故;第三类是指人为的错误,包括设计失误、不合理的施工方法等;第四类是结构基础的失效,包括不可预料的基础沉降、洪水对基础的冲刷作用以及基础附近的不当开挖等。

现有的结构抗连续倒塌设计规范中,针对前两种意外事件,提出了许多建筑及结构上的措施用于降低 $P(H)$ 和 $P(LD|H)$ 的大小,例如,在重要建筑周围设置隔离带,避免汽车爆炸事故的近距离发生;限制燃气在重要建筑物中的使用,避免燃气爆炸事故的发生等。

第四类意外事件,也就是结构基础的失效,是目前结构连续倒塌研究中最少被提及的一类意外事件。这是因为,根据现有规范正常设计的基础结构通常具有较大的承载能力富余量,一般不考虑其失效的发生。但随着地下空间结构的迅速发展,尤其是地铁工程的广泛兴建,结构基础发生意外失效的概率也在逐渐增大。近几年,我国就发生了多起地铁施工造成周围建筑由于地基或基础破坏而发生墙体开裂或整体倾斜的重大工程事故。

例如,2006 年 10 月,南京地铁二号线集庆门大街站超大基坑从开挖之日起,就造成附近多幢居民楼出现严重损坏(图 8.1)。其中受损最严重的居民楼中所有业主家中的墙体大规模开裂,70% 的业主家中主梁开裂,小区所有电梯井的剪力墙都断为数截,电梯出现异常声响,靠近基坑工地的自来水管多次断裂。

Nawari[3] 对结构基础失效与结构连续倒塌之间的关系进行了研究,并通过如

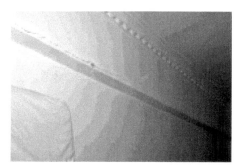

图 8.1　地铁施工造成居民楼局部受损示意图

下两个例子说明了两者之间的关系。例子 1:如图 8.2 所示,假定某框架结构采用柱下独立基础,长边中柱在意外事件下发生破坏,则原先由其承担的荷载将向相邻柱子转移。相应地,相邻柱下部基础所承受的荷载也将明显增大。若原有基础设计中地基承载力的富裕度不足,则相邻柱下部基础有可能在新的荷载作用下发生基础沉降,从而加剧结构发生连续倒塌的可能性。

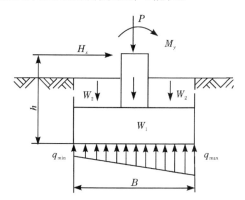

图 8.2　柱下独立基础失效示意图

例子 2:如图 8.3 所示,假定爆炸事故就发生在条形基础附近,则爆炸产生的巨大冲击作用有可能在瞬间将基础原先所受的向下的压力转化为向上的压力,导致基础发生冲切或弯剪破坏,加大结构发生倒塌的概率。

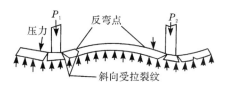

图 8.3　条形基础失效示意图

一个完整的建筑结构是由上部结构、下部基础和地基基础三者共同组成的。在意外事件作用下,地基基础的突然失效会对下部基础与上部结构造成不可挽回的损失,是整体结构抗倒塌设计中的关键部分。在对上部结构进行连续倒塌分析时,其首要假设就是下部基础与地基不会发生任何的破坏。因此,本节提出如下几条针对基础设计的建议来提高整体结构抗连续倒塌的能力。

(1) 当采用 AP 法进行结构抗连续倒塌设计时,需对下部基础及地基的承载能力进行校核,确保上部支承柱之间的内力重分布不会导致下部基础的失效。

(2) 对于重要建筑物的基础埋深、基础底面尺寸、基础高度、地基承载能力等设计参数均需留有足够的富余量,以防止爆炸、地铁开挖等意外事件对下部基础及地基造成巨大的破坏。

(3) 为了防止出现图 8.3 所示的由于荷载突然反向而造成的基础破坏,需在基础底面和顶面均配有足够的钢筋。

(4) 处于地下水位以下的饱和砂土和粉土在地震时容易发生液化现象,地基承载力将显著降低。爆炸事故中所产生的冲击荷载同样有可能造成地基土的液化,因此对于重要建筑物的地基土需考虑额外的地基处理,预防意外事件作用下地基承载能力的下降。

(5) 在地铁建设过程中,需对沿线建筑的基础进行重新校核,确保地铁开挖不会对其造成重大影响。同时新建建筑也应考虑今后地铁开挖可能对其造成的影响,采取一定的预先保护措施,确保建筑的安全。

8.2　对结构局部进行加强设计

$P(\text{LD}|\text{H})$ 表示意外事件下局部破坏发生的概率,对结构局部进行一定程度的加强可有效降低 $P(\text{LD}|\text{H})$ 的大小。根据研究对象的不同,结构局部的加强措施可分为三种:一是局部构件的强度及延性的加强;二是结构局部关键节点的强度及延性的加强;三是局部结构或构件冗余度的加强。

意外事件对结构局部的破坏作用首先发生在局部构件上,例如,建筑物在汽车撞击事件中,最先遭到破坏的就是直接受到汽车撞击的构件。如果在结构设计过程中,对遭遇意外事件概率较大的构件进行一定程度的加强,包括加大其截面尺寸、采用高强度的建筑材料等,则在意外事件作用下,该构件的失效概率将显著降低。又如,用韧性较好的材料外包结构局部的主要受力构件,可降低其直接接触爆炸的可能性,提高构件对爆炸冲击的抵抗能力,降低局部破坏发生的概率。在混凝土结构中,应保证框架梁底部钢筋在与柱的连接处具有很好的连续性,即梁底钢筋通长配置,以保证框架柱失效后,节点处梁截面从负弯矩变为正弯矩时,梁具有相应的承载力。并且,框架梁应采用封闭箍筋,并适宜全长加密,以提高梁的抗剪能力。

结构体系发生连续倒塌的概率除了与构件的强度以及整体结构的冗余度相关外,连接节点的强度和延性也直接影响着结构体系的承载能力及耗能能力。对于钢结构,节点的设计更是整体设计环节中最为重要的部分。

Karns[4]详细介绍了美国总务管理局(GSA)针对新型钢节点所做的爆炸作用下节点的性能研究试验。该试验以图 8.4 中所示新一代 SIDEPLATE® 牌的钢节点作为研究重点,分析了其在爆炸作用下的性能表现。该新型钢节点以传统钢节点为基础,在四周添加了一系列盖板,加强了节点连接处的整体性。试验研究和理论分析表明,该新型节点的连续性及延性均显著高于传统节点。采用此类新型节点可显著降低结构在爆炸事件作用下发生连续倒塌的概率。

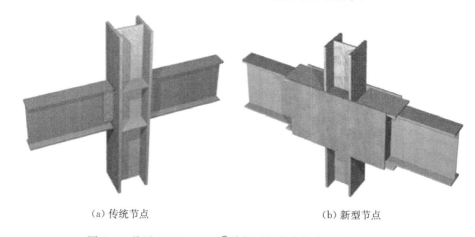

(a) 传统节点 　　　　　　　　(b) 新型节点

图 8.4　美国 SIDEPLATE® 牌新型钢节点与常规节点示意图

通常情况下,可将结构的冗余度等效为结构的超静定次数。提高结构的超静定次数是提高结构抗连续倒塌能力的一个有效措施。在局部破坏的情况下,结构的超静定次数越高,其所能提供的备用荷载传递路径也就越多,剩余结构在短时间内维持稳定的可能性也就越大。此外,在超静定结构体系中,塑性铰可以在构件的多个位置形成,提高了备用荷载传递路径形成的可能性。

结合本书第 4 章的分析结果可知,新广州站工程中采用的索拱结构能够有效地增加局部结构的超静定次数,提高结构的冗余度。与平面索拱不同,该索拱结构为两榀独立的平面索拱通过上弦拱之间的连杆与拉索之间的铸钢索夹连接而成的空间索拱,其平面外的稳定性及整体冗余度均高于传统的索拱结构。对比图 8.5所示的两种不同的索拱结构,可得如下结论。

(1) 同单一截面的上弦拱相比,采用桁架式上弦拱或组合式上弦拱结构可显著增加整体结构的超静定次数,提高上弦拱的冗余度。

（2）同平面撑杆相比，采用空间撑杆能显著减少撑杆的设置数量，美化结构型式，即在撑杆数目及设置位置相同的情况下，采用空间撑杆能显著提高拉索的平面外稳定性。

（3）图 8.5(b) 中双索体系的设置，显著提高了拉索的冗余度，降低了索拱结构对拉索失效的敏感性。并且在新广州站工程中，张拉完成后，拉索与索夹之间不能发生相对滑动，进一步提高了结构的承载能力。

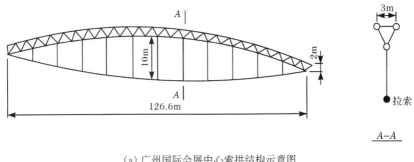

（a）广州国际会展中心索拱结构示意图

（b）新广州站工程索拱结构示意图

图 8.5 索拱结构示意图

8.3 加强结构中区域隔断的设计

在现有的结构连续倒塌研究中，设计人员普遍认为构件以及构件之间节点的强度和延性是提高结构抗连续倒塌性能的重要因素。在设计规范中，这一思想主要体现在拉结力设计方法和变换荷载路径设计方法中对构件及节点的设计要求上。

部分学者则认为，过强的构件及节点延性会对结构的抗连续倒塌能力产生不利的影响。因而需在结构中设置部分脆性构件，以阻止在内力重分布或其他因素影响下杆件之间的连锁破坏在结构内部广泛开展。

Starossek 等[5] 对结构中区域隔断的设置进行了理论上的研究，并将其同变换荷载路径方法进行了比较。图 8.6 为 9.11 事件中美国五角大楼局部遭遇飞机撞击后的倒塌事故现场。五角大楼由三栋环形建筑所组成，每栋建筑通过伸缩缝划分为 5 个区域,即所谓的五角。事故发生时,飞机撞击在一栋建筑的伸缩缝附近,因而只造成了伸缩缝一侧结构的局部损坏。图 8.6 中,伸缩缝左侧的建筑物几乎没有受损,右侧建筑物则受损严重。

图 8.6　五角大楼飞机撞击倒塌事故现场

图 8.7 为法国戴高乐国际机场候机大楼因设计失误和劣质施工而发生倒塌的事故现场。从图中可以看出,构件的连续倒塌终止在候机大楼区段之间的连接处,这再次证明了设置区域隔断的重要性。

图 8.7　法国巴黎戴高乐国际机场倒塌事故现场

上述两个倒塌实例中,结构各区域之间的隔离带可称为柔性隔离带,其强度、刚度和延性明显低于周边的结构,在意外事件中,通过柔性隔离带的破坏可将结构的连续倒塌控制在局部区域范围内。由图 8.6 和图 8.7 中也可看出,整体结构似乎被一把无形的大刀沿着柔性隔离带整齐地切割开来。受隔离带的保护,结构的剩余部分几乎没有受到破坏。事实上,常规结构设计中的伸缩缝、沉降缝、变形缝就是一种柔性隔离带。

　　除柔性隔离带外,本书认为还可通过设置刚性隔离带阻止结构的连续倒塌。例如,在建筑物的防火设计中,通常在结构的主要通道上设置一定数量的防火墙。当火灾发生时,着火区域的防火墙就会放下,阻断火势在整体结构中的发展。在结构的抗爆设计中,可在结构关键区域设置防爆墙,吸收爆炸所产生的结构碎片,降低关键区域的冲击波压力。

　　脆性隔离带是通过其自身的失效阻止结构的连续倒塌,而刚性隔离带则是凭借其自身的强度和刚度,终止结构内力重分布的开展。假设在一列木质多米诺骨牌中插入一块铁质多米诺骨牌,如图 8.8 所示,由于铁质骨牌的重量能够抵抗已倒塌骨牌所产生的水平推力,所以整个连续倒塌的过程会在铁质骨牌处终止。假如局部结构的刚度和冗余度较大,能够有效传递并承担内力重分布过程中新产生的荷载,则整个内力重分布过程将终止于该局部结构中。

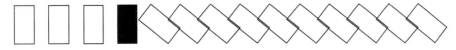

图 8.8　结构刚性隔离带示意图

　　本书第 9 章所研究的新广州站主站房屋盖体系中就存在明显的刚性隔离带。由整体结构空间作用的分析结果可知,五榀联系桁架沿结构的长边方向将 26 榀索拱近似隔离为 6 个单向索拱结构,局部杆件破坏所造成的影响均被控制在其所属单向体系范围内。

　　综上所述,对整体结构进行合理的区域划分并设置隔离带,可有效降低构件之间的连锁反应在整体结构中的开展,降低局部破坏下整体结构的倒塌概率,即 $P(\mathrm{C}|\mathrm{LD})$ 的大小。

8.4　加强结构抗震设计

　　早在 1975 年就有学者通过研究调查发现,位于高烈度地震区域的结构体系通常具备较高的抗连续倒塌能力[6]。从经济性的角度出发,为了减少由于防止建筑物发生连续倒塌而增加的工程成本,可充分利用抗震结构所具有的安全储备和延性,适当采取抗倒塌措施来防止建筑物发生连续倒塌,即以结构的抗震设计为主,以抗连续倒塌设计为辅,在不显著增加建筑成本的基础上,同时满足结构的抗震设计与抗连续倒塌设计。

　　目前,结构抗震设计与抗连续倒塌设计的结合仅停留在初步理论阶段,这主要是因为两者所研究的倒塌机理并不完全一致[7]。抗震设计中的倒塌机理是指结构的振动倒塌机理,即地震中建筑物作为一个整体在水平或垂直方向上发生振动,并有可能在自重作用下发生倒塌。抗连续倒塌设计中的倒塌机理是指结构的"跨越倒塌机理",即由于一个或几个垂直方向上的支承柱、剪力墙失效而导致水平承重构件的跨度翻倍,无法承受新的荷载作用而失效,并有可能进一步导致整体结构的竖向倒塌。现有的地震破坏记录显示,地震作用中通常也会导致结构支承的失效,尤其是角柱的失效。这也证明,尽管两者的倒塌机理不完全相同,在某种程度上仍可采用同样的分析方法进行设计。

为了研究抗震设计与抗连续倒塌设计之间的关系,美国的 FEMA 部门以 1995 年因恐怖爆炸袭击而发生连续倒塌的 Alfred P. Murrah 联邦大楼为研究背景,进行了一系列设计上的研究。首先评估该大楼在抗震设计上的薄弱环节,并进行针对性的加强设计;其次在加强后的结构上模拟 1995 年的爆炸袭击,进行抗连续倒塌设计。研究结果表明,根据现有的抗震设计规范对结构的周边构件进行加强设计,可有效地提高其抗连续倒塌的能力,而对结构内部构件的抗震加强则几乎没有任何效果[8]。因此,在两种设计方法的结合上还有很多需要进一步研究的地方。

现阶段我国依据"三水准"设防目标和"两阶段"抗震设计方法进行结构的抗震设计,其主要内容包括概念设计、抗震计算和构造设计。概念设计是指根据地震灾害和工程经验等所形成的基本设计原则和设计思想,进行建筑和结构总体布置并确定细部构造的过程。这一过程完全可以同结构抗连续倒塌设计中的概念设计结合起来。尤其是在提高结构的连续性、延性及冗余度方面两者有较多的共同点,如采用延性系数高、"强度/重力"比值大的材料,构件的连接应具有整体性、连续性和较好的延性,并能充分发挥材料的强度等。同时,在构造设计中,也可将抗震构造措施与抗倒塌的构造措施结合在一起,降低工程成本。

地震对结构的灾害作用主要来自于振动过程中巨大的能量输入,这同结构倒塌过程中重力势能的释放有相同的作用。因此,抗震设计中的基础隔震和消能减震设计可直接运用到结构的抗连续倒塌设计中。国内学者通过对世贸大楼倒塌过程及原因的详细分析,建议采用金属质地的蜂窝组织构件作为结构的耗能装置(图 8.9),并在世贸大楼模型中对其实用性进行了验证[9]。同济大学新土木大楼在结构设计时采用了耗能支撑(图 8.10),分析结果表明,所设耗能支撑有良好的抵抗地震作用或冲击荷载的能力[10]。

尽管大型空间结构遭遇地震破坏作用的影响通常不大,但类似于新广州主站房这种上部为钢结构屋盖体系,下部为巨型混凝土站台的组合结构,其抗震设计仍十分重要,尤其是钢结构与混凝土结构交接部分的设计。

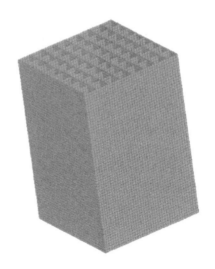

图 8.9 蜂窝状高效耗能装置

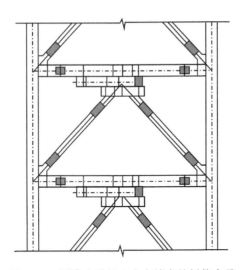

图 8.10 同济大学新土木大楼中的耗能支承

参 考 文 献

[1] Ellingwood B R, Dusenberry D O. Building design for abnormal loads building design for abnormal loads[J]. Computer-Aided Civil and Infrastructure Engineering, 2005, 20(3): 194— 205.

[2] Gross J L. Design for the Prevention of Progressive Collapse Using Interactive Computer

Graphics[D]. Ithaca：Cornell University.

[3] Nawari N O. Foundation design against progressive collapse of buildings[C]∥Proceedings of GeoCongress 2008：Geosustainability and Geohazard Mitigation（GSP 178），Proceedings of Session of GeoCongress 2008，New Orleans，2008.

[4] Karns J E. Blast testing of steel frame assemblies to assess the implications of connection behavior on progressive collapse[C]∥Proceedings of Structures Congress，St. Louis，2006.

[5] Starossek U，Wolff M. Design of collapse-resistant structures[C]∥JCSS and IABSE Workshop on Robustness of Structures，Building Research Establishment，Garston，2005.

[6] Breen. Research/Workshop on Progressive Collapse of Building Structures[D]. Austin：University of Texas at Austin，1975.

[7] Gurley C. Progressive collapse and earthquake resistance[J]. Practice Periodical on Structural Design and Construction，2008，13(1)：19—23.

[8] Hayes J R，Woodson S C. Can strengthening for earthquake improve blast and progressive collapse resistance[J]. Journal of Structural Engineering，2005，131(8)：1157—1177.

[9] Zhou Q，Yu T X. Use of high-efficiency energy absorbing device to arrest progressive collapse of tall building[J]. Journal of Engineering Mechanics，2004，130(10)：1177—1187.

[10] 李航. 钢结构高塔的连续倒塌设计[D]. 上海：同济大学，2008.

第9章 新广州火车站屋盖结构抗
连续倒塌性能分析

9.1 工 程 概 况

新广州站主站房长 398m、宽 192m。整个屋盖体系采用大跨度预应力空间结构形式,如图 9.1 所示,根据不同结构体系,整个屋盖可划分为两个区域。

(1) 中央采光带单层网壳、两侧悬挑单层网壳、三向张弦梁和联系索拱。三向张弦梁及两侧共计四榀联系索拱将中央网壳及悬挑网壳连接成一个整体。

(2) 中央采光带两侧是由张弦梁(本章称为常规索拱)、内凹式索拱、联系桁架、檩条、撑杆和钢管混凝土柱共同组成的空间结构,其主要受力构件为 52 榀索拱。主站房中间四跨采用内凹式索拱,两侧为常规索拱。

本章采用 SAP2000 有限元软件建模,进行结构抗连续倒塌分析。

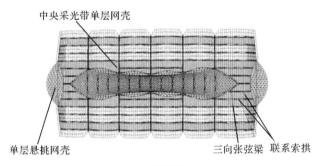

（a）俯视图

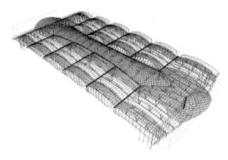

（b）轴测图

图 9.1 新广州站主站房俯视图及轴测图

9.2　结构重要构件分析

本章主要研究索拱结构屋盖体系的抗连续倒塌能力,故假定中央采光带单层网壳在意外事件作用下不会发生杆件的破坏,即失效构件仅在采光带两侧区域选取。根据结构对称性,取一侧 26 榀索拱组成的屋盖结构采用简化的敏感性分析方法求解重要构件。

9.2.1　概念判断

1. 整体结构分析

假定整体结构的长边方向为结构的横向。如图 9.2 所示,沿结构的横向进行分析,该屋盖体系可看成是六个单向索拱结构通过五榀联系桁架及相应支承柱所组成的大跨预应力空间结构。中间四跨的内凹式索拱直接支承在联系桁架上,桁架下部间隔布置有钢管混凝土柱。两侧索拱的一端支承在联系桁架上,另一端支承在钢管混凝土柱上。结合单向索拱结构的平面传力特性,该屋盖体系可等效为 6 跨的单层排架厂房,结构的主要传力途径为:索拱(排架梁)→联系桁架(联系梁)→钢管混凝土柱。

图 9.2　索拱结构屋盖体系主要受力构件示意图

假定整体结构的短边方向为结构的纵向。如图 9.3 所示,沿结构的纵向进行分析,这 26 榀索拱可看作 4 列每列 6 榀索拱及 1 列两榀索拱通过纵向联系桁架构成的整体。根据桁架下部支承柱的布置情况,可分为如图 9.3 所示的两种情况。

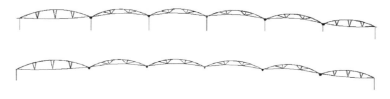

图 9.3　单列索拱结构

本书的单向索拱结构体系与常规单向体系的主要区别在于联系桁架是部分索拱的弹性支承，下部没有对应的刚性支承柱，结构的空间作用比常规单向体系要大。并且，外侧两列索拱之间的檩条和撑杆数目众多，屋盖的局部平面刚度较大，加大了结构的局部空间作用。

檩条及撑杆的设置主要是为了形成屋盖平面，并将荷载均匀传递至索拱结构，同时保持索拱结构在平面外的稳定性。本工程中檩条及撑杆数目众多，屋面结构冗余度非常高，个别构件的失效不会对索拱造成较大影响。因此仅把檩条及撑杆作为二次失效构件，即由于其他构件失效，而在 AP 法分析中有可能失效的构件。

2. 单榀索拱结构和单榀联系桁架的分析[1]

新广州站主站房主要采用两种索拱结构，如图 9.4 所示，左侧为内凹式索拱，右侧为常规的索拱结构。

　　（a）内凸式索拱　　　　　　　　　　　　　（b）常规索拱

图 9.4　横向受力构件示意图

内凹式索拱结构将拉索和撑杆引入拱结构内部，在拱的三分点位置附近设置撑杆，并通过预应力拉索与拱脚相连。相对其他索拱结构而言，本内凹式索拱的一个明显的特点是采用双拱及双索体系，相当于两榀平面索拱通过上弦连杆与拉索撑杆连接在一起的空间索拱。

结合本书 2.3.2 节中关于索拱结构的算例分析可知，初选的重要构件如下。

（1）上弦拱中拱顶处杆件为整个结构传力途径的关键部分，是结构的重要构件。同时与拉索、撑杆相交处的上弦拱杆件是影响拉索及撑杆性能的重要构件。

（2）常规索拱结构的中间撑杆是其重要构件。赵健[2]的相关研究成果表明，该内凹式索拱中一侧撑杆的数目只要大于等于 2 即可维持结构的正常设计性能。故可将撑杆作为内凹式索拱的次要构件。

（3）拉索为结构的重要构件，需对其进行断索分析。

（4）双索之间的连杆是维持拉索共同作用的关键构件。对于常规索拱，两个拉索分叉处的连杆尤为重要。

（5）单榀联系桁架杆件众多，冗余度较高，其中作为索拱弹性支座处的局部桁架杆件为影响索拱稳定性及承载能力的重要构件。

3. 结论

综合上述概念分析的结果,在敏感性计算中需进行如下几个内容的研究。

(1) 单榀索拱中重要构件的确定。

(2) 确定失效索拱、失效柱及失效桁架在整体结构中的几何位置分布。

(3) 研究整体结构中空间作用的分布情况,根据研究结果确定是否可进行平面内的连续倒塌分析,即是否可按结构横向分析中的 6 跨单向索拱结构体系进行单独计算,或是按结构纵向分析中的一列 6 榀索拱结构进行单独计算。

9.2.2　敏感性分析

1. 单榀索拱分析

以构件移除作为结构的损伤参数 β_i,以节点位移作为结构响应 γ,结合连续倒塌分析中的荷载情况,按 $1.0L_D + 1.0L_L$ 的荷载组合进行敏感性分析。计算中主要考虑节点在 X、Y、Z 三个方向的平动位移,任意节点针对损伤参数 β_i 可计算出三个敏感性指标 S_i^X、S_i^Y、S_i^Z,取所有节点的敏感性指标平均值作为构件的重要性系数 α^i,即 $\alpha^i = \sum (|S_i^X| + |S_i^Y| + |S_i^Z|)/3n$,$n$ 为节点数目。具体分析情况见表 9.1 和图 9.5。

表 9.1　单榀索拱重要构件分析结果

结构类型	移除构件	杆件重要性系数
常规索拱(均取单侧杆件)	支座处上弦拱(1)	124.48
	中间撑杆处上弦拱(2)	199.69
	中间撑杆外侧上弦拱(3)	372.44
	中间撑杆(4)	1.49
	整根单索断裂(5)	1.10
	拉索连杆(6)	22.60
内凹式索拱(均取单侧杆件)	支座处上弦拱(1)	24.08
	撑杆处上弦拱(2)	54.36
	跨中上弦拱(3)	106.56
	整根单索断裂(4)	0.42
	拉索连杆(5)	106.57

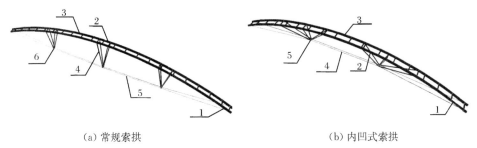

（a）常规索拱　　　　　　　　　　　（b）内凹式索拱

图 9.5　移除构件几何位置示意图

根据上述分析结果，可得如下结论。

（1）索拱结构的三大组成部分中，上弦拱对结构的刚度和承载能力所起的作用最大，且越接近拱顶，拱段的构件重要性系数越高。常规索拱中最重要的上弦拱段出现在中间撑杆的外侧，不是完全的拱顶处。

（2）对于内凹式索拱，拉索之间的连杆是维持结构的刚度和承载能力的重要构件，其重要程度不亚于上弦拱的拱顶杆件。常规索拱中则不存在这一现象。

（3）由于撑杆数目的不同，造成常规索拱和内凹式索拱在前两个结论上的表现不完全相同。常规索拱中设置了三处撑杆，由三点控制两根拉索的稳定性，因此大大降低了拉索连杆对结构的重要程度。由于正中间撑杆的设置，加强了拱顶处结构的刚度及连续性，因此最重要的拱段出现在中间撑杆的外侧。

（4）在正常使用情况下，更换单根拉索对整体结构性能的影响为各种情况中最小的，这说明双索体系的设置显著降低了拉索断裂对结构性能的影响。这为正常使用阶段拉索的更换提供了理论上的可行性。

（5）采用变换荷载路径法进行连续倒塌分析时，对于常规索拱取中间撑杆外的上弦拱作为移除构件，对于内凹式索拱取拉索之间的连杆及拱顶处的杆件作为移除构件。

2. 整体结构分析

结合整体结构横向概念分析的结论，失效柱的几何位置可参照美国 UFC 规范中框架结构失效柱的布置要求，对于结构外围取短边中柱、角柱及长边中柱三种情况；对于结构内部，结合本工程的实际情况，取最外侧桁架 HJ1 及正中间桁架 HJ3 的中柱作为失效柱。

以构件移除作为结构的损伤参数 β_i，以拉索索力作为结构的响应 γ，在（$1.0L_D + 1.0L_L$）的荷载组合基础上进行敏感性分析，失效柱的重要性系数 $\alpha^i = \sum_{j=1}^{26} |S_{ij}|/26$。具体计算结果见表 9.2。

表 9.2　失效柱的构件重要性系数计算结果

失效柱的几何位置	杆件重要系数
短边中柱	0.0068
角柱	0.0455
长边中柱	0.0272
最外侧桁架中柱	0.0055
正中间桁架中柱	0.0024

　　为研究整体结构的空间作用分布情况,将这 26 榀索拱沿着纵横两个方向进行区域划分,如图 9.6 所示。从右往左依次为横向区域 1(H1)至横向区域 6(H6),从下往上依次为纵向区域 1(Z1)至纵向区域 5(Z5)。联系桁架从右往左依次为HJ1 至 HJ5,26 榀索拱则根据从右往左、从下往上的原则进行编号。

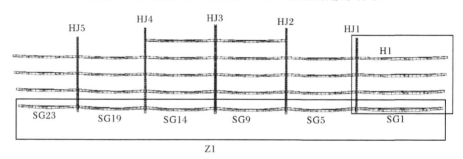

图 9.6　索拱结构区域划分图

　　取每个区域中拉索敏感性系数的平均值作为该区域的敏感性指标,以失效构件所在区域的敏感性指标作为标准值对剩余区域的敏感性指标进行规格化处理,绘制敏感性指标的变化曲线图从而进行空间作用分析。例如,角柱失效情况下,即 SG1 处的支承柱失效,横向区域 H1 的敏感性指标 $S_{H1} = \sum_{i=1}^{4} S_{SGi}/4$,取 S_{H1} 作为标准值对剩余区域的敏感性指标进行规格化,即可绘制区域敏感性指标变化曲线,如图 9.7 所示。

　　根据上述计算得出如下结论。

　　(1) 角柱的重要性系数最大,是整体结构中最关键的支承柱。这是因为结构边缘与其他部分的联系最少,无法充分利用周围构件的拉结作用,不利于构件失效后的内力重分布。

　　(2) 结构中间支承柱的重要性系数明显偏低,这说明联系桁架刚度大,具有较好的"搭桥跨越"能力,整体结构的连续性好。

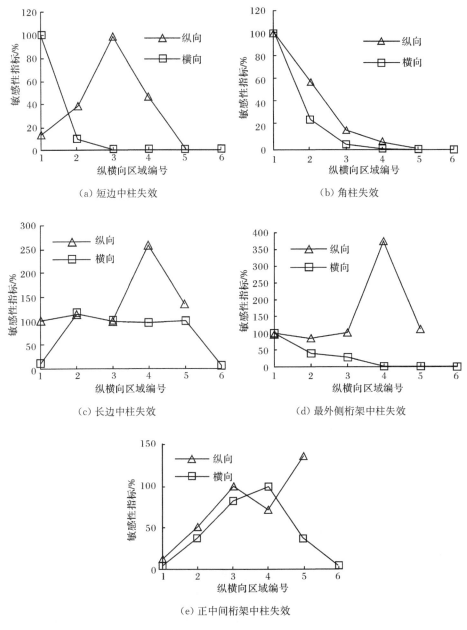

图 9.7 区域敏感性指标变化趋势

（3）由区域敏感性指标变化趋势图可知，整体结构的空间作用沿横向分布较弱，失效构件的影响仅局限在失效区域附近，详见图 9.7 中横向曲线的斜率。图 9.7(c)和(d)情况下失效构件位于结构中部，周围杆件的拉结作用较大，故横向曲线的下降率有所减缓。

(4) 由区域敏感性指标变化趋势图可知,整体结构的空间作用沿纵向较明显,且变化复杂,尤其在靠近中央网壳附近,空间作用复杂,纵向曲线的斜率出现突变,详见图 9.7(c)～(e)中 4 号点的竖向坐标。

根据上述结论,对受损索拱的几何位置进行敏感性分析时,取 SG1(角部)、SG9(长边中部)、SG4 和 SG12(中央采光带附近)作为受损索拱。考虑到整体结构中撑杆与檩条的拉结作用,假定单榀空间索拱中的两榀平面索拱同时出现构件失效的情况,加强构件的损伤情况。同样,对联系桁架中失效构件的几何位置进行敏感性分析时,取 HJ1 中支承 SG1、SG4 的桁架腹杆及 HJ3 中支承 SG9、SG12 的桁架腹杆作为失效杆件。具体计算结果见表 9.3。

表 9.3　受损索拱的几何位置及联系桁架中失效构件几何位置的敏感性分析结果

受损/失效构件	杆件重要性系数
SG1 撑杆外上弦拱拱顶	0.00746
SG4 撑杆上弦拱拱顶	0.00389
SG9 两侧拉索连杆	0.03572
SG12 上弦拱拱顶	0.00855
SG1 支座桁架腹杆	0.00108
SG4 支座桁架腹杆	0.00027
正中桁架 SG9 处支座腹杆	0.00033
正中桁架 SG12 处支座腹杆	0.00045

根据上述计算得出如下结论。

(1) 由桁架腹杆的杆件重要性系数偏低可知,整体结构的连续性好,檩条和撑杆对索拱的拉结作用大,且桁架自身的刚度及冗余度也很大,故桁架局部失效对整体结构性能的影响不大。

(2) 对比索拱的重要性系数可知,内凹式索拱对结构的重要性大于端部的常规索拱结构,并且内凹式索拱中拉索连杆的失效对整体结构性能的影响最大。

(3) 采用 AP 法进行结构连续倒塌分析时,取角柱、长边中柱、长边中部内凹式索拱 SG9 受损构件进行计算。

(4) 尽管结构沿横向的空间作用不明显,但沿纵向的空间作用分布情况与中央单层网壳的边界条件有关,故不能简单地取局部模型进行计算,仍需在整体模型中进行 AP 法计算。

9.3　结构抗连续倒塌性能分析

本节对新广州站索拱结构屋盖体系进行结构的抗连续倒塌性能评估。该工程的设计荷载中没有雪荷载,因此取$(1.0L_D+0.25L_L)$的荷载组合作为分析工况。在 AP 法计算中以线性动力计算为主,几何非线性静力计算为辅,暂不考虑材料的非线性特征。

9.3.1　角柱失效

1. 线性动力计算

根据本书 3.1.2 节中所提出的考虑结构初始状态的等效荷载卸载法进行线性动力计算。结构的局部模型如图 9.8 所示,原角柱的连接节点编号为 6147,结构外侧的封边管相交处节点编号为 6462,失效角柱相邻支承柱的连接节点编号为 5840。

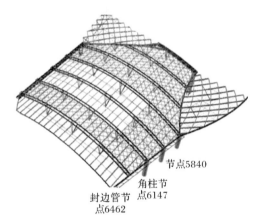

节点5840

角柱节
点6147

封边管节
点6462

图 9.8　角柱失效下结构局部模型

首先提取$(1.0L_D+0.25L_L)$的荷载组合作用下角柱顶部的杆件内力,将其转化为角柱对节点 6147 的支承力,并定义为动力荷载 P(包括轴力、弯矩、剪力);其次对删除角柱的结构进行模态分析,提取其自振周期和前两阶模态频率,用于计算结构的初始持荷时间、构件的移除时间以及结构的阻尼比。采用如图 9.9 所示的时程分析曲线。前 20s 内荷载 P 维持不变,从而保证时程分析过程中,整体结构有足够时间将荷载 L_D、L_L、P 作用下产生的强迫振动衰减完全,角柱失效时整体结构处于稳定的初始状态。荷载 P 的衰减时间,即角柱的失效时间取为 0.05s,符合 GSA 规范中的设计要求。在 SAP 模型中建立线性时程分析工况,计算时间取 40s,进行线性动力计算。节点 6147 的竖向位移时程曲线如图 9.10 所示。

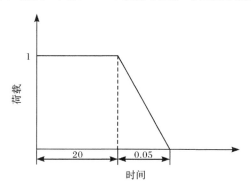

图 9.9　动力荷载 P 的时程曲线

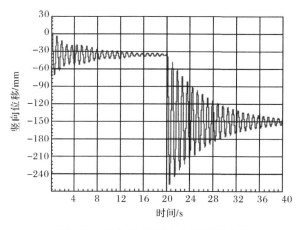

图 9.10　节点 6147 竖向位移时程曲线

　　对比图 9.8 中三个节点在完整结构静力计算下与动力分析初始状态模拟中的竖向位移可知,除失效柱节点 6147 以外,剩余节点的模拟精度仍在接受范围内。节点 6147 模拟精度很低的主要原因是复杂模型中荷载 P 并不能完全等效失效构件对整体结构的作用,这是该模拟方法的一个不足。但从整体结构的位移(表 9.4)来看,节点 6147 的初始位移为一36mm,仍在可接受范围内。

表 9.4　角柱失效前三种情况下的节点位移　　　　　　　　（单位:mm）

节点编号	完整结构	角柱失效结构(有初始持荷时间)	误差/%
6147	−0.17	−36	—
6462	−109.70	−137	25
5840	−0.17	−0.2	17.6

2. 静力计算

取动力荷载放大系数 2.0,对角柱失效下的结构进行静力计算。根据 4.2 节中的结构空间作用分析结果,其动力放大荷载的分布如图 9.11 所示。节点 6147 的竖向位移为 398.7mm,而线性动力计算的结果为258.5mm,相差 54%,静力计算的结果偏于保守。

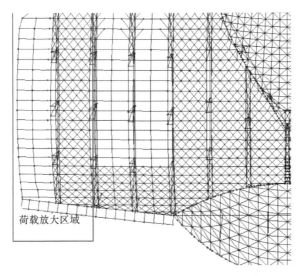

图 9.11　线性静力计算中的荷载放大区域

3. 结构抗连续倒塌的性能

如图 9.12 所示,角柱失效后整体结构的变形主要集中在 SG1 外侧的悬挑雨棚处,雨棚前端向下倾倒,变形最大处的竖向位移接近 1m,另一端则向上拱起。同时在变形放大图中可清楚地看到 SG1 出现侧翻和扭转的现象,在水平平面内,整个索拱以桁架为固定端,上弦拱向外扭转,下拉索则向内侧翻,撑杆节点的最大水平位移为 200mm 左右。在竖直平面内,索拱前端发生较大竖向位移,最大值为 −300mm 左右,接近桁架处则微微向上拱起。就整体变形情况而言,角柱失效的变形影响范围局限在 SG1 本身及其外侧的悬挑雨棚。

利用 SAP2000 有限元软件中的设计功能[3],结合我国规范,对杆件进行强度破坏判断。根据设计结果,悬挑雨棚前端部分檩条由于轴向拉力过大而应力比超标;SG1 中部分上弦拱之间的拉杆在弯矩和拉力的共同作用下而应力比超标;SG1 与 SG2 之间,结构前端的部分斜撑由于拉力过大而应力比超标;SG2 支承点附件的封边管由于拉力过大而失效。就整体强度破坏而言,角柱失效的强度影响范围

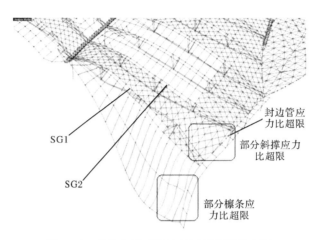

图 9.12 角柱失效后结构的局部变形放大图

局限在失效角柱附近,主要是悬挑雨棚、SG1 及 SG1 同 SG2 之间的一些拉结杆件。

综合构件变形及强度的破坏情况可知,该索拱结构屋盖体系符合单向索拱结构的平面传力特征,角柱失效的影响局限在其所支承的 SG1 受力范围内。相邻的主要水平受力构件 SG2 无论变形还是应力比均没有大的影响。故结构不会发生连续倒塌,仅 SG1 支承范围内的结构发生局部破坏。

9.3.2 编号 SG9 索拱受损

假定 SG9 中两侧撑杆之间的连杆在意外事件下同时失效,采用 9.3.1 节中相同的时程分析方法进行线性动力计算。由于拉杆在荷载作用下主要承受轴向拉力,忽略弯矩及剪力的影响,在动力荷载 P 中仅考虑连杆对节点的拉力,如图 9.13 所示。

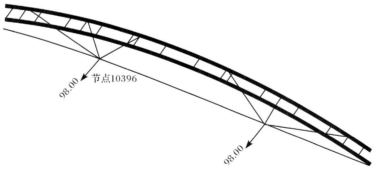

图 9.13 动力荷载 P 的示意图

由节点 10396 的三个方向位移时程曲线（图 9.14）可知，20s 以后，连杆的突然失效对结构的位移没有任何影响。同时，整体结构的变形图与杆件的应力比设计结果中也没能体现连杆失效所造成的影响。这同 9.2.2 节中敏感性计算的结果相矛盾。忽略荷载的动力放大系数，对整体结构进行不考虑初始状态的静力计算。由局部结构的变形放大图（图 9.15）可知，连杆失效使得 SG9 中的两根拉索无法共同工作，发生侧向变形失稳。同时应力比设计结果表明，SG9 中拉索的索力接近设计状态的极限索力，中间撑杆发生强度破坏而失效，即连杆失效造成 SG9 承载能力下降，其所承担的屋盖竖向位移加大。

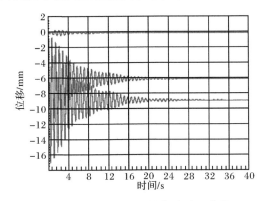

图 9.14　节点 10396 的位移时程曲线

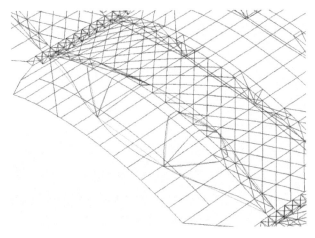

图 9.15　线性静力计算下结构的变形放大图

造成这一现象的根本原因是构件失效前索拱结构初始状态的不同。在动力计算中，连杆失效之前，在外荷载的作用下两根拉索中已经具备了一定的应变能，其平面外的稳定性显著大于拉索应变能为 0 的情况。故此时，连杆的失效对其几乎没有影响。而在静力计算中,由于不考虑结构的初始状态,拉索中的应变能为0。因此在没有侧向约束的情况下,拉索在小荷载作用下就会发生大的侧向变形,从而造成索拱结构承载能力的下降。

根据这一计算结果可得如下两个结论。

(1) 对于含有预应力拉索的结构体系,考虑构件意外失效前整体结构的初始状态是非常必要的。采用本书所提出的考虑初始状态的等效荷载卸载法可以方便地解决这一问题。

(2) 在结构的连续倒塌分析过程中,维持结构静力性能的关键构件未必是影响结构倒塌性能的重要构件。

9.3.3 长边中柱失效

假定结构外侧长边中柱在意外事件下突然失效,采用 9.3.1 节中的时程分析方法进行线性动力计算。整体结构的变形图及构件的设计应力比结果表明,长边中柱的失效对其间接支承的两榀内凹式索拱及索拱受力范围内的局部结构影响较大。失效柱两侧的悬挑雨棚中部分杆件由于变形及应力比超限而失效。索拱中失效柱一侧的拉索索力显著增大,超过其设计阶段的安全索力(安全系数为2.5),但没有达到其破断力。联系桁架中仅支承在内柱上的局部下弦杆应力比过大,接近屈曲强度。这主要是桁架悬挑长度翻倍所造成的。由此可知,长边中柱失效情况下,整体结构不会发生连续倒塌。

9.4 提高屋盖体系抗连续倒塌性能的措施

本节以新广州站主站房索拱结构屋盖体系为例,提出如下几点提高索拱结构屋盖体系抗连续倒塌性能的措施。

1. 设置足够数量的竖向支承构件

由于索拱结构支座的铰接特性,当把下部支承柱考虑到整体结构中时,单榀索拱结构可等效为大跨度的排架结构,整个结构相当于一座大型的单层排架厂房。因此,索拱结构下部的支承柱是整体结构的关键构件。在建筑允许的条件下,应确保每一榀索拱下部都有对应的支承柱。

在新广州站主站房中,中间 4 跨内凹式索拱的下部支承柱沿结构的短边方向采用间隔布置的方式,如图 9.16 所示。该布置方式加大了索拱之间联系桁架的承重负担,不利于结构的抗连续倒塌性能。

对图示结构进行一定的力学简化,则可将联系桁架等效为一两跨连续梁,在支座及跨中分别作用有集中力。若桁架自身的刚度不足,则中间内凹式索拱的支

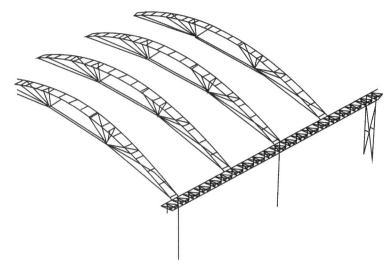

图 9.16　主站房中下部支承柱布置形式

座向下位移将明显大于周边索拱,整个屋盖平面将呈波浪形分布,没有支承柱的索拱平面将向下凹陷。若图中左侧支柱在意外事件中失效,则该两跨连续梁将瞬时转变为带超长悬臂端的简支梁,悬臂梁上两榀索拱结构的稳定性及承载能力将严重受损。新广州站主站房之所以具备良好的抗连续倒塌能力,很大程度上取决于联系桁架的刚度及冗余度,以及巨型钢管混凝土柱的承载能力。

2. 提高局部构件的冗余度

新广州站工程中采用的新型空间索拱结构能有效增强局部构件的冗余度,提高索拱结构的平面外稳定性,是提高结构局部抗连续倒塌能力的重要措施。有限元分析结果表明,双索体系的设置提高了正常使用情况下换索的安全度。

将该"备份"的思路予以扩展,在建筑允许的条件下,尽量避免采用单截面构件作为上弦拱,最好采用桁架结构或本书的双榀拱结构,增加结构的冗余度。并且,尽可能将上弦拱与拉索中的撑杆设置为空间结构,避免采用平面撑杆体系,以提高索拱结构的平面外稳定性。最后,在经济条件允许的情况下,可采用双索体系增加结构安全度。

3. 设置隔离带

以新广州站主站房为例,五榀联系桁架是沿结构长边方向的刚性隔离带,其成功地将整体结构划分为 6 个近乎独立的小区域,限制了结构的连续性破坏沿屋盖长边方向的开展。这是其设计成功的一面。

　　其设计不利的一面在于,局部索拱之间的连接构件过多,加大了局部破坏的影响范围。如图 9.12 所示,结构最外侧两榀索拱之间撑杆和檩条的数目明显多过中间两榀索拱。在角柱失效的情况下,由于撑杆及檩条的拉结作用,最外侧索拱的变形受到一定的约束,但内侧索拱中的侧向拉力也显著加大。对原有设计进行一定的修正,删除外侧两榀索拱之间的部分撑杆,将两榀索拱正中间的封边管进行弱化处理,大幅度减小其截面尺寸。新模型在角柱失效下的局部变形图如图 9.17 所示。计算结果表明,外侧索拱向下的变形及位移显著增大,而内侧索拱受到的影响则显著降低。

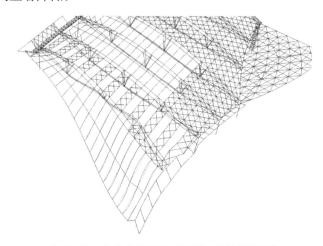

图 9.17　角柱失效下修正结构的局部变形图

　　由上述分析可知,在檩条及撑杆的设计过程中,不仅需考虑屋盖平面的刚度、索拱的稳定性,还应考虑在意外事件中,檩条与撑杆的强度与延性是否会造成结构更大范围的破坏。因此,对于檩条及撑杆的节点强度需做一定的限制,将其设置为各榀索拱在意外事件中的柔性隔离带。

　　4. 加强索拱在支座处纵向联系构件的刚度及强度

　　由新广州站中联系桁架所起的巨大作用可知,支座处的纵向联系构件是增强结构整体性及抗倒塌性能的重要构件。

9.5　本 章 小 结

　　(1) 本章采用简化的敏感性分析方法求解了新广州站内凹式索拱结构的重要构件。值得注意的是,对于这种由两榀平面索拱组成的空间索拱结构,拉索之间的连杆是维持结构性能的重要构件。实际工程中采用铸钢索夹来替代连杆的作用。

（2）内凹式索拱中双索的设置增加了正常使用情况下拉索更换的理论可行性。

（3）本章对新广州站主站房索拱结构屋盖体系进行了结构抗连续倒塌性能的评估。评估结果表明,该屋盖体系的抗连续倒塌能力较高,在意外事件下不易发生整体破坏,角柱失效会导致结构的局部破坏。

该屋盖结构中,五榀联系桁架的横向刚度较大,近似将整体屋盖分割为 6 个独立的单向索拱结构,阻止了意外事件下构件的连锁破坏沿结构横向的发展。这是其在抗连续倒塌设计上有利的一面。其不利的一面在于索拱下部的支承柱采用间隔布置的方式,加重了联系桁架在支承柱失效情况下的负担,使得杆件的连锁破坏在结构纵向上的发展阻力较小。

参 考 文 献

[1] 陈强,沈婷. 新广州站索拱结构性能研究[J]. 铁道工程学报,2008,6(117):71—75.

[2] 赵健. 内凹式索拱结构平面内极限承载力理论分析及试验研究[D]. 南京:东南大学,2008.

[3] 北京金土木软件技术有限公司. SAP2000 中文版使用指南[M]. 北京:人民交通出版社,2006.

第 10 章 天津梅江会展中心抗连续倒塌性能分析

10.1 工 程 简 介

天津梅江会展中心是 2010 年 9 月夏季达沃斯论坛的主会场,建筑面积约 9.8 万 m²,由 4 个主展厅和一些小展厅组成,其中主展厅长 120m,宽 105m,柱高最低 为 20m,最高为 30m。主展厅的钢屋盖采用张弦桁架,张弦桁架的主跨度为 89m, 主跨两侧各悬挑 7.5m,柱距 15m,一侧柱顶比另一侧高 2.25m。

张弦桁架的上弦采用剖面呈倒三角形的空间管桁架(图 10.1),节间单元的形 式如图 10.2 所示,每一节间都由稳定的三角锥基本单元构成。钢桁架的高度为 2.5m,跨中撑杆的高度为 8m,撑杆采用圆钢管,均匀布置 9 根。垂直于张弦桁架 的方向,每隔 18m 采用三角形管桁架把每榀张弦桁架连成整体。结构构件截面见 3.3.1 节。

图 10.1 张弦桁架

图 10.2 节间单元形式

由于该工程为天津市最大跨度工程,属于天津市重点工程,应进行抗连续倒 塌设计。在不改变建筑要求的前提下,从结构体系和节点构造方面提出一系列措 施提高该结构抗连续倒塌能力,获得了较好的经济效应和社会效应。图 10.3 为 天津梅江会展中心整体效果图,图 10.4 为张弦桁架安装完成照片。

图 10.3 天津梅江会展中心整体效果图

图 10.4 张弦桁架安装完成照片

10.2 加强纵向联系桁架刚度的设计方法

天津梅江会展中心屋盖结构的初步设计从原有工业厂房的思路出发,受力体系拟采用排架结构体系,山墙柱(抗风柱)只是承受水平风荷载,不承受竖向荷载,山墙柱的顶端与张弦桁架水平铰接,山墙柱通过张弦桁架把一部分水平风荷载传给屋面支撑体系。为了增加各榀张弦桁架之间的联系,增强结构的空间整体作用,提高结构的抗连续倒塌能力,沿跨度方向均匀设置 6 道纵向联系桁架,纵向联系桁架采用倒三角形桁架,图 10.5 为结构平面布置图,图中 ZXHJ 表示张弦桁架,GZ0~GZ9 为较高一侧柱,GZ0′~GZ9′ 为较低一侧柱,KFZ 表示抗风柱,HJ1~HJ3 表示三角形纵向联系桁架,SC 表示水平支撑。

1) 荷载情况

(1) 恒载 L_D:构件自重,由程序自动计算;屋面恒荷载:1.7kN/m²。

(2) 活载 L_L:取屋面活载和雪载的较大值,0.675kN/m²。

(3) 预应力:索的初始应变为 0.002。

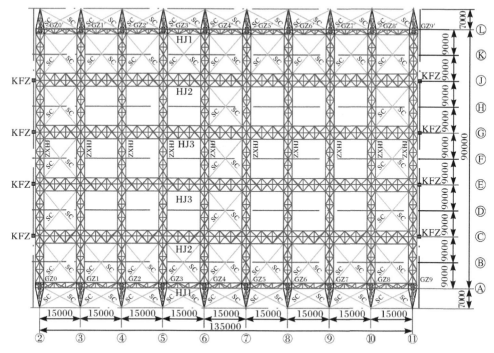

图 10.5　结构平面布置图(单位:mm)

2)计算模型

由于每榀张弦桁架都一样,各榀张弦桁架通过三角形纵向联系桁架连成整体,故选用中间 8 榀张弦桁架作为一个整体进行连续倒塌分析。由于水平支撑主要是抵抗水平力,故计算模型不考虑水平支撑的作用,三维计算模型如图 10.6 所示。柱子刚度的影响采用弹簧刚度模拟,柱子的等效抗侧刚度见表 10.1。

表 10.1　柱子的抗侧刚度

支座类别	GZ1	GZ2	GZ3	GZ4	GZ5	GZ6	GZ7	GZ8
$K/(kN/m)$	11700	9800	8300	7100	6200	5300	4700	4000
支座类别	GZ1′	GZ2′	GZ3′	GZ4′	GZ5′	GZ6′	GZ7′	GZ8′
$K/(kN/m)$	16700	13700	11400	10300	8200	7000	6000	5200

10.2.1　关键构件的选择

根据 3.3 节的分析结果,张弦结构的关键构件分布如下:支座→索→支座处的桁架下弦→跨中部分的上弦构件。因此,首先分别对这些关键构件移除进行残余结构的极限承载力分析,验证张弦结构的关键构件分布,然后再进行连续倒塌

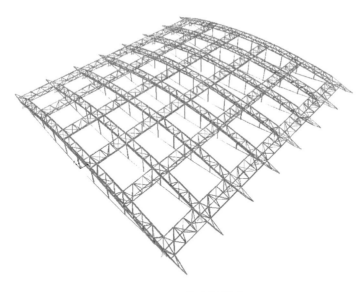

图 10.6　三维空间模型

的动力分析。

　　1) 支座(或支撑柱)破坏

　　支座(或支撑柱)破坏对于单榀张弦桁架,其破坏是毁灭性的,因为支座破坏后,单榀张弦桁架变成机构,变成不稳定结构,没有承载力。但是对于平面张弦结构,由于纵向联系桁架把张弦桁架组装成一整体,其整体性随着纵向联系构件抗弯刚度的增加而增加,共同作用效果越明显。表 10.2 为各个支座破坏后残余结构的极限承载力。

表 10.2　各个支座移除后残余结构的极限承载力系数

破坏支座编号	Z1	Z2	Z3	Z4	Z5	Z6	Z7	Z8
极限承载力系数	1.88	3.37	3.92	3.48	3.41	3.88	3.30	1.98
与完整结构比值/%	25.8	46.2	53.6	47.6	46.7	53.2	45.2	27.1
破坏支座编号	Z1′	Z2′	Z3′	Z4′	Z5′	Z6′	Z7′	Z8′
极限承载力系数	1.89	3.31	3.56	3.82	3.80	3.44	2.90	1.93
与完整结构比值/%	25.9	45.3	48.7	52.0	52.0	47.1	39.7	26.4

　　由表 10.2 可以看出,边支座的破坏对残余结构的极限承载力影响最大,分别是完整结构的 25.8% 和 27.1%。而中间支座的破坏对残余结构的极限承载力影响稍小,达到完整结构的 45% 以上。说明纵向联系桁架不仅保证张弦桁架的平面外稳定作用,而且加强了平面张弦桁架的空间作用,使得结构抗连续倒塌的能力

大大增强。

2）索的破坏

对于单榀张弦桁架，索的破坏对其极限承载力影响较大，见表 10.3。平面张弦桁架由于纵向联系桁架的作用，空间整体作用加强，其各榀张弦桁架索的破坏对整体结构的极限承载力影响不同，见表 10.3。

表 10.3　各榀张弦桁架索破坏后残余结构的极限承载力系数

索破坏张弦桁架		SHJ1	SHJ2	SHJ3	SHJ4	SHJ5	SGJ6	SHJ7	SHJ8
极限承载	单榀	1.67	1.62	1.58	1.55	1.52	1.50	1.49	1.47
力系数	整体	4.03	5.92	5.82	5.82	6.27	6.24	5.81	3.88
与完整结构	单榀	22.9	22.2	21.6	21.2	20.8	20.5	20.4	20.1
比值/%	整体	55.2	81.1	79.8	79.7	85.8	85.4	79.5	53.1

由表 10.3 可以看出，单榀张弦桁架索破坏后其极限承载力仅达到原张弦桁架的 20% 左右，通过纵向联系桁架把张弦桁架连接成空间结构后，其抗连续倒塌的能力大大加强。其中边桁架索的破坏对残余结构的极限承载力影响最大，分别是完整结构的 55.2% 和 53.1%。而中间桁架索的破坏对残余结构的极限承载力影响稍小，达到完整结构的 79% 以上。

3）上部桁架下弦杆的破坏

对于单榀张弦桁架，靠近支座处的上部桁架下弦杆的破坏对其极限承载力影响较大，且与支座刚度有关，见表 10.4。平面张弦桁架由于纵向联系桁架的作用，空间整体作用加强，其各榀张弦桁架上部桁架下弦杆的破坏对整体结构的极限承载力影响不同，见表 10.4。

表 10.4　张弦桁架上部桁架下弦杆破坏后残余结构的极限承载力系数

下弦杆破坏桁架		SHJ1	SHJ2	SHJ3	SHJ4	SHJ5	SGJ6	SHJ7	SHJ8
极限承载	单榀	2.15	2.11	2.09	2.07	2.05	2.03	2.02	2.01
力系数	整体	4.39	5.81	6.08	6.10	6.11	6.10	5.93	4.24
与完整结构	单榀	29.5	28.9	28.6	28.4	28.1	27.8	27.7	27.5
比值/%	整体	60.2	79.6	83.3	83.5	83.7	83.5	81.2	58.1

由表 10.4 可以看出，单榀张弦桁架支座处下弦杆破坏后其极限承载力仅达到原张弦桁架的 27% 左右，通过纵向联系桁架把张弦桁架连接成空间结构后，其抗连续倒塌的能力大大加强。其中边桁架下弦杆的破坏对残余结构极限承载力影响最大，分别是完整结构的 60.2% 和 58.1%。而中间桁架下弦杆的破坏对残余结构极限承载力影响稍小，达到完整结构的 79.6% 以上。

4）上部桁架上弦杆的破坏

对于单榀张弦桁架，靠近跨中的上部桁架上弦杆的破坏对其极限承载力影响较大，且与支座刚度有关，见表 10.5。平面张弦桁架由于纵向联系桁架的作用，空间整体作用加强，其各榀张弦桁架上部桁架上弦杆的破坏对整体结构的极限承载力影响不同，见表 10.5。

表 10.5　张弦桁架上部桁架上弦杆破坏后残余结构的极限承载力系数

上弦杆破坏桁架		SHJ1	SHJ2	SHJ3	SHJ4	SHJ5	SGJ6	SHJ7	SHJ8
极限承载	单榀	6.21	6.22	6.23	6.33	6.23	6.23	6.23	6.25
力系数	整体	6.84	6.89	6.98	6.90	6.90	6.90	6.83	6.69
与完整结构	单榀	85.1	85.2	85.3	86.7	85.3	85.3	85.3	85.6
比值/%	整体	93.7	94.4	95.6	94.5	94.5	94.5	93.6	91.6

由表 10.5 可以看出，单榀张弦桁架跨中处上弦杆破坏后其极限承载力达到原张弦桁架的 85% 左右，通过纵向联系桁架把张弦桁架连接成空间结构后，其抗连续倒塌的能力进一步加强。其中边桁架上弦杆的破坏和中间桁架上弦杆的破坏对残余结构的极限承载力影响接近，达到完整结构的 93% 以上。说明张弦桁架上弦杆的破坏对结构抗连续倒塌的影响很小。

10.2.2　纵向联系桁架刚度对连续倒塌的影响

由以上分析可以看出，支座和索的破坏对残余结构的极限承载力影响较大，特别是边支座、中间支座和边索的破坏影响最大，上部桁架支座处下弦杆的破坏影响也较大。故选择边柱、中间柱、边索以及边跨桁架支座处下弦杆的破坏对张弦结构进行连续倒塌的动力分析。

为了研究纵向联系桁架对平面张弦桁架连续倒塌的影响，采用不同刚度的纵向联系桁架的 3 种模型来分析结构的抗连续倒塌能力。由于纵向联系桁架与上弦桁架等高，不存在桁架高度的变化，主要通过上、下弦截面和腹杆截面的变化来反映纵向联系桁架刚度的变化（表 10.6）。

采用全动力等效荷载瞬时卸载法进行抗连续倒塌分析，加载曲线中各个时间段的取值以移除相应失效构件的残余结构的前两阶模态频率为基准，具体取值如下。

（1）加载时间取为残余结构自振周期的 2 倍。

（2）持荷时间保证时程分析过程中，整体结构有足够的时间将恒载（L_D）、活载（L_L）和等效荷载（P）作用下产生的强迫振动能衰减完全。

（3）根据《建筑抗震设计规范》（GB 50011—2010），结构的阻尼比取值为 0.02。

（4）构件失效时间取 0.01s，约为残余结构竖向自振周期的 1/10，同时不大于 10ms[1]。迭代时间增量步取为 0.001[2]，采用直线态的荷载增长模拟方法。

（5）荷载组合为 $1.0L_D + 0.25L_L$[3,4]。

表 10.6　三种模型的纵向联系桁架截面参数及刚度变化

模型	纵向联系桁架/(mm×mm)			刚度变化$(i+1)/i$
	上弦	下弦	腹杆	
1	$\phi180\times9$	$\phi180\times9$	$\phi121\times5$	—
2	$\phi245\times10$	$\phi245\times10$	$\phi146\times5$	1.52
3	$\phi272\times12$	$\phi272\times12$	$\phi168\times6$	1.33

1）中间支座（Z2）失效

采用考虑初始状态的全动力等效荷载卸载法对中间支座失效后的结构进行非线性动力分析。选择与破坏支座相连张弦桁架的中间节点 28、支座破坏处节点 609、跨中节点 64 为研究对象，如图 10.7 所示。

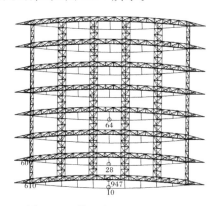

图 10.7　模型中选取节点示意图

三种模型的动力时程分析表明，中间支座 Z2 失效后，模型 1 出现垮塌，模型 2 和模型 3 均未出现垮塌。但模型 2 中破坏支座处节点 609 的最大位移达到 1268mm，位移与跨度之比为 1/70，接近倒塌。模型 3 中节点 609 的最大位移为 472.4mm，不会倒塌。

模型 3 中相关节点的位移时程曲线如图 10.8 所示。在 0.1～0.11s 内，支座失效，节点位移呈现出明显的振动，并且在接下来的时间段内，由于结构阻尼的存在，振幅开始衰减，并逐渐趋向于稳定。失效支座所在桁架振动最明显，节点 609 的最大位移为 472.4mm。上部桁架的振动由失效部位这一侧向四周递减，节点 28 的振动明显变小，最大的位移只有 250mm。而中间部位节点 64 的振动进一步减少，最大位移只有 168mm。

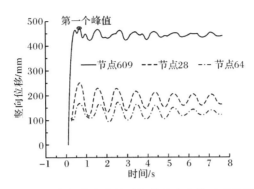

图 10.8 中间支座失效后相关节点位移时程曲线

0.67s(第一个峰值处)时结构的位移和应力如图 10.9 和图 10.10 所示。从图 10.9可以看出,结构在支座 Z2 失效部位的竖向位移最大,达到 434.5mm。虽然结构在该支座失效后局部位移较大,但由于联系桁架的存在,该支座所在的张弦桁架没有倒塌。从图 10.10 可以看出,在支座 Z2 失效部位纵向联系杆件的应力变化尤为突出,如在支座 Z2 失效前应力很小,但当支座失效后纵向联系桁架某些杆件的应力达到 297MPa。由此可见,纵向联系桁架在支座失效时对结构的抗倒塌起到很大的作用。

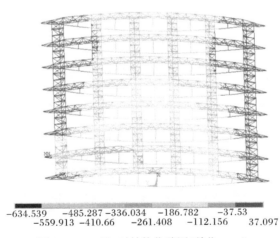

-634.539   -485.287 -336.034   -186.782   -37.53
    -559.913 -410.66   -261.408   -112.156   37.097

图 10.9 0.67s 时结构位移图(单位:mm)

2) 边支座(Z1)破坏

选择边跨中间节点 10、支座破坏处节点 610、跨中节点 64 为研究对象,如图 10.7所示,计算过程同上。动力时程分析结果表明,边支座失效后三种模型均出现垮塌。

模型 3 中失效支座处节点 610 的位移时程曲线如图 10.11 所示。在 0.1~

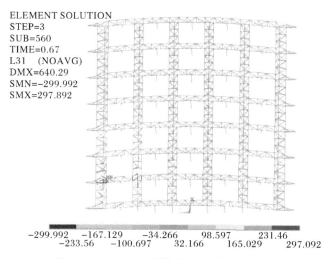

图 10.10　0.67s 时结构应力图（单位：MPa）

0.11s内，支座失效，节点 610 的位移呈持续下降趋势，直至程序终止运算都没有停止，说明支座 Z1 失效后结构出现局部垮塌。

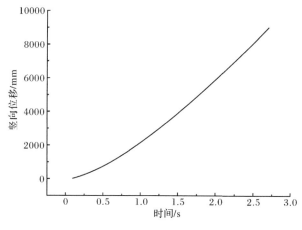

图 10.11　节点 610 位移时程曲线

计算结束时结构的位移和应力如图 10.12 和图 10.13 所示，从图 10.12 和图 10.13可以看出，整个边桁架区域都出现垮塌。

3）边索断裂失效

选择边跨下弦中间节点 947、与边跨相邻中间节点 28 和跨中节点 64 为研究对象，如图 10.7 所示，计算过程同上。

由于拉索只能受拉，不能受压，索的任一截面失效导致整根索失效，相应地，假定撑杆也随之失效。故在索节点和撑杆失效处采用预应力等效荷载代替。动

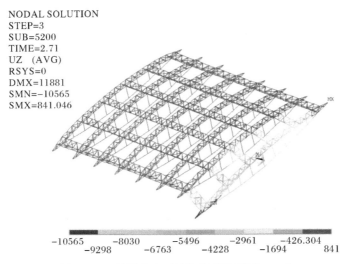

图 10.12　计算结束时结构位移图(单位:mm)

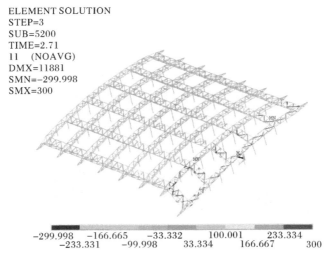

图 10.13　计算结束时结构应力图(单位:MPa)

力时程分析表明,边索失效后,模型 1 出现垮塌,模型 2 和模型 3 均未出现垮塌。模型 2 中跨中节点 947 的最大位移达到 1262mm,位移与跨度之比为 1/70,接近倒塌。模型 3 中节点 947 的最大位移为 1100mm,位移与跨度之比为 1/81,相对较好。

　　模型 3 中相关节点的位移时程曲线如图 10.14 所示。在 0.1~0.11s 内,拉索失效,节点位移呈现出明显的振动,并且在接下来的时间段内,由于结构阻尼的存在,振幅开始衰减,并逐渐趋向于稳定。边索所在上部桁架振动最明显,节点 947

的最大位移达到 1100mm。上部桁架的振动由失效部位一侧向另一侧递减,节点
28 的位移明显变小,中间部位节点 64 基本无振动。

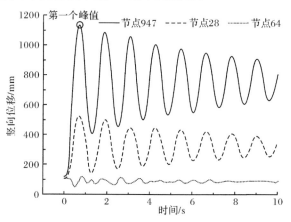

图 10.14　节点位移时程曲线

0.72s(第一个峰值处)时结构的位移和应力如图 10.15 和图 10.16 所示。从
图 10.15 可以看出,边索失效部位的竖向位移非常大,达到 1100mm。但由于联系
桁架的存在,该支座所在的张弦桁架没有倒塌。从图 10.16 可以看出,结构边索
失效部位纵向联系杆件的应力变化尤为突出,如在静力等效时应力很小,但当边
索失效后垂直支撑某些杆件屈服,应力达到 300MPa。由此可见,纵向联系杆件在
边索失效后对结构的抗倒塌起到很大作用。

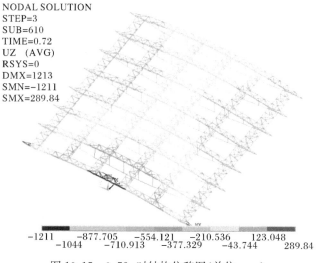

图 10.15　0.72s 时结构位移图(单位:mm)

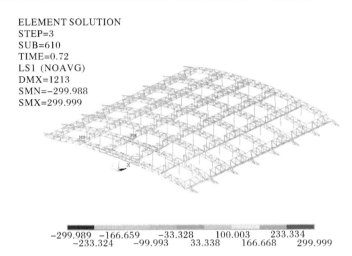

ELEMENT SOLUTION
STEP=3
SUB=610
TIME=0.72
LS1 (NOAVG)
DMX=1213
SMN=−299.988
SMX=299.999

−299.989　−166.659　　−33.328　　100.003　　233.334
　　−233.324　　−99.993　　33.338　　166.668　　299.999

图 10.16　0.72s 时结构应力图（单位：MPa）

4）边榀支座处下弦杆件失效

选择边榀桁架下弦中间节点 947、与边榀相邻中间节点 28 和跨中节点 64 为研究对象,计算过程同上。

动力时程分析表明,边榀支座处下弦杆件失效后,模型 1、模型 2 和模型 3 均未出现垮塌。模型 1 中跨中节点 947 的最大位移达到 991mm,位移与跨度之比为 1/90;模型 2 中跨中节点 947 的最大位移达到 850mm,位移与跨度之比为 1/105;模型 3 中节点 947 的最大位移为 747mm,位移与跨度之比为 1/119。

模型 3 中相关节点的位移时程曲线如图 10.17 所示。在 0.1~0.11s 内,下弦杆失效,节点位移呈现出明显的振动,并且在接下来的时间段内,由于结构阻尼的

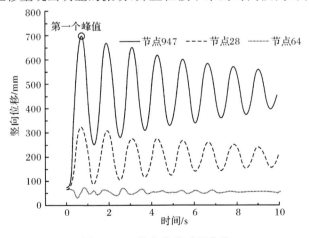

图 10.17　节点位移时程曲线

存在,振幅开始衰减,并逐渐趋向于稳定。边榀桁架振动最明显,节点 947 的最大位移达到 747mm。上部桁架的振动由失效部位一侧向另一侧递减,节点 28 的位移明显变小,中间部位节点 64 基本无振动。

　　0.69s(第一个峰值处)时结构的位移和应力如图 10.18 和图 10.19 所示。从图 10.18 可以看出,边榀的竖向位移较大,跨中最大竖向位移达到 747mm。由于下弦杆的失效,导致与失效下弦杆相连的悬臂端有较大位移,达到 1081mm。由于联系桁架的存在,边跨张弦桁架没有倒塌,从图 10.18 中也可以看出,位移沿整个张弦桁架纵向(即从中间榀到边榀)是逐渐增大的。

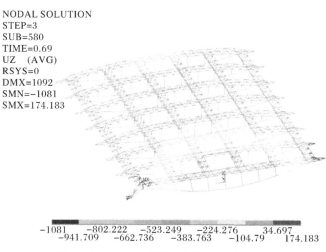

图 10.18　0.69s 时结构位移图(单位:mm)

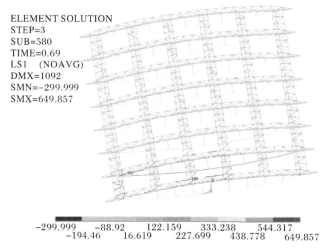

图 10.19　0.69s 时结构应力图(单位:MPa)

　　完整结构中,支座处下弦杆是一根受压杆,移除这根杆件后边榀的索出现松弛,如图 10.19 所示,索中应力减小。同时,与边榀相邻的第二榀的索力大幅增加,这是由于联系桁架的存在,作用在边榀的荷载转移了相当一部分到第二榀。同理第三榀的索力也有所增大,到第四榀以后索力几乎没有影响。同时还可发现在支座处下弦杆失效后有部分弦杆和腹杆的内力反号了。例如,与失效下弦杆相连的两根腹杆在完整结构中是受拉的,但在下弦杆失效后 0.69s 时是受压的。这在张弦结构抗连续倒塌的设计中要特别注意。由图 10.19 可以看出,边榀桁架支座处下弦杆失效后纵向联系桁架某些杆件屈服。由此可见,纵向联系杆件在支座处下弦杆失效后对结构的抗倒塌起到很大作用。

10.2.3　计算结论

　　(1)通过对该平面张弦桁架连续倒塌的动力分析,进一步表明张弦桁架支座的破坏对抗连续倒塌的影响最大,其次是索和支座处的下弦杆件,上弦杆的破坏对其影响很小。对于平面张弦结构,由于纵向联系桁架把张弦桁架组装成一整体,其整体性随着纵向联系构件抗弯刚度的增加而增加,共同作用效果越明显。纵向联系构件把张弦桁架组装成一整体,可以明显增加张弦桁架的抗倒塌能力。

　　(2)对于本工程,在满足极限承载力和整体稳定验算的基础上,考虑经济性等因素选用模型 3 作为最终设计状态。模型 3 中屋面结构总的用钢量(含索)约 76kg/m²,其中纵向联系桁架的用钢量约 8kg/m²。虽然通过增强纵向联系桁架使得结构空间作用大大增强,但由于排架结构体系的局限性,模型 3 在边跨支座失效后,仍然不能满足抗连续倒塌的要求。

10.3　利用抗风柱承担竖向荷载的设计方法

　　排架结构体系在空间结构中应用较为广泛,其优点是结构受力清晰,荷载传递明确,抗风柱的截面较小,温度应力较小。特别是大跨空间结构采用轻钢屋面,屋面防水是设计中的重点问题。采用排架结构体系,由于各榀桁架变形一致,能保证屋面变形一致,对屋面防水有好处。但是,从抗连续倒塌的角度,该结构冗余度低,边桁架容易出现倒塌。根据上面的分析,边支座、边索以及边桁架支座处下弦杆的破坏都将导致该结构的承载力急剧下降,抗连续倒塌能力较低。特别是采用刚度较大的纵向联系桁架加强形成空间结构受力体系,在边支座破坏后,结构仍然发生倒塌,不能满足抗连续倒塌的要求。

　　经综合考虑,将排架结构体系进行修改,取消最边上的张弦桁架,改成跨度较小的多跨桁架,即山墙方向的抗风柱不仅承担水平风荷载,还承担竖向荷载。对于屋面变形不一致的不利因素通过其他措施解决。

　　同样,假定角支座失效,采用考虑初始状态的全动力等效荷载卸载法对角支座失效后的结构进行非线性动力分析。选择与边跨相邻中间节点 28、支座破坏处节点 610,跨中节点 64 为研究对象,如图 10.7 所示。

　　动力时程分析表明,边支座失效后结构没有出现倒塌,得到相关的时程位移曲线如图 10.20 所示。在 0.1～0.11s 内,支座失效,节点位移呈现出明显的振动,并且在接下来的时间段内,由于结构阻尼的存在,振幅开始衰减,并逐渐趋向于稳定。失效支座所在桁架振动最明显,节点 610 的最大位移为 191.9mm。从节点64 和节点 28 的位移曲线可以看出,该支座失效后结构仅在局部出现振动,没有造成大范围的影响。

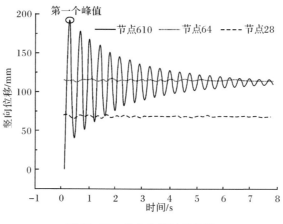

图 10.20　节点位移时程曲线

　　0.29s(第一个峰值处)时结构的位移和应力如图 10.21 和图 10.22 所示。从

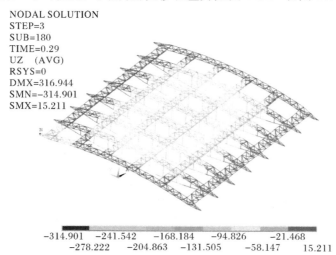

图 10.21　0.29s 时结构位移图(单位:mm)

图 10.21 和图 10.22 可以看出,边支座失效后,除了支座失效的角部位移和应力稍大外,整个结构的位移和应力都不大,满足抗连续倒塌的要求。说明利用抗风柱承担竖向荷载后,结构的抗连续倒塌能力大大加强。

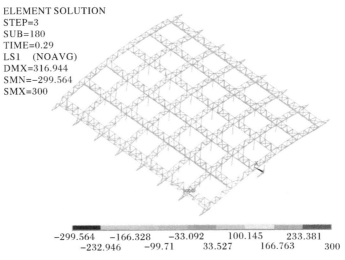

图 10.22　0.29s 时结构应力图(单位:MPa)

10.4　双索设计方法

由以上分析可知,张弦桁架中索是很重要的构件。为了提高张弦桁架的抗连续倒塌能力,一般可以设计成双索。在通常的双索张弦桁架中,两根索是水平平行布置的,如图 10.23 所示[5]。如果有一根索发生破坏,另一根索要继续维持整个结构的平衡,则必须在平面外转动一个角度,使索的重心与上部桁架的重心在同一竖直平面内,这样的平面外转动会对结构受力产生不利影响。如果将两根水平平行索布置在一竖直面内,如图 10.24 和图 10.25 所示,一旦发生单根索断裂,

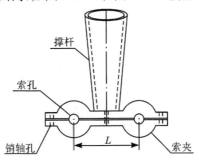

图 10.23　平行布置双索节点示意图

另一根索的重心与上部桁架的重心仍在同一竖直平面内,不会出现平面外转动的不利影响。

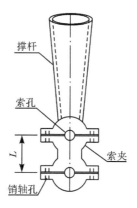

图 10.24　竖向布置双索节点示意图

图 10.25　张弦桁架双索竖向布置示意图

本章分别对两种类型的双索结构进行单根索断裂后的动力时程分析,比较两种双索结构的抗连续倒塌能力。

10.4.1　两种双索计算模型

采用 10.2 节中的计算模型,将索由一根变为两根,每根索的截面为原来的 1/2。模型 1 为双索平行布置,模型 2 为双索竖向布置,考虑索头的实际尺寸,双索之间的间距 L 均取 0.25m,如图 10.23 和图 10.24 所示。

荷载为恒载(0.9kN/m²)与活载(0.5kN/m²)组合,以节点力的形式作用于上弦节点。

采用考虑初始状态的等效荷载卸载法进行弹塑性动力分析。$t_0 = 1s$,$t_p = 0.01s$,为构件失效后残余结构的自由振动阶段,阻尼采用 Rayleigh 阻尼,共计算 10s。

由于索发生断裂时,任一截面失效将导致整根索失效,所以索的任一截面破坏时假定所有连接断索的撑杆同时失效。根据对称性,取有代表性的节点和杆件查看杆件在索失效后的响应。

10.4.2　两种模型计算结果分析与比较

1) 位移计算结果

所取节点编号如图 10.26 所示的节点 1～节点 4。为避免平行布置双索单根索断裂后偏心转动的不利影响,在张弦桁架的上弦撑杆处增加平面外支撑,如图 10.26 所示的②～⑤,①为张弦桁架的支座。

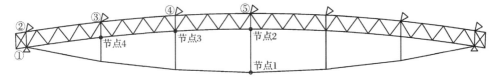

图 10.26　节点编号图

单根索脆性断裂后,模型 1(平行布置)和模型 2(竖向布置)都没有出现倒塌。但是模型 1 不仅在竖向平面内发生竖向振动,还在垂直竖向平面方向出现水平振荡;模型 2 只是在竖向平面内发生竖向振动。图 10.27 为两种模型中相关节点的

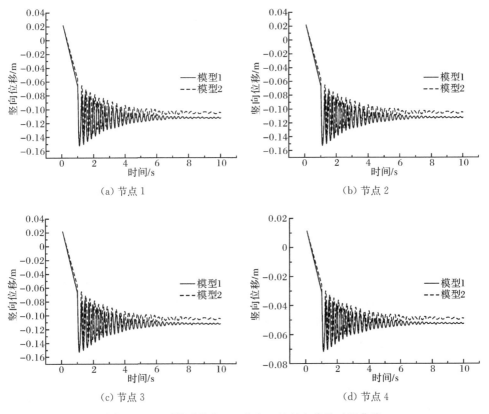

(a) 节点 1　　　　　　　　　　　(b) 节点 2

(c) 节点 3　　　　　　　　　　　(d) 节点 4

图 10.27　两模型节点 1～节点 4 的竖向位移时程曲线

竖向位移时程曲线,图 10.28 为模型 1 中相关节点的水平位移时程曲线。

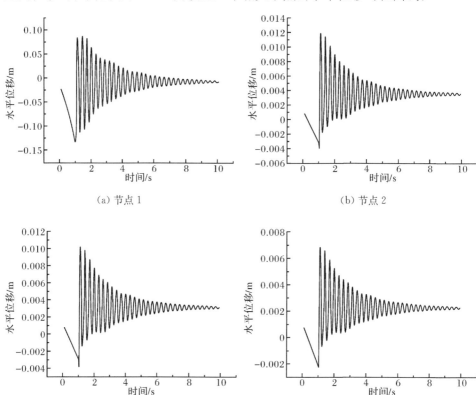

图 10.28　模型 1 节点 1～节点 4 的水平位移时程曲线

由图 10.27 可见,两种模型相关节点的竖向位移时程曲线接近,两种模型的跨中最大位移均发生在节点 1 处。水平布置模型的最大位移为 0.152m,竖向布置模型的最大位移为 0.147m,两者相差仅 3.4%。因此,双索水平布置与竖向布置对张弦结构的竖向振动影响较小。

由图 10.28 可见,双索平行布置的张弦桁架,当单根索脆性破坏后,残余结构会发生平面外振动,特别是下弦索的振动最明显。其中节点 1 的最大水平位移达到 0.134m,如图 10.28(a)所示。由于在撑杆处的上弦均加平面外约束,上弦的节点 2、3、4 水平位移较小。

2)应力计算结果

所取杆件编号如图 10.29 所示,两种模型中相关杆件的应力时程曲线如图 10.30 所示。杆件 1 为拉索,杆件 2 为撑杆,杆件 3 为上弦杆,杆件 4 为下弦杆。

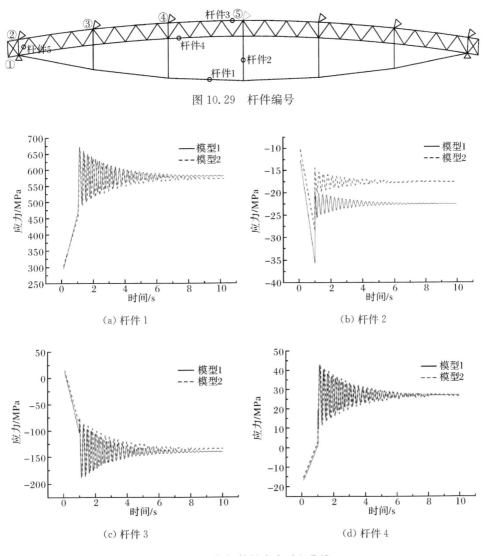

图 10.29　杆件编号

（a）杆件 1　　　　　　　　　　（b）杆件 2

（c）杆件 3　　　　　　　　　　（d）杆件 4

图 10.30　各杆件的应力时程曲线

　　由图 10.30 可见,两种模型中除撑杆的应力差别较大外,其余差别较小。模型 1 中索的最大应力为 664MPa,模型 2 中索的最大应力为 658MPa,两者仅相差 1%,如图 10.30(a)所示;模型 1 中撑杆的最大应力为 41MPa,模型 2 中撑杆的最大应力为 32MPa,两者相差达到 28%,如图 10.30(b)所示;上弦桁架由于平面外支撑较多,两种模型上弦杆件的应力变化较小,如图 10.30(c)～(d)所示。

10.4.3 双索分析结论

以上分析说明,不管双索平行布置还是竖向布置,其抗连续倒塌能力均有较大提高。但是平行布置双索由于单根索破坏后,剩余索的重心与上弦桁架不在一个平面内,由于偏心扭转的影响,会产生平面外振动。如果张弦桁架的上弦平面外刚度较大或有多个平面外支撑点,则偏心扭转产生的不利影响仅局限在撑杆和索,反之,不利影响将扩大到上弦杆件。而本节提出的双索在竖向平面布置的方法可以避免这种不利影响,在抗连续倒塌方面具有更明显的优势。

10.5 控制张弦结构发生延性破坏的设计方法

当空间结构发生倒塌破坏时,我们希望结构发生大变形弹塑性破坏,避免发生脆性失稳破坏。因此,本节利用 4.2 节弹性支承连续梁(拱)模型,采用变换荷载路径法,对张弦结构进行连续倒塌的静力分析,找出张弦结构延性破坏的设计参数,为空间结构抗连续倒塌的设计提供理论支持。

根据 4.2 节对张弦结构整体初始缺陷的研究,发现张弦结构的上弦受力模式越接近梁,避免上弦发生局部破坏,则结构越容易发生大变形延性破坏。对于完整结构,要避免发生局部破坏,应保证撑杆之间钢梁(桁架)的刚度大于张弦结构的整体刚度。而对于抗连续倒塌设计,针对的对象都是具有初始有杆件破坏的结构。如 4.2 节中图 4.1 所示的张弦结构,初始破坏杆件有可能是拉索、撑杆或由于腐蚀等引起的某段(处)钢梁截面的削弱等。对于具有初始杆件破坏的张弦结构,其破坏时的变形必将小于或等于完整结构破坏的变形。这是因为,当张弦结构某处破坏时,将引起该处的局部刚度降低,当局部刚度降低到整体刚度以下时,将发生局部破坏。因此,要保证张弦结构发生连续倒塌的延性破坏,首先应保证完整结构的延性破坏,其次保证某处截面削弱或破坏后结构的局部刚度应仍然大于整体刚度。

本节对 4.2 节中张弦结构的上弦拱截面削弱、索的破坏和撑杆破坏分别进行参数化计算分析。取图 4.1 所示的张弦拱,$L_1 = 5m$,$f_2 = 3m$,$f_1 = 1m$、2m、3m、4m、5m 五种矢高,对应的矢跨比分别为 0.025、0.05、0.075、0.1 和 0.125。对应 $\phi300mm \times 14mm$(模型 a)、$\phi400mm \times 18mm$(模型 b)、$\phi500mm \times 22mm$(模型 c)三种截面拱,索分别选用面积 $1200mm^2$、$2000mm^2$ 和 $2800mm^2$,索的初始应变均取 0.002。

1) 撑杆破坏

从中间往两端撑杆的编号依次为撑杆 1、撑杆 2、撑杆 3 和撑杆 4。采用变换荷载路径法,分别取撑杆 1、撑杆 2、撑杆 3 和撑杆 4 的破坏进行残余结构的极限承载力分析。计算结果如图 10.31～图 10.33 所示。

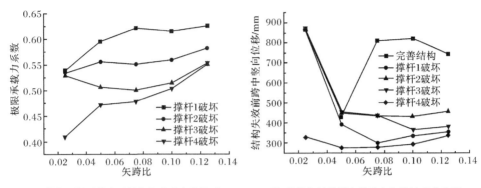

（a）结构极限承载力系数与矢跨比变化关系　　　（b）结构失效前跨中位移与矢跨比变化关系

图 10.31　撑杆破坏时模型 a 计算结果

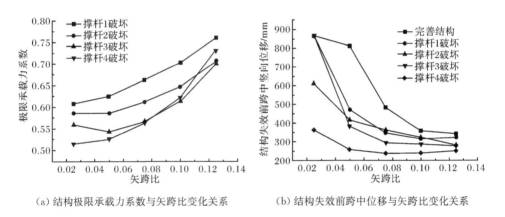

（a）结构极限承载力系数与矢跨比变化关系　　　（b）结构失效前跨中位移与矢跨比变化关系

图 10.32　撑杆破坏时模型 b 计算结果

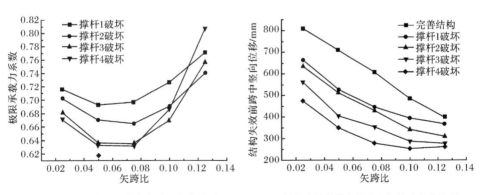

（a）结构极限承载力系数与矢跨比变化关系　　　（b）结构失效前跨中位移与矢跨比变化关系

图 10.33　撑杆破坏时模型 c 计算结果

撑杆破坏后残余结构的极限承载力均小于完善结构,越接近跨中的撑杆破坏对残余结构的极限承载力影响越小,且随着矢跨比的增加,残余结构的极限承载力越来越接近完善结构。

撑杆破坏后残余结构倒塌破坏时跨中竖向位移均小于完善结构,且随着矢跨比的增加,破坏时的位移越来越小,且越接近跨中的撑杆破坏时竖向位移越大,延性越好。完善结构延性越好的结构残余结构的延性也越好。

2)索破坏

关于索的面积变化对张弦结构极限承载力和延性的影响在 4.2 节已有比较详细的分析,并得到结论:张弦结构的极限承载力随着索截面的增加而增大,增大到一定程度后对张弦结构的极限承载力增长不再明显,且对整体失稳和大变形延性破坏起不利作用,因此,索截面面积宜为上弦截面面积的 $10\% \sim 15\%$。

对于已设计好的完整张弦结构,索破坏有两种情况:一种是索头破坏,即整根索失效;另一种是索中某根钢丝由于腐蚀等原因发生断裂,导致索的有效截面面积减小。前者破坏对张弦结构是致命性的,后者的破坏影响相对较小。故从抗连续倒塌角度,宜设置较小直径的双索。

采用变换荷载路径法,取双索中一根索破坏,进行残余结构的极限承载力分析。计算结果如图 10.34～图 10.36 所示。

索破坏后残余结构的极限承载力均小于完善结构,且随着矢跨比的增长,残余结构的承载力下降幅度越来越小。

索破坏后残余结构倒塌破坏时跨中竖向位移略小于完善结构,除拱梁截面($\phi300\text{mm}\times14\text{mm}$)较小的残余结构,其延性比完善结构大幅下降;其余结构随着截面增加,残余结构的延性与完善结构接近。完善结构延性越好的结构残余结构的延性也越好。

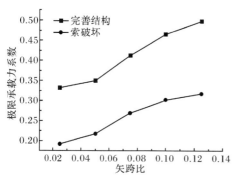
(a)结构极限承载力系数与矢跨比变化关系

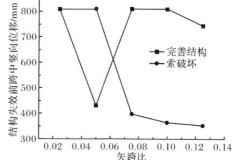
(b)结构失效前跨中位移与矢跨比变化关系

图 10.34　索破坏时模型 a 计算结果

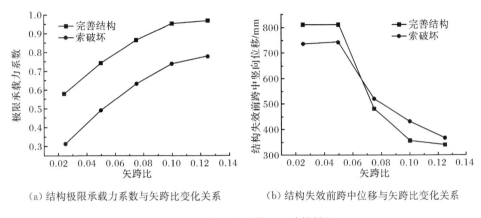

（a）结构极限承载力系数与矢跨比变化关系　　　（b）结构失效前跨中位移与矢跨比变化关系

图 10.35　索破坏时模型 b 计算结果

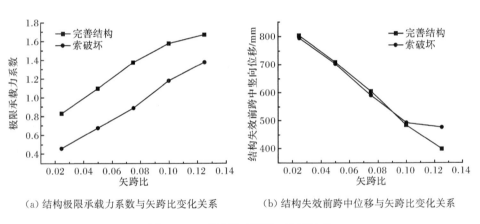

（a）结构极限承载力系数与矢跨比变化关系　　　（b）结构失效前跨中位移与矢跨比变化关系

图 10.36　索破坏时模型 c 计算结果

3）上弦截面破坏

上弦破坏有两种形式：某根杆件的脆性断裂或腐蚀作用下杆件截面变小。对于上弦为桁架等组合截面，单根杆件的断裂不会使整个结构失效。对于上弦为单截面的张弦结构，上弦的断裂导致整个结构失效，故采用腐蚀作用下杆件截面变小来模拟初始杆件失效。

采用变换荷载路径法，取上弦 CD 中间约 1.6m 长范围内长期受腐蚀，截面削弱，$\phi300\text{mm}\times14\text{mm}$ 变为 $\phi300\text{mm}\times12\text{mm}$ 和 $\phi300\text{mm}\times10\text{mm}$；$\phi400\text{mm}\times18\text{mm}$ 变为 $\phi400\text{mm}\times16\text{mm}$ 和 $\phi400\text{mm}\times14\text{mm}$；$\phi500\text{mm}\times22\text{mm}$ 变为 $\phi500\text{mm}\times20\text{mm}$ 和 $\phi500\text{mm}\times18\text{mm}$。计算结果如图 10.37～图 10.39 所示。

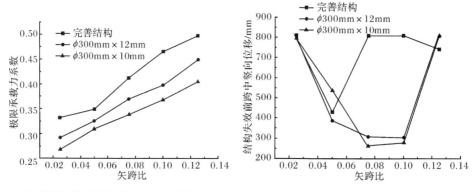

(a) 结构极限承载力系数与矢跨比变化关系　　(b) 结构失效前跨中竖向位移与矢跨比变化关系

图 10.37　上弦截面破坏时模型 a 计算结果

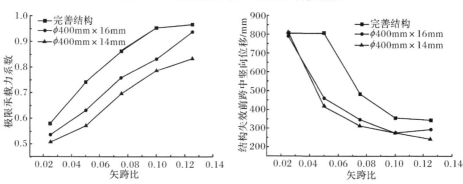

(a) 结构极限承载力系数与矢跨比变化关系　　(b) 结构失效前跨中竖向位移与矢跨比变化关系

图 10.38　上弦截面破坏时模型 b 计算结果

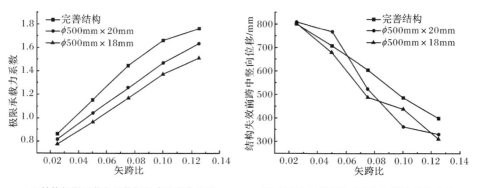

(a) 结构极限承载力系数与矢跨比变化关系　　(b) 结构失效前跨中竖向位移与矢跨比变化关系

图 10.39　上弦截面破坏时模型 c 计算结果

　　从图 10.37～图 10.39 可以看出,上弦截面腐蚀后残余结构的极限承载力均小于完善结构,截面破损越严重,极限承载力下降越厉害。上弦截面腐蚀后残余结构倒塌破坏时跨中竖向位移略小于完善结构,完善结构延性越好的结构残余结构的延性也越好。

　　4) 结论

　　(1) 撑杆破坏和上弦截面削弱都将导致上弦某处局部刚度降低。当该处局部刚度低于整体刚度时,将发生小变形破坏。总的说来,残余结构发生破坏时的变形均小于完善结构的变形,局部刚度降低的越小,变形越接近完善结构。因此,要保证连续倒塌的延性破坏,首先要保证完善结构应是延性结构;其次要保证某处截面削弱或破坏后结构的局部刚度应仍然大于整体刚度:如某根撑杆破坏后,相邻撑杆之间的上弦刚度应大于整体刚度;上弦截面削弱或某根杆件失效后应保证该处局部刚度应仍然大于整体刚度。

　　(2) 双索张弦桁架中单根索破坏后,残余结构破坏时的变形与完善结构变形接近,近一步证明了双索设计在张弦结构抗连续倒塌设计中的优越性。

10.6　其他提高张弦结构抗连续倒塌的设计方法

10.6.1　索节点设计

　　结构体系发生连续倒塌的概率除了与构件的强度以及整体结构的冗余度相关外,连接节点的强度和延性也直接影响着结构体系的承载能力及耗能能力。对于张弦结构和其他索结构,索节点的设计也是空间结构体系中节点设计的重中之重。根据本章分析,索的破坏对张弦结构的抗连续倒塌影响很大。因此,提高索的安全度尤为重要。根据《预应力钢结构技术规程》(CECS 212—2006)的规定,索的安全度应大于 2.5,本工程索的安全度达到 3.0,而且索在工厂制造,可控性较好,故索本身的安全度很高。实际工程中索自身的破坏也很少见,而实际中出现问题最多的往往是索与桁架的连接节点。因此索节点的设计成为本工程抗连续倒塌的关键。

　　索的锚固可采用叉耳式锚具(图 10.40)或穿心螺杆式锚具(图 10.41)。叉耳式锚具应用较多,索头锚固在结构的下部,节点构造简单,安装相对方便,但张拉比较困难;同时,耳板与下弦管的连接焊缝容易出现应力集中,降低承载力;索头与耳板的连接销钉若出现腐蚀,后果很严重。穿心螺杆式锚具的特点正好相反,在结构的后面锚固,节点设计麻烦,需考虑下弦管和腹杆的位置,同时安装相对复杂,但锚固比较安全可靠,没有叉耳式锚具的焊接残余应力和腐蚀的缺陷。

　　天津梅江会展中心采用带悬挑的张弦桁架,悬臂长度达 7.5m。建筑要求索

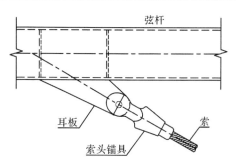

图 10.40　叉耳式锚具

图 10.41　穿心螺杆式锚具

的张拉端和固定端设在桁架支座的后部,与桁架悬臂端的下弦管弧线吻合,以满足建筑造型要求。同时,从抗连续倒塌的角度优先采用穿心螺杆式锚具。因此,在桁架支座处,汇集了索、腹杆、下弦管等构件,该处节点不仅杆件众多,应力复杂,而且采用穿心螺杆式锚具锚固时与桁架悬臂端的下弦管冲突。

　　故最终设计出集桁架支座、张拉端(锚固端)和桁架下弦管于一体的铸钢节点构造。该铸钢节点包含支座两侧各 500mm 的下弦管,一侧下弦管与跨度向桁架下弦连接,另一侧为悬臂端,作为锚具的锚固区,且不再与悬臂桁架的下弦管连接,即取消悬臂桁架的下弦管,仅保留上弦管。与跨度向桁架下弦连接的铸钢节点下弦管的下部开椭圆孔,索头及索从下部孔中穿入,沿着铸钢节点悬臂端穿出,并锚固。由于取消张弦桁架悬臂处的下弦管,仅靠悬臂处的 2 根上弦管的承载力远远不够,所以从铸钢节点顶部另外伸出 2 根斜腹杆支撑上弦管。这样,既满足穿心螺杆式锚具的锚固要求,又能解决大悬臂的承载力问题。同时,由于支座、下弦管和腹杆采用融为一体的铸钢节点,大大提高了该处节点的安全度。

　　图 10.42 为铸钢节点实体倒置,图 10.43 为索头穿过铸钢孔示意图。图 10.44为索头及索已进入铸钢的下部孔;图 10.45 为索锚固在铸钢后部,且锚具已安装好;图 10.46 为安装张拉工装和千斤顶准备张拉;图 10.47 为张弦桁架张拉

完毕并吊装到位。

图 10.42　铸钢节点实体倒置

图 10.43　索头穿过铸钢孔示意图

图 10.44　索头及索已进入铸钢的下部孔

图 10.45　索锚固在铸钢后部,锚具已安装好

图 10.46　安装张拉工装和千斤顶准备张拉

图 10.47　张弦桁架张拉完毕并吊装到位

10.6.2　施工过程的抗连续倒塌分析

不仅在使用过程中应该重视大跨空间结构的抗连续倒塌分析,在施工过程中也应该重视,特别是施工方案和施工模拟计算应考虑实际施工情况。2010 年 9 月 28 日鄂尔多斯市某 160m 跨干煤棚在竖向滑移施工过程中发生倒塌,其原因主要是实际施工情况与施工模拟计算不符。天津梅江会展中心主展厅钢屋盖的施工方

案为单榀桁架地面拼装—地面一次张拉到位—单榀吊装到位—安装次桁架与檩条。为防止施工过程中出现倒塌破坏,本节对张弦桁架施工工程进行施工模拟计算。

1) 胎架布置

张弦桁架放置在图 10.48 所示的胎架上进行张弦桁架的拼装和张拉。张弦桁架在张拉时,桁架沿着跨度方向有水平位移,为了减少摩擦力,桁架的上、下弦管与胎架接触的弧形板应打滑抛光,并涂上黄油;张拉时,桁架要向上反拱,为防止桁架平面外失稳,胎架顶部的防倾覆工字钢应留出一定的高度。图 10.49 为胎架顶部支撑节点示意图。

图 10.48　拼装胎架布置图　　　　图 10.49　胎架顶部支撑节点示意图

由于张弦桁架跨度大,单榀重量大,所以,必须保证张弦桁架在施工过程中的抗连续倒塌,对单榀桁架从拼装到吊装各个施工状态进行模拟计算。本书模拟计算采用 ANSYS 软件,桁架弦杆采用 Beam4 单元模拟,腹杆采用 Link8 单元模拟,拉索采用 Link10 单元模拟;模型的约束条件随施工过程状态变化,采用四种施工工况模拟不同的施工状态。

2) 施工状态模拟

(1) 施工状态 1:桁架在胎架上拼装结束,拉索安装完毕,未开始张拉。

在此状态对应的计算模型中,胎架作为桁架的竖向约束,不考虑其水平约束;桁架上弦支撑处有侧向约束,拉索单元的初应变为 0,计算结果见表 10.7。

表 10.7　四种施工状态下计算结果

施工状态	胎架支撑点平均竖向位移/mm	跨度向最大位移/mm	跨中竖向最大位移/mm	索最大应力/MPa	杆件最大应力/MPa
1	—	—	2.88(向下)	—	11.9
2	0.34(向下)	6(向内)	4(向下)	83.3	23.3
3	—	79(向内)	188(向上)	137	93
4	—	102(向内)	37(向上)	77	147

（2）施工状态 2：拉索开始张拉，张弦桁架刚刚开始与中间胎架脱离，仅靠两端胎架支撑，此时拉索内力尚未达到张拉设计值。

张拉刚刚开始时，由于自重的作用，桁架不会马上脱离中间胎架。当张拉力达到一定程度时，拉索与撑杆对桁架的支撑作用刚好可以抵消桁架的自重，桁架开始脱离中间胎架，只靠两端支座支承。此时为一个临界状态，虽然跨度已经变为实际的 89m，但索力未达到设计值，因此有必要计算该状态下桁架的受力情况。在此计算模型中，桁架的约束条件为两端约束：一端为固定铰；一端为沿跨度方向的滑动支座。桁架上弦支撑处侧向有约束。索单元的初应变大小需根据多次试算，最终的计算结果应为桁架中间胎架支撑点的竖向位移接近 0。计算模型如图 10.50 所示，计算结果见表 10.7。

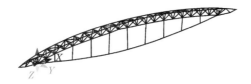

图 10.50 施工状态 2 计算模型

（3）施工状态 3：桁架在胎架上张拉结束，拉索内力达到设计值。

此时拉索张拉已经结束，张拉力已经施加完毕，因此施工状态 3 对应的计算模型同施工状态 2，只是拉索单元的初应变为设计值。计算结果见表 10.7。

（4）施工状态 4：桁架吊装过程。

单榀桁架吊装采用两台吊车抬吊，吊钩位置确定为接近支座 1/3 跨度处，故计算模型对应修改为：删除支座约束，用 Link10 单元模拟吊索，并将吊索上端约束，如图 10.51 所示，其他参数同施工状态 3。与施工状态 3 相比，桁架的跨度减小；虽无侧向支撑约束，但整个结构重心在 2 个约束连线的下方；通过计算，整体稳定也不存在问题，只需保证单个构件的应力小于钢材强度即可。计算结果见表 10.7，吊装过程中动力系数取 1.5。

图 10.51 施工状态 4 计算模型

3）模拟分析结论

根据以上计算结果，单榀桁架在施工过程中各个状态下杆件应力均小于钢材强度标准值,处于安全状态;桁架最大竖向位移为 188mm(1/473),小于张弦桁架的挠度控制值。但在施工过程中通过计算模拟,仍需注意以下两点。

(1)桁架在张拉结束的状态下,滑动支座沿跨度方向向内滑动 79mm,跨中最大反拱位移为向上 188mm,张拉过程中的滑动位移应有构造措施予以保证。在吊装过程中,两个支座节点向内相对位移为 102mm,柱顶支座的设计与安装应考虑此位移。

(2)无论吊装前还是在吊装到位后、次桁架安装前,张弦桁架都没有次桁架保证其平面外稳定,因此必须有措施保证其侧向稳定性。实际施工时,胎架支撑采用图 10.49 的支撑方式,在整个张拉过程中,桁架上弦杆都只在凹槽中上下移动,其平面外没有位移,张拉过程中提供侧向支撑并保证了张拉过程的稳定性。吊装到位后,为保证稳定也应加侧向缆风绳等施加侧向约束。

10.7　检测数据与有限元计算结果的分析与比较

为保证张弦结构施工和使用的安全,使张弦结构的张拉与设计相符,了解张弦结构抗连续倒塌性能和铸钢节点的力学性能,对张弦桁架的张拉和吊装进行了施工过程实时监测,并对检测结果整理分析,验证有限元理论分析与实际受力是否吻合。

10.7.1　测试内容、原理及依据文件

1)测试内容

本工程施工阶段监测包括应力监测和变形监测。应力监测主要包括铸钢节点、下弦管和撑杆的应力监测;变形监测包括跨中位移和支座位移监测。

2)测试原理

在预应力钢索进行张拉时,钢结构部分会随之变形。钢结构的位移与预应力钢索的拉力是相辅相成的,即可以通过钢结构的变形和撑杆的应力计算出预应力钢索的应力。基于此,在预应力钢索张拉的过程中,选择 9 榀张弦桁架进行变形监测;同时对第一榀张弦桁架的铸钢节点应变、部分弦杆和撑杆应变进行监测。

预应力索分五级张拉,即 $0.2F$、$0.4F$、$0.6F$、$0.8F$ 和 $1.05F$(F 为 1370kN)。在每级荷载到达后,采集所有测点的数据。在张拉结束、补张拉及桁架吊装三个工况下均采集所有测点的数据。

10.7.2　测点布置

为了提高索节点和支座节点抗连续倒塌的能力,采用集桁架支座、张拉端(锚固端)和桁架下弦管于一体的铸钢节点构造。

1）铸钢节点应变测点

（1）左铸钢节点应变测点。

在左铸钢节点（低侧节点）上布置 6 组应变测点，如图 10.52 所示。

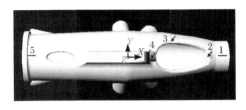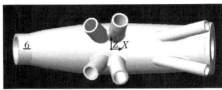

（a）下表面　　　　　　　　　　　　　（b）上表面

图 10.52　左铸钢节点测点示意图

测点 1 在铸钢节点和下弦杆连接端下方沿轴向受力方向设置一个应变片，同时设置温度补偿片；测点 2 在铸钢节点开孔处椭圆形孔右顶点处布置一组应变花；测点 3 在铸钢节点开孔处椭圆形孔上顶点处布置一组应变花；测点 4 在铸钢节点开孔处椭圆形孔左顶点处布置一组应变花；测点 5 在铸钢节点钢索锚固段下方沿轴向受力方向设置一个应变片，同时设置温度补偿片；测点 6 在铸钢节点和下弦杆连接端上方沿轴向受力方向设置一个应变片，同时设置温度补偿片。

（2）右铸钢节点应变测点。

在右铸钢节点（高侧节点）上布置 5 组应变测点，如图 10.53 所示。

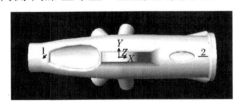

（a）上表面

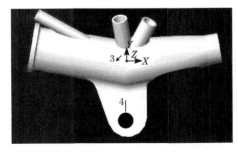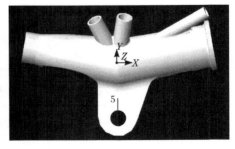

（b）外侧面　　　　　　　　　　　　　（c）内侧面

图 10.53　右铸钢节点测点示意图

测点1在铸钢节点开孔处椭圆形孔左顶点处布置一组应变花;测点2在铸钢节点钢索锚固段下方沿轴向受力方向设置一个应变片,同时设置温度补偿片;测点3在铸钢节点中部布置一组应变花;测点4、测点5在铸钢节点支座连接板处沿竖向受力方向前后两面各设置一个应变片,同时设置温度补偿片。

2) 下弦杆杆件测点

在与左右铸钢节点连接的左右下弦杆上各设置一组应变测点,测点位置为弦杆的上表面和下表面,方向为轴向受力方向。

3) 中部撑杆测点

在中部撑杆(高为8m)设置一组应变测点,测点位置为撑杆沿跨度方向的左侧面和右侧面,方向为轴向受力方向。

10.7.3　应力监测结果

1) 测试数据

经计算,所有测点的应力数据见表10.8。其中,右铸钢节点测点4(支座耳板)数据为其测点4和测点5数值的平均值;左弦杆、右弦杆和中撑杆的数据均为杆件上两测点的平均值。应变花测点数据为其主应力数值。其中五组应变花的最大主应力及其角度见表10.9。各测点的应力变化曲线如图10.54所示。

表 10.8　所有测点监测数据计算　　　　　　　(单位:MPa)

工况	左节点测点1	左节点测点2	左节点测点3	左节点测点4	左节点测点5	左节点测点6	右节点测点1	右节点测点2	右节点测点3	右节点测点4	左弦杆	右弦杆	中撑杆
第一级	1.2	1.3	3.1	1.6	0.5	1.4	1.3	5.2	1.4	0.4	0.6	2.3	1.8
第二级	8.4	2.5	6.1	2.7	0.8	5.3	2.3	6.5	2.1	0.8	2.9	5.4	2.2
第三级	13.7	3.0	9.0	4.2	4.4	18.4	3.1	7.9	3.2	2.6	10.9	10.4	2.6
第四级	18.3	5.2	22.3	7.5	12.8	45.3	5.2	11.1	8.2	7.1	30.1	24.0	2.8
第五级	27.8	11.7	29.1	21.5	25.8	61.2	7.5	13.9	14.2	14.8	40.7	38.4	3.6
回锚	23.2	12.5	28.8	20.0	18.7	58.0	8.6	13.8	14.9	10.2	39.7	34.9	3.5
补张拉	23.2	13.7	27.7	19.4	18.7	58.0	9.1	23.7	12.8	9.8	38.6	35.8	3.5
吊装	12.1	—	—	—	14.1	—	—	15.9	—	1.3	18.9	21.4	2.1

表 10.9　应变花测点最大主应力及角度

测点编号	最大主应力/MPa	角度
左节点测点2	13.7	轴线向逆时针转43°
左节点测点3	29.1	轴线向逆时针转14°
左节点测点4	21.5	轴线向顺时针转27°

测点编号	最大主应力/MPa	角度
右节点测点 1	9.7	轴线向逆时针转 34°
右节点测点 3	14.2	轴线向逆时针转 20°

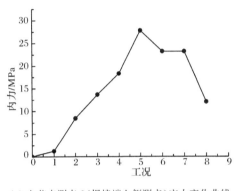

（a）左节点测点 1（焊接端上侧测点）应力变化曲线

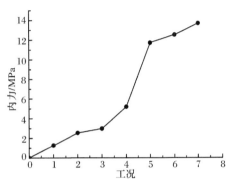

（b）左节点测点 2 主应力变化曲线

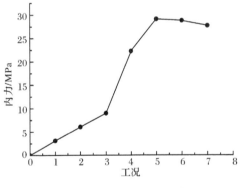

（c）左节点测点 3 主应力变化曲线

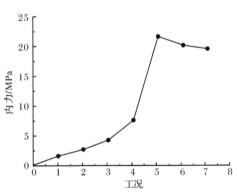

（d）左节点测点 4 主应力变化曲线

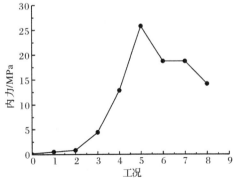

（e）左节点测点 5（锚固端测点）应力变化曲线

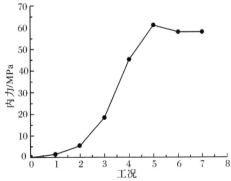

（f）左节点测点 6（焊接端下侧测点）应力变化曲线

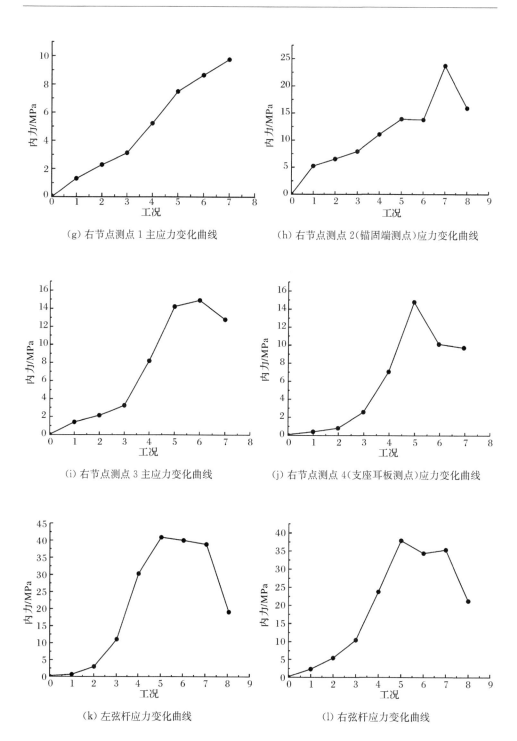

（g）右节点测点 1 主应力变化曲线

（h）右节点测点 2（锚固端测点）应力变化曲线

（i）右节点测点 3 主应力变化曲线

（j）右节点测点 4（支座耳板测点）应力变化曲线

（k）左弦杆应力变化曲线

（l）右弦杆应力变化曲线

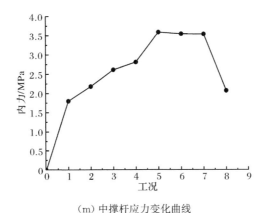

(m) 中撑杆应力变化曲线

图 10.54　各测点应力变化曲线

2) 测试值与有限元计算结果比较

(1) 张拉过程中左弦杆、右弦杆与中撑杆的测试值与计算值比较见表 10.10。

表 10.10　张拉过程中杆件内力测试值与计算值比较　　（单位：MPa）

名称	测试值	理论值	差值与理论值的比值/%
左弦杆	40.7	39.3	3.56
右弦杆	38.4	39.9	3.75
中撑杆	3.6	3.74	3.74

从表 10.10 可以看出，张拉过程中张弦桁架的左弦杆、右弦杆和中撑杆的实测值均与计算值接近，相差在 5% 以内，说明 ANSYS 分析能比较准确地计算桁架的实际受力状态。实际结构受力和 ANSYS 计算结果基本一致，均小于钢材的设计强度，结构处于安全状态。

(2) 吊装过程中左弦杆、右弦杆与中撑杆的测试值与计算值比较见表 10.11。

表 10.11　吊装过程中杆件内力测试值与计算值比较　　（单位：MPa）

名称	测试值	理论值	差值与理论值的比值/%
左弦杆	18.9	19.0	0.52
右弦杆	21.4	19.3	10.9
中撑杆	1.9	1.7	11.76

从表 10.11 可以看出，吊装过程中杆件应力与计算值相差较小。说明 ANSYS 分析能比较准确地计算桁架吊装过程中的实际受力状态。此状态下的结构受力和 ANSYS 计算结果基本一致，均小于钢材的设计强度，结构处于安全状态。

10.7.4　变形监测

在施工过程中,选择 9 榀张弦桁架在张拉完成后测量张拉伸长值、跨中反拱位移值和支座沿跨度方向滑动位移值,并与有限元计算结果的比较情况见表 10.12。

表 10.12　张拉伸长量和位移测量值与计算值比较　　　　（单位:mm）

张弦桁架	索张拉伸长值		桁架跨中反拱位移		桁架支座跨度向位移	
	测量值	差值与计算值的比值/%	测量值	差值与计算值的比值/%	测量值	差值与计算值的比值/%
第 1 榀	178	−3.47	176	−9.04	69	−12.66
第 4 榀	189	2.49	157	−16.49	67	−15.19
第 7 榀	187	1.41	200	6.38	76	−3.8
第 10 榀	179	−2.93	170	−9.57	66	−16.46
第 13 榀	188	1.95	170	−9.57	65	−17.72
第 16 榀	182	−1.30	195	3.72	74	−6.33
第 19 榀	177	−4.01	190	1.06	72	−8.86
第 21 榀	179	−2.92	160	−14.89	66	−16.46
平均值	182.4	−1.10	177.3	−5.71	69.4	−12.18

注:张拉计算伸长量为 184.4mm,桁架跨中反拱位移理论值为 188mm,桁架支座跨度向位移理论值为 79mm。

从表 10.12 可以看出,张拉伸长值与理论值之差在 5% 以内;桁架跨中反拱位移测量值与理论值相差在 10% 以内。由于摩擦力的影响,支座滑动位移测量值与理论值相差比跨中反拱位移的大,但仍然控制在 20% 以内。

10.7.5　监测结论

无论从应力测试数据和有限元计算结果的比较,还是从位移测试结果与有限元计算结果的比较,都充分证明了有限元计算的合理性和准确性,说明可以采用有限元软件 ANSYS 进行空间结构抗连续倒塌分析。

10.8　本 章 小 结

本章以天津梅江会展中心张弦桁架的抗连续倒塌设计为例,探讨大跨空间结构的抗连续倒塌的设计方法,提出张弦结构抗连续倒塌的措施。

（1）通过对该张弦桁架残余结构的极限承载力分析和连续倒塌的动力分析,

得到张弦结构的关键构件分布:张弦桁架支座的破坏对抗连续倒塌的影响最大,其次是索和支座处的下弦杆件,上弦杆的破坏对其影响很小。

(2) 对于张弦结构,由于纵向联系构件把张弦桁架组装成一整体,其整体性随着纵向联系构件抗弯刚度的增加而增加,共同作用效果越明显。纵向联系构件把张弦桁架组装成一整体,可以明显增加张弦桁架的抗倒塌能力。

(3) 排架结构体系在空间结构中应用较为广泛,具有许多力学优点。但是,从抗连续倒塌的角度,该结构冗余度低,边跨容易出现倒塌。因此,应充分利用山墙方向的抗风柱,使其不仅承担水平风荷载,还承担竖向荷载,则整个结构的抗连续倒塌能力大大加强。

(4) 张弦结构中索的破坏对结构抗连续倒塌起着决定性的作用,采用双索布置能大大加强张弦结构的抗连续倒塌能力。本章提出竖向平面内布置双索的设计方法,较好地解决了平行布置双索中某根索破坏后引起偏心扭转的不利影响,更有利于提高张弦结构的抗连续倒塌能力。

(5) 对张弦结构的上弦削弱、索的破坏和撑杆破坏分别进行参数化分析得出残余结构发生破坏时的变形均小于完善结构的变形,局部刚度降低的越小,变形越接近完善结构。因此,要保证张弦结构连续倒塌的延性破坏,首先要保证完善结构应是延性结构;其次要保证某处截面削弱或破坏后结构的局部刚度应仍然大于整体刚度。

(6) 正如框架结构一样,空间结构的受力性能很大程度上也由节点的承载力决定,应注重关键节点的设计。本章提出索的锚固宜采用穿心螺杆式锚具以及根据该张弦结构的特点提出集桁架支座、张拉端(锚固端)和桁架下弦管于一体的铸钢节点构造,不仅满足建筑要求,还使得该处节点承载力大大加强。

(7) 大跨空间结构形式复杂,自重占荷载的很大比例。因此,施工过程的抗连续倒塌分析也很重要,许多工程也是在安装过程中出现倒塌事故。本章通过对天津梅江会展中心张弦结构的施工模拟分析,提出施工过程的抗连续倒塌的关键是施工模拟计算应与施工实际情况相符合。

(8) 最后通过对天津梅江会展中心张弦桁架施工过程的监测和数据分析,验证了有限元分析的准确性,证明本章采用 ANSYS 进行抗连续倒塌分析能真实地反映结构的实际受力情况。

参 考 文 献

[1] 王蜂岚. 索拱结构屋盖体系的连续倒塌分析[D]. 南京:东南大学,2009.
[2] 王学斌. 斜拉网架结构的抗连续倒塌能力及设计方法研究[D]. 南京:东南大学,2012.
[3] General Services Administration. Progressive Collapse Analysis and Design Guidelines for

New Federal Office Buildings and Major Modernization Projects[S]. Washington DC：Department of Defense，2003.

[4] Department of Defense. Design of Buildings to Resist Progressive Collapse UFC 4-023-03 [S]. Washington DC：Department of Defense，2005.

[5] 朱奕锋,李策. 预应力索拱体系在一机展览馆中的应用[J]. 建筑结构,2007,37(2)：54—55.